U0592614

永安天宝岩
菌物图鉴

福建省永安天宝岩国家级自然保护区管理局　编

海峡出版发行集团
THE STRAITS PUBLISHING & DISTRIBUTING GROUP | 福建美术出版社
FUJIAN FINE ARTS PUBLISHING HOUSE

《永安天宝岩菌物图鉴》编委会

主　　任：温永有
副 主 任：陈　莹
编　　委：陈达铭　黄承勇　林　邟　廖金朋　樊跃旭
编辑成员：廖金朋　樊跃旭　杨　彬　邓晓雪　罗华兴
　　　　　王宇航　陈光伟　陈鹏飞　吴慧洁　池承锦
　　　　　高永斌　张明炜
摄　　影：陈安生　陈鹏飞　陈晓霓　邓晓雪　樊跃旭
　　　　　廖金朋　廖先云　林金莲　刘庆才　刘永生
　　　　　罗华兴　罗联周　马燕桢　田玉英　熊启武
　　　　　张启航　张淑丽　周　雄　周兴永　朱福生
　　　　　（按姓氏拼音排列）

图书在版编目（CIP）数据

永安天宝岩菌物图鉴 / 福建省永安天宝岩国家级自然保护区管理局编 . -- 福州：福建美术出版社，2025.3. -- ISBN 978-7-5393-4679-3

Ⅰ . Q949.308-64

中国国家版本馆 CIP 数据核字第 2025BE8592 号

永安天宝岩菌物图鉴

福建省永安天宝岩国家级自然保护区管理局　编

出 版 人	黄伟岸
责任编辑	郑　婧　侯玉莹
出版发行	福建美术出版社
地　　址	福州市东水路 76 号 16 层
邮　　编	350001
网　　址	http://www.fjmscbs.cn
服务热线	0591-87526091（发行部）　87533718（总编办）
经　　销	福建新华发行（集团）有限责任公司
印　　刷	福州印团网印刷有限公司
开　　本	889 毫米 ×1194 毫米　1/16
印　　张	24.25
版　　次	2025 年 3 月第 1 版
印　　次	2025 年 3 月第 1 次印刷
书　　号	ISBN 978-7-5393-4679-3
定　　价	396.00 元

若有印装问题，请联系我社发行部

版权所有·翻印必究

公众号　　　艺品汇　　　天猫店　　　拼多多

前言

　　福建天宝岩国家级自然保护区位于福建省永安市境内，处于南亚热带到中亚热带过渡地带，森林覆盖率97.16%，植被类型丰富，常绿阔叶林植被保护完好，是我国小区域生物多样性较为丰富的地区之一。根据2002年《福建天宝岩自然保护区综合科学考察报告》载录，天宝岩保护区有大型真菌103种，属于我国华中和华南的真菌区系，既有温带地区的种类，也有亚热带地区常见的和一些热带地区特有的种类。

　　经过20余年的严格保护，天宝岩保护区的生物多样性不断增长。为加强本底调查，摸清资源状况，天宝岩保护区组织干部职工历时1年多（2023年5月至2024年10月）再次开展菌物资源调查。在此期间，调查人员在部分志愿者的协助下，针对大型真菌个体寿命短、种群动态性强的特点，抢时入林，遍野寻踪，全面记录真菌采集时间、周边植被类型、形态及变化等情况。据不完全统计，此次调查共拍摄数万张的菌物照片，采集、烘干、分类包装并寄往专业机构鉴定的大型真菌标本3466份，收到鉴定反馈1987份，经整理汇总，得到有效鉴定的达29目106科269属787种，其间发表新物种6个——天宝岩裸脚伞、绿黄红菇、小铜绿球盖菇、近皱环球盖菇、中华绿脚丝膜菌和天宝岩丝膜菌，另外尚有许多疑似新种待专家学者进一步研究发表。这些宝贵的数据资料，为编印《永安天宝岩菌物图鉴》奠定了坚实的基础。

　　《永安天宝岩菌物图鉴》共收录菌物787种，其中图文并茂介绍620种，另有167种以精美照片展示。本书展示了天宝岩保护区以产红菇科、牛肝菌科、粉褶蕈科菌物为主的区域特色，体现了保护区的工作成效，以及万物竞荣、生机勃发的生态景象。在目前全国已出版的菌物图鉴中，除了介绍全国性或者世界性菌物的书籍外，罕有介绍菌物达到600种的。因此，本图鉴在地方性菌物书籍中是不可多得的，在保护区菌物书籍中更可以说是首屈一指，这也是对工作人员积极开展菌物本底调查实践的肯定。

编者

2025年1月

目 录

一、子囊内或担子上着生孢子数的简写表述

比如在"002 伯内氏猫耳衣"中："子囊呈圆柱状，棒形，8 孢。"此处的"8 孢"即指在子囊内着生的孢子数为 8 个。

再如在"107 麦梭德丝膜菌"中："担子 24 ～ 28×7μm，4 孢。"此处的"4 孢"即指在担子上着生的孢子数为 4 个。

二、菌物简介中尺寸的表述

比如在"107 麦梭德丝膜菌"中：

"菌盖直径 2~4cm"，指菌盖直径在 2~4cm 范围。

"菌柄 6~9×0.2~0.5cm"，指的是菌柄长 6~9cm，直径 0.2~0.5cm。

"担子 24~28×7μm"，指的是担子一端为 24~28μm，另一端为 7μm。

"孢子（7.1~）7.6~8.7（~9.3）×（4.6~）4.7~5.0（~5.5）μm"，指孢子一端为（7.1~）7.6~8.7（~9.3）μm，另一端为（4.6~）4.7~5.0（~5.5）μm。

再如在"011 沃尔夫盘菌"中："子囊孢子 36~45×（15~）17.5~22μm"，指子囊孢子一端为 36~45μm，另一端为（15~）17.5~22μm。其中（15~）17.5~22μm，指一般情况下为 17.5~22μm，但也有发现一端更小的，为 15~22μm。

cm：厘米。μm：微米。

三、"地位未定 Incertae sedis"的含义

比如"199 小孢伞"中标注了"地位未定 Incertae sedis"。"Incertae sedis"是一个分类学上的拉丁文术语，意指"所处位置不明"，也就是某一分类群与其他分类群在分类学上的大致关系尚未确定。通俗来说，是指这一物种，目前研究不够深入，学者尚未将其归于具体的科中，菌物界将这种情况称为"地位未定 Incertae sedis"。

四、近缘种和参照种含义

本图鉴中有标注近缘种和参照种两种情况。

1.近缘种：是指在进化树上彼此亲缘关系较近的物种。它们通常在分类学上属于相同的科或属，这意味着它们拥有相似的基因和形态特征。然而，由于它们在进化过程中累积了足够的遗传差异，以至于不能自然地进行繁殖或产生有生育能力的后代，这些差异使它们在生

物学上被认为是独立的物种。近缘种拉丁文简写为"aff."。

比如"025 金孢寄生菌（近缘种）"中标注了近缘种，表明其与"027 金孢寄生菌"是不同种。

2. 参照种：通常是根据系统进化树以及前人研究进行选取的菌株。参照种可以作为分类和鉴定的基准，帮助研究人员准确地进行菌物分类和系统发育分析。参照种在菌物分类和研究中起到标准化的作用，确保不同实验和研究之间的结果具有可比性。参照种拉丁文简写为"cf."。

比如"170 鸡油湿伞（舟湿伞）（参照种）"中标注了参照种，表明其是将"168 鸡油湿伞（舟湿伞）（复合群）"作为参照种。

五、近缘种、参照种与比照本种简介文字的说明

由于近缘种、参照种没有文字简介资料，一般采用比照的本种资料作为参考，所以近缘种、参照种与比照的本种简介说明相同或极似。比如"025 金孢寄生菌（近缘种）"与"027 金孢寄生菌"的简介；"170 鸡油湿伞（舟湿伞）（参照种）"与"168 鸡油湿伞（舟湿伞）（复合群）"的简介。

六、"科：Irpicaceae"等类似标注的说明

目录和正文中都有少量在"科"后用标点冒号"："与科的学名拉丁文隔开的标注。比如"492 二色胶黏孔菌 *Gloeoporus dichrous*"中就有标注"科：Irpicaceae"式样，其意为本菌物归属"Irpicaceae"这一科，但目前科名"Irpicaceae"没有中文名，我们采用"科：Irpicaceae"的标注方式，有别于科的学名有中文名的标注。

第一部分

001 容氏霜盘衣 *Diorygma junghuhnii* (Mont.& Bosch)Kalb,Staiger & Elix 2004

厚顶盘菌目 Ostropales　石墨菌科 Graphidaceae

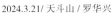

2024.3.21/ 天斗山 / 罗华兴　　　　　　　　　2024.3.21/ 天斗山 / 廖金朋

　　地衣体壳状，微白色、浅灰色或微绿色，表面粗糙，有时具小疣状突起，具裂缝或龟裂，皮层缺乏或较薄，部分藻层外露，可见晶体物质，线盘边缘明显，无粉芽和裂芽。子囊盘线状，散生，伸长形至近圆形，弯曲，单一或不规则分支，线盘埋生；盘面较宽，覆以厚的灰白色至微棕色粉霜；盘被微发散状，发育不良，不炭化，基部呈棕色；囊层被明显，厚 10~20μm。子实层清晰，厚 100~130μm，微紫罗兰色，呈棒状，1孢。子囊孢子 70~125 × 20~40μm，砖壁型，椭圆形，紫罗兰色。

　　泛热带分布，主要分布于非洲、亚洲、大洋洲、美洲及中国东南地区。

002 伯内氏猫耳衣 *Leptogium burnetiae* C.W.Dodge 1964

地卷目 Peltigerales　胶衣科 Collemataceae

2024.1.25/ 丰田村 / 廖金朋

　　菌体为叶状，直径 3~15cm，松散贴生，二叉状至不规则浅裂状裂片，伸长，扇形，较平展，分开或略融合，宽 0.3~2cm，厚 100~150μm，顶端圆形，全缘至具圆齿且具粉芽，偶尔上翘。上表面中灰色至蓝灰色，暗淡至有些发亮，光滑；粉芽散布至密集，最初为半球状但很快为圆柱状，单一或分枝，常成簇，与菌体同色或通常更暗。下表面浅至中灰色，光滑，具浓密长圆柱形绒毛层。子囊盘罕见，叶片状，具柄，宽 0.05~0.25cm；子实层下面透明，上面薄褐色，高 100~125μm。子囊圆柱状棒形，8孢。子囊孢子 30~45 × 12~18μm，透明，多隔，椭圆形至近纺锤形。

　　广泛生长在热带地区山地森林的树皮、岩石和苔藓上，并延伸至亚洲、非洲、欧洲和北美的温暖温带地区。

003 杯点牛皮叶 *Sticta cyphellulata*（Müll.Arg.）Hue 1901

地卷目 Peltigerales　肺衣科 Lobariaceae

2024.3.10/ 西溪岬 / 罗华兴　　　　　　　　　　　　2024.3.10/ 西溪岬 / 廖金朋

　　地衣体叶状，以短柄基部固着于基物，高 3~5cm，直径 3~7cm，自短柄向上反复 2 叉分裂，呈扇形开展；裂片线状，不等宽，革质，平展或略中凹，边缘略呈波状，全缘，生有细小的裂芽；上表面淡褐色、微灰褐色至褐色，平滑，或少有皱纹；下表面密生微褐黑色短绒毛，边缘灰黄色至淡黄褐色，有时裸出或少绒毛；杯点众多，淡黄褐色，细小，罐状，直径 0.02~0.05cm。地衣体厚 200~400μm，上皮层厚 40~50μm，其最外部厚约 10μm，黄褐色；下皮层厚 35~40μm，淡黄褐色。光合共生物层厚 60~120μm。子囊盘未见。光合共生物为蓝细菌—念珠蓝细菌。

　　生长在树皮、岩石等基质上。国外分布于澳大利亚、昆士兰及印度等。国内分布于广西、福建等地。

004 叶状耳盘菌 *Cordierites frondosus*（Kobayasi）Korf 1971

柔膜菌目 Helotiales　耳盘菌科 Cordieritidaceae

2024.3.12/ 南溪 / 廖金朋　　　　　　　　　　　　2024.4.29/ 南溪 / 廖金朋

　　子囊盘直径 2~3cm，花瓣状或浅杯状，边缘波状。子实层表面黑褐色至褐色，光滑。囊盘被有褶皱，由多片叶状瓣片组成，干后坚硬。具短柄或不具柄。子囊 43~48 × 3~5μm，细长，棒状。子囊孢子 5.5~7 × 1~1.5μm，稍弯曲，近短柱状，无色，平滑。

　　夏秋季生于阔叶树倒木或腐木上。有毒。国内分布于江西、福建等地。

005 橙红二头孢盘菌 *Dicephalospora rufocornea*(Berk.& Broome)Spooner 1987

柔膜菌目 Helotiales　柔膜菌科 Helotiaceae

2024.6.24/ 龙头村 / 周雄　　　　　　　　　　　2024.6.18/ 龙头村 / 罗华兴

　　子囊盘直径 1~4cm，盘形。子实层表面橘红色、橘黄色至污黄色。囊盘被污黄色至近白色。菌柄淡黄色，基部暗褐色。子囊 120~180×13~15μm，近圆柱形至棒形，孔口遇碘液变蓝，具 8 个子囊孢子。子囊孢子 24~47×4~6μm，长梭形，无色，光滑，两端具透明附属物。侧丝线形，顶端宽 1.5~2.5μm。

　　夏秋季生于林中腐木上。国内分布于东南和华中地区。

006 长柄粒毛盘菌 *Dasyscyphella longistipitata* Hosoya 2001

柔膜菌目 Helotiales　毛盘菌科 Lachnaceae

　　子实体直径 0.3~0.6cm，浅杯状、盘状至平展形，具长柄。子囊盘厚约 0.01cm，白色，表面被毛状物。菌柄 0.3~1.0×0.1~0.2cm，圆柱形，与菌盖同色，基部淡黄色、黄绿色，被白色毛状物。子囊 42.0~55.0×4.2~6.5μm，棒状，顶端平截，顶端遇梅氏剂变蓝色，8 孢。子囊孢子 6.5~9.5×2.8~3.5μm，椭圆形至柠檬形。

　　群生于壳斗科青冈属植物的果实壳上。

2024.3.2/ 桂溪村 / 陈鹏飞

007 茶花叶杯菌 *Ciborinia camelliae* L.M.Kohn 1979

柔膜菌目 Helotiales　核盘菌科 Sclerotiniaceae

　　菌盖直径 0.8~2.5cm，初期扁半球形，后期平展，表面褐色、浅棕灰色，中部近栗色，覆盖着白色颗粒状鳞片，具有辐射状长条纹。菌肉白色，很薄。菌褶灰褐色，附着于菌柄。菌柄 3~7.5×0.1~0.3cm，纤细，圆柱形，白色，表面光滑，中空，脆。孢子 8~13×6~10μm，黑褐色，椭圆形，光滑。

　　春季生长在种植山茶的地区。模式产地在日本。分布于北美、欧洲、亚洲和大洋洲等地。

2024.1.17/ 上坪村 / 廖金朋

2024.1.17/ 上坪村 / 廖金朋

008 黑绿锤舌菌 （绿胶地锤）*Leotia atrovirens* Pers.1822

锤舌菌目 Leotiales　锤舌菌科 Leotiaceae

2024.3.2/ 本畬 / 廖金朋

2024.3.2/ 本畬 / 廖金朋

　　子囊果绿色，高 3~4cm。头部扁平半球形，平滑或有皱纹，浓绿色，宽 0.3~1cm。菌柄 2~3.5×0.2~0.3cm，细，圆柱形，淡绿色，有浓绿色细鳞。子实层生于头部表面。子囊 130~160×10~12μm，细棒形，8 孢，上端近双行，下端近单行排列。子囊孢子 18~20×5~6μm，长椭圆形，微绿色。侧丝线形，分枝，微绿色、顶端梨形。

　　散生或丛生于针叶林地。国内分布于吉林、福建等地。

009 润滑锤舌菌 *Leotia lubrica*(Scop.)Pers.1794

锤舌菌目 Leotiales　锤舌菌科 Leotiaceae

2023.8.28/ 龙头村 / 罗华兴

2023.8.28/ 龙头村 / 廖金朋

子实体高 1~3cm，胶质。头部扁半球形，不规则皱卷，宽 0.5~1.7cm，橄榄褐色至黄褐色，干后变暗绿色。菌柄 0.3~0.6cm，蜜黄色至桔黄色，圆柱形或稍扁，上部宽而下部渐削细，上有微细绒毛。子囊 123~133×9~11μm，长棒形，8 孢，大多单行排列，个别上端近双行排列。子囊孢子 14~20×5~6.3μm，梭形，初无隔膜，后有 1~3 个隔膜，多为 3 个，光滑，无色，直或稍弯，内含 4 个油球，两端者小，中间 2 个较大。侧丝 105~124×1.8~2.8μm，线形，顶端略膨大，无色，不分枝。

群生或丛生于混交林中地上。国内分布于广西、西藏、吉林等地。

010 蛋黄无丝盘菌 *Neolecta vitellina*(Bres.)Korf & J.K.Rogers 1971

无丝盘菌目 Neolectales　无丝盘菌科 Neolectaceae

2023.10.31/ 上坪村 / 廖金朋

2023.10.31/ 上坪村 / 罗华兴

子囊盘长 2~4cm，不规则棒状、披针形或匙形，由底部的不育区（柄）和顶部的可育区（子实层）组成；可育区长 0.9~1.8cm，宽 0.3~0.8cm，黄色至亮黄色，光滑，有时纵向稍皱，边缘全缘或稍不规则浅裂；不育区长 1~2.2cm，可育区处宽 0.2~0.4cm，被短柔毛或被绒毛，白色或浅黄色。子囊 55~75×4~5.5×3~3.5μm，圆柱形至圆柱棒状，8 孢。子囊孢子 5.5~8×3~4μm，单列，单细胞，肾形、椭圆形或卵形，透明，光滑。无侧丝。

生长在有云杉生长的针叶林中地面苔藓中。

011 沃尔夫盘菌 （种1）*Wolfina* sp.1

盘菌目 Pezizales　裂皮盘菌科 Chorioactidaceae

（参考长孢沃尔夫盘菌 *Wolfina oblongispora* (J.Z. Cao) W.Y. Zhuang & Zheng Wang 1998）

2024.5.8/ 南溪 / 廖金朋　　　　　2024.6.4/ 南溪 / 罗华兴　　　　　2024.6.4/ 南溪 / 廖金朋

　　子囊盘盘状至近陀螺形，无柄，生于暗色菌丝层上，干标本直径 3~3.5cm；子实层表面干后淡橙褐色至土黄色；子层托干后暗褐色，表面被一层很厚的褐色毛状物；毛状物近圆柱形，顶端钝圆，壁平滑、表面具细小突起或顶部平滑下方具细小突起，褐色；囊盘被不分层，全部为交错丝组织，组织胶化，很厚，菌丝无色；子实层厚 800~900μm；子囊具 4~8 孢，近圆柱形，宽 22~27μm；子囊孢子 36~45 ×（15~）17.5~22μm，椭圆形，两端钝圆，在子囊中单列排列，表面具纤细纵条纹，中间夹杂小疣状突起，无色，无明显大油滴。侧丝线形。

　　国内分布于福建、云南等地。

012 皱纹马鞍菌 *Helvella rugosa* Q.Zhao & K.D.Hyde 2015

盘菌目 Pezizales　马鞍菌科 Helvellaceae

　　菌盖呈马鞍形至三裂状，高 1~2cm，宽 1~2cm，边缘反卷并与菌柄融合，子实层无毛，新鲜时为浅至深灰色或灰棕色，干燥时变为黑色。表面褶皱折叠，幼时为白色至淡色，干燥时变为黄色。菌柄 2~4 × 0.4~0.7cm，向下逐渐变细，主要为纵向棱纹且有少量腔隙，幼时无毛，呈灰棕色，干燥时变为黑色，基部有白色菌丝。子囊 220~260 × 13~17μm，偏生，囊状，8 孢，近圆柱形至棒状。子囊孢子 (15~)15.5~18(~18.5) × (9.5~)10~11(~11.5)μm，椭圆形，光滑。

　　生长在栎属植物及竹林下，与栎属的阔叶林共生。模式产地在中国云南。

2024.4.28/ 双虹桥 / 廖金朋

2024.4.28/ 双虹桥 / 廖金朋

013 秋生羊肚菌 *Morchella galilaea* Masaphy & Clowez 2012

盘菌目 Pezizales 羊肚菌科 Morchellaceae

2024.3.12/ 南溪 / 邓晓雪

2024.3.12/ 南溪 / 廖金朋

2024.3.26/ 南溪 / 罗华兴

子囊果高 5~8cm。菌盖高 3~4.5cm，直径 2~4cm，近圆锥状，有时近卵形；凹坑明显宽而长，灰白色、淡灰色或淡黄色；棱脊主要为纵向，与凹坑同色或稍淡。菌柄 2~4×0.5~1.5cm，圆柱形或向上变细，近光滑，表面白色或奶油色。子囊 180~220×20~25μm，棒状，内含 8 个子囊孢子。子囊孢子 15~18.5×8~10μm，椭圆形，光滑，无色。

春秋季生于亚热带和温带林中地上。国内分布于云南、福建等地。可食用。

014 假网孢盾盘菌 *Scutellinia colensoi* Massee ex Le Gal 1953

盘菌目 Pezizales 火丝菌科 Pyronemataceae

子囊盘盘状，边缘明显，直径 0.2~0.7cm，无柄。子实层表面新鲜时橙红色至红色，干后污橙色至浅橙褐色，子层托表面及边缘覆盖有褐色毛状物；毛状物刚毛状、褐色、具分隔，以 1~4 个小根深入囊盘被组织，长 127~1320μm，宽 20~50μm，壁厚 5~10μm。子实下层分化不明显，层厚 230~250μm。子囊 200~240×13~16μm，近圆柱形，有囊盖，具 8 个子囊孢子。子囊孢子 16.5~20.8×(10~)10.5~12.5(~13.5)μm，椭圆形，表面具疣状突起，无色，单细胞，具 1 个油滴，在子囊中呈单列排列。

国内分布于云南、台湾、宁夏等地。

2023.11.22/ 天斗山 / 廖金朋

2024.1.27/ 天斗山 / 罗华兴

015 窄孢胶陀螺盘菌 *Trichaleurina tenuispora* M.Carbone,Yei Z.Wang & Cheng L.Huang 2013

盘菌目 Pezizales　火丝菌科 Pyronemataceae

2024.3.26/ 南溪 / 廖金朋

2024.4.29/ 南溪 / 廖金朋

　　子囊果 5~8×3~5cm，陀螺状，褐色。子实层表面光滑，深褐色。子囊果背面烟褐色，被短绒毛，内部灰白色，胶质化。子囊 400~500×16~18μm，具 8 个子囊孢子。子囊孢子 20~25×8~12μm，长椭圆形，表面有疣状凸起。

　　散生于林中的枯枝、腐木上。有毒。

016 齿缘肉杯菌 *Sarcoscypha emarginata*(Berk. & Broome)F.A.Harr.1997

盘菌目 Pezizales　肉杯菌科 Sarcoscyphaceae

　　子实体直径 1~7(9)cm，高脚杯形、杯形、碗形，内侧朱红色，很少呈黄色，薄蜡状，外部较浅，发白，毛毡状、绒毛状，边缘长时间弯曲。菌肉白色至浅黄色，内层为红色，蜡质，薄。菌柄长达 3cm，白色至淡黄色，尖端微红，短，有时稍长。子囊 350~450×15μm，并生体略呈杵状。子囊孢子 21.6~27.7×11.2~13μm，宽片状，透明。孢子印白色。

　　冬季至 5 月生长在埋藏地下或腐烂的落叶枝干上。可食用，但不是特别好吃。与詹塔拉肉杯菌 *Sarcoscypha jurana* 差异很小，不容易区分，可以结合起来看待。

2024.3.21/ 桂溪村 / 陈鹏飞

2023.12.30/ 龙头村 / 廖金朋

017 黑褐口盘菌 （黑口红盘菌 暗盘菌）*Plectania melastoma*(Sowerby)Fuckel 1870

盘菌目 Pezizales　肉盘菌科 Sarcosomataceae

2024.3.7/ 南溪 / 廖金朋

2024.3.26/ 南溪 / 廖金朋

2024.3.26/ 南溪 / 罗华兴

　　子囊盘宽 1.5×1.0cm，杯状，具很短的柄或近无柄，柄 0.4~0.3cm，从黑色绒毛层生出，该绒毛层延伸至基质。盘始终凹下，深达 0.7cm，近黑色，光滑。边缘圆形，内弯，狭窄不育，幼时具细齿，随着时间变化变得隐约具齿或近全缘。子囊盘表面具微毛，细颗粒状，颜色起初为红橙色至亮棕橙色，后期变为红棕色至棕色。子囊 170~200×12~15μm，8 孢，具盖，圆柱形，厚壁。子囊孢子 19.2~25.8×9.6~12.6μm，椭圆梭形，光滑或具细疣，透明，薄壁至中厚壁。

　　4~6 月群生或单生在柳杉和针叶树的腐朽木材和树皮上。不可食用。分布在亚洲、欧洲、南美洲。国内分布于广东、福建等地。

018 小乔木齿梗孢 *Calcarisporium arbuscula* Preuss 1851

肉座菌目 Hypocreales　齿梗孢科 Calcarisporiaceae

2024.3.8/ 天宝岩主峰 / 廖金朋

2024.3.12/ 南溪 / 廖金朋

　　菌落白色、致密，稍呈粉状，中部隆起，外围菌丝稍疏短。气丝有隔，分枝，宽 1.5~3μm；分生孢子梗直立，有隔，基宽 3~5.5μm，长 100~650μm 或更长，上部 1/4~1/2 处具 2~6 轮层，每层 2~7 棍锥形产孢细胞，基宽 2~3μm，长 l0~25μm，向末端渐细，顶端膨大，为合轴产孢型。膨大部具 2~10 个齿状突出，每突出具 1 个卵形至长椭圆形分生孢子，单胞，基部微尖，3.5~6.2×1.4~2μm。

　　寄主有红菇属、牛肝菌属、乳菇属、伞菌属、多孔菌属等。国内分布于山东、云南、福建等地。

019 小红宝石亚肉座菌 *Hypocrella raciborskii* Zimm.1901

肉座菌目 Hypocreales　麦角菌科 Clavicipitaceae

2024.4.6/南溪 / 罗华兴

2024.4.6/南溪 / 廖金朋

　　子座垫状、卵形或圆形，由致密交织的菌丝体组成，边缘有时围绕膜质的囊基膜，白色至黄白色，宽 0.09~0.2cm。子囊座单生或聚生，从子座长出，与子座同色，含一个子囊壳。子囊壳烧瓶状，具一个长颈，有时卵形或不规则形，长 320~440μm，宽 140~360μm，壁厚 24~40μm。子囊圆柱形，双囊壁，长可达 400μm，宽 8~14.3μm，顶部具明显加厚的帽。子囊孢子 8.7~20 × 2.8~4μm，圆柱形，偶尔窄卵形，有时弯曲，中央偶具一个隔膜。

020 柱孢绿僵菌 *Metarhizium cylindrosporum* Q.T.Chen & H.L.Guo 1986

肉座菌目 Hypocreales　麦角菌科 Clavicipitaceae

　　菌落直径 2.85~3.65cm，具环带，有辐射状纹理，被短绒毛至粉状，淡黄绿色至淡蓝色，带有白色絮状边缘。反面中心为淡蓝色，边缘为浅番红花色并有辐射状纹理。菌丝有隔，壁光滑，无色透明，宽 1.5~2.5μm。分生孢子梗 6.0~7.0 × 2.9~3.9μm，无色透明，壁光滑，圆柱形，从气生菌丝上产生，大多分枝。瓶梗 4.0~5.5 × 2.8~3.0μm，单生，或成 2~5 个簇生，从分生孢子梗末端的短分枝上产生，棍棒状。小分生孢子 5.0~6.5 × 3.0~4.0μm，卵形至椭圆形；大分生孢子 14.5~24.0 × 3.0~4.0μm，圆柱形至香蕉形，两端较窄。

2024.6.29/ 柯山村 / 罗华兴

2024.6.29/ 柯山村 / 廖金朋

021 蝉花虫草 *Cordyceps chanhua* Z.Z. Li,F.G.Luan,N.L.Hywel-Jones,C.R.Li &S.L.Zhang 2021

肉座菌目 Hypocreales　虫草科 Cordycipitaceae

　　孢梗束长 2~6cm，分枝或不分枝。上部可育部分长 0.4~0.8cm，直径 0.2~0.3cm，总体呈穗状，具白色粉末状分生孢子。不育菌柄 2~4×0.2~0.4cm，黄色至黄褐色。子囊 230~380×2~3μm，无色透明，圆柱形。子囊孢子 250~360×2~3μm，常断裂成 6~14×2~3μm 的 8 个分孢子，光滑、细丝状，无色透明。

　　散生于疏松土壤中的蝉蛹上。食药兼用。已实现人工栽培。

2024.6.29/ 柯山村 / 廖金朋　　　　　　　　　　　　　　　　2024.7.14/ 南溪 / 廖金朋

022 青城虫草 *Cordyceps qingchengensis* L.S.Zha & T.C.Wen 2019

肉座菌目 Hypocreales　虫草科 Cordycipitaceae

　　有性型：子座从大型蚕蛾的茧蛹头部生出，肉质，新鲜标本黄色，分枝，总长度 2.5cm；基部单一，然后分成几个（通常为 3 个）叉状，基部柄和上部分支稍呈圆柱形，宽度适中，被浅黄色菌丝覆盖，分支顶端钝圆。可育部分位于每个分支的末端，0.7~0.9×0.2~0.25cm，比基部柄和上部分支稍宽。子囊壳 335~490×145~240μm，部分埋生于子实体表面成直角，卵形但顶端尖锐。子囊 180~200×2.4~4.0μm，圆柱形，子囊帽半球形，8 孢。子囊孢子丝状，180~220×0.45~0.65μm。

　　生长在阔叶林潮湿土壤中大型蚕蛾的卵形茧蛹上，茧厚实，2.1×0.8cm。模式产地是中国四川青城山。

2024.6.25/ 西溪岬 / 罗华兴　　　　　　　　　　　　　　　2024.6.25/ 西溪岬 / 廖金朋

023 高雄山虫草 *Cordyceps tenuipes*(Peck) Kepler,B.Shrestha & Spatafora 2017

肉座菌目 Hypocreales　虫草科 Cordycipitaceae

2023.8.15/ 龙头村 / 罗华兴

2023.8.15/ 龙头村 / 廖金朋

　　子座可分枝。可育部分长 0.8~1cm，直径 0.15~0.3cm，圆柱形，黄色至黄白色。不育菌柄 0.8~1×0.1~0.15cm，圆柱形，黄色至黄白色。子囊壳 375~450×150~200μm，瓶状，表生。子囊 300~350×2.5~3μm，细长，线形。子囊孢子长度略比子囊短，线形，无色，易断裂形成分生孢子。分生孢子 6~8×0.5~0.8μm，杆形至柱形。

　　单生、丛生或簇生于鳞翅目昆虫幼虫或茧上。国内分布于华中、东南等地区。

024 地衣状类肉座菌 (佛手菌) *Hypocreopsis lichenoides*(Tode)Seaver 1910

肉座菌目 Hypocreales　肉座菌科 Hypocreaceae

2023.6.18/ 柯山村 / 罗华兴

　　子座宽达 1.2cm，厚 0.6cm，与基质紧密连接，常发育成圆形斑块，新鲜时似软木塞，干后变硬。子座分裂成辐射状的脊或脑叶状，前端似佛手，紧贴基物；前期奶油色，成熟后浅棕色或雪茄棕色，中间部位红棕色。幼时表面光滑，后中间部位出现褶皱。子囊壳圆形，具 8 个子囊孢子。子囊孢子 22~30×7~9.5μm，线形，光滑，薄壁，具中隔。

　　夏季群生于云杉腐木上。国内分布于东北、东南地区。

2023.6.18/ 柯山村 / 罗华兴

025 金孢寄生菌 （近缘种）*Hypomyces* aff. *chrysospermus*(Bull.)Tul.&C. Tul.1860

肉座菌目 Hypocreales　肉座菌科 Hypocreaceae

（参考金孢寄生菌 *Hypomyces chrysospermus*(Bull.)Tul.&C. Tul.1860）

菌丝层平伏，覆盖整个寄主，柠檬黄色，由于产生分生孢子而呈粉末状；子囊壳砖红色，群生，基部埋于菌丝层内，近球形，直径 190~240μm；孔口圆锥形；子囊圆柱形，有短柄，有孢子部分 72~105×5μm；子囊孢子 13~15×3~4.5μm，单行排列，梭形，稍弯曲，两端各有一小尖，有一横隔，并在横隔处内缩，形成两个大小不同的细胞。分生孢子生于分生孢子梗短枝的顶端，球形，金黄色，有小疣，直径 12~18μm。

寄生于各种牛肝菌的子实体上。国内分布于福建、山东、贵州、广东等地。

2024.6.29/ 柯山村 / 罗联周　　　　　　　　2024.6.18/ 共裕村 / 罗华兴

026 科维尼寄生菌 *Hypomyces cervinigenus* Rogerson and Simms 1971

肉座菌目 Hypocreales　肉座菌科 Hypocreaceae

果实体为柔软的、被绒毛至细短柔毛的霉菌，白色，变为粉红色至米色浅黄色，老时呈粉状，寄生于寄主的菌柄和菌盖组织上。子囊孢子 (15)18~22(26)×2~4(5)μm，光滑，近纺锤形，成熟时通常为单隔，两端尖，无小尖。无性孢子有两种类型，一是粉孢子，球形，有刺，厚壁，宽 13.5~17.5μm，连接到一个次生的、薄壁、略呈半球形的细胞上；二是分生孢子，14.0~25.5×4.0~5.0μm，圆柱状椭圆形，薄壁，光滑，内容物颗粒状，或有一至几个油滴，有些中央有隔。粉孢子的孢子印为粉红浅黄色。

仲冬、晚冬或春季寄生于马鞍菌属等物种上，多寄生于黑马鞍菌上。

2024.5.15/ 南溪 / 廖金朋

027 金孢寄生菌 *Hypomyces chrysospermus* Tul.&C. Tul.1860

肉座菌目 Hypocreales　肉座菌科 Hypocreaceae

　　菌丝层平伏，覆盖整个寄主，柠檬黄色，由于产生分生孢子而呈粉末状；子囊壳砖红色，群生，基部埋于菌丝层内，近球形，直径 190~240μm；孔口圆锥形；子囊圆柱形，有短柄，有孢子部分 72~105×5μm；子囊孢子 13~15×3~4.5μm，单行排列，梭形，稍弯曲，两端各有一小尖，有一横隔，并在横隔处内缩，形成两个大小不同的细胞。分生孢子生于分生孢子梗短枝的顶端，球形，金黄色，有小疣，直径 12~18μm。

2024.4.2/ 上坪村 / 罗华兴

2024.8.11/ 九龙村 / 罗华兴

028 小孢菌寄生 *Hypomyces microspermus* Rogerson & Samuels 1989

肉座菌目 Hypocreales　肉座菌科 Hypocreaceae

2023.8.31/ 柯山村 / 廖金朋

2023.8.31/ 柯山村 / 廖金朋

　　一种类似霉菌的覆盖物，蔓延在牛肝菌上，最终完全覆盖它；起初为白色且呈组织状，后来变为粉状和金黄色，最终呈硬壳状且为棕色至红棕色。粉孢子 11~16μm，球形，具刺，刺长 1~1.5μm，壁厚。分生孢子 6~13×4~6μm，椭圆形，光滑。

　　夏季和秋季寄生于硬皮马勃状牛肝菌上，或在温暖气候下可越冬。分布于中美洲、北美洲，大洋洲等。

029 鹿角状木霉（火焰茸 红角肉棒菌）*Trichoderma cornu-damae*(Pat.)Z.X.Zhu & W.Y.Zhuang 2014

肉座菌目 Hypocreales　肉座菌科 Hypocreaceae

　　子座棒状，高 3~10cm，直径 0.5~1cm，有时呈指状分枝，先端钝圆或尖；表面红色、紫红色至橙红色，颜色十分鲜艳；菌肉白色，弹性较强。孢子 4~6.5 × 4~4.5μm，三角形或四角形，表面密生刺突。

　　生于腐木上。有毒。国内分布于贵州、广西、福建等地。

2023.9.9/ 铁丁石 / 廖金朋　　　　　　　　　　　　　　　　2023.9.9/ 铁丁石 / 罗华兴

030 下垂线虫草 *Ophiocordyceps nutans*(Pat.)G.H.Sung,J.M.Sung,Hywel-Jones& Spatafora 2007

肉座菌目 Hypocreales　线虫草科 Ophiocordycipitaceae

2024.7.31/ 南溪 / 刘永生　　　　　　　　　　　　　　　　2024.3.12/ 南溪 / 罗华兴

　　子座常单生，偶有 2~3 个从寄主胸侧长出。地上部分高 3.5~10cm，分为可育头部和不育柄部。可育头部长 0.3~1cm，宽 0.1~0.2cm，长椭圆形至短圆柱形，橙红色、橙黄色至浅黄色，成熟后下垂。不育柄部长 3~10cm，黑色至黑褐色，有金属光泽，内部白色。子囊孢子线形，无色，薄壁，光滑，成熟后断裂成分生孢子。分生孢子 8~10 × 1.4~2μm，短圆柱形。

　　秋季生于半翅目蝽科昆虫成虫上，多出现于林地枯枝落叶层。可药用。

031 小蝉线虫草（小蝉草）*Ophiocordyceps sobolifera* (Hill ex Watson) G.H.Sung,J.M.Sung,Hywel-Jones & Spatafora 2007

肉座菌目 Hypocreales　线虫草科 Ophiocordycipitaceae

2024.5.25/ 上坪村 / 周雄

子座长 2~8cm，直径 0.2~0.6cm，棒形，不分枝，从寄主蝉幼虫主头部长出。可育部分长 1.5~2cm，直径 0.5~0.6cm，圆柱形或近梭形，中部略膨大，橙红色、红褐色、土黄色至淡褐色。不育菌柄长 2.5~4.5cm，直径 0.3~0.4cm，圆柱形，与可育部分同色，基部与寄主头部相连并缢缩。子囊壳埋生，瓶形至柱形。子囊 300~470×5.6~6.5μm，柱形，基部变狭，子囊帽宽 5.4~6.5μm，高 3~3.4μm，半球形。子囊孢子 6~13×1~1.5μm，线形，多隔，成熟后断裂形成分生孢子。分生孢子 6~7.2×1.2~1.5μm。

寄生于蝉幼虫上。可药用。国内分布于华中、东南地区。

2024.6.11/ 上坪村 / 周雄

032 豪伊炭团菌 *Hypoxylon howeanum* Peck 1872

炭角菌目 Xylariales　炭团菌科 Hypoxylaceae

子座近球形至半球形，或呈不规则球形，单生，偶有数个合生，直径 0.4~0.9cm，高 0.3~0.5cm，棕红色，表面光滑，里面墨黑色，基部有不明显的放射状条纹。子囊壳近球形，细小，直径 260~400μm，孔口如黑色小点，外突。子囊圆柱状，有孢子部分 51~67×3.5~5μm，单行排列。子囊孢子 6~8×3.5~4μm，椭圆形，不等边，光滑，初无色，后褐色。

群生于阔叶林中腐木上。国内分布于甘肃、福建、辽宁等地。

2024.1.11/ 柯山村 / 廖金朋

2023.8.22/ 天斗山 / 廖金朋

033 污白炭角菌 *Xylaria escharoidea* (Berk.)Sacc.1882

炭角菌目 Xylariales　炭团菌科 Hypoxylaceae

2024.6.15/ 柯山村 / 廖金朋

2024.6.18/ 南溪 / 廖金朋

2024.6.16/ 丰田村 / 张启航

子座初暗黑色，光滑，呈鞭状，长且带有烟白色，熟时黑色，具细长、宽阔、圆柱形至梭形、光滑至具疣、纵向有皱纹、顶端圆形至钝的可育头部，并在下方渐细为黑褐色至暗褐色的不育柄，通过根状基部深深地嵌入土壤或腐木中，偶尔在根状基部分枝，形成两个或更多中等至长的、黑色、圆柱形至梭形的可育子座。肉质白色且坚硬，孔口具乳头状突起，单个子座高 7.8~15.7 × 0.3~0.5cm。子囊壳黑色，近球形，完全嵌入可育头部中。子囊 40~52 × 3.4~4.6μm，圆柱形，具长柄，8 孢。子囊孢子 3.7~5.2 × 2.5~3μm，褐色，不等侧椭圆形，无隔，单列。

7~8 月单生或小群生长在森林中的废弃白蚁丘上。不可食用。分布于印度、中国等地。

034 条纹炭角菌 *Xylaria grammica*(Mont.)Mont.1851

炭角菌目 Xylariales　炭团菌科 Hypoxylaceae

2024.4.2/ 柯山村 / 罗华兴

2024.4.2/ 柯山村 / 廖金朋

子座单根或有时上部分枝，高 3~9cm，粗 0.35~1.0cm。柄 1~5 × 0.2~0.3cm，初灰黑色，后呈灰黑带黄粉状。头部圆柱形至棒形，顶端细削钝圆，初淡黄色至蛋黄色，后灰黑色，表面有黑色条纹并略纵裂，内部白色，疏松，后变空。子囊壳 600~900 × 450~700μm，埋生，椭圆形至近圆形，孔口明显外突。子囊有孢子部分 67~70 × 4~5μm，孢子单行排列。子囊孢子 10~11.5 × 3.5~5μm，不等长椭圆形，单胞，初无色，后呈褐色至棕褐色。侧丝细长，无色。

散生或群生在阔叶树腐木上，对木材有害。分布于亚洲、欧洲、南美洲。国内分布于云南、贵州、福建等地。

035 枫果炭角菌 *Xylaria liquidambaris* J.D.Rogers,Y.M.Ju & F.San Martín 2002

炭角菌目 Xylariales　炭团菌科 Hypoxylaceae

　　子座高 2~8cm，直立，不分枝或偶分枝，单生或从一个果实上簇生，通常顶端尖锐，带纵向的条纹。不育菌柄光滑或有绒毛从毡状的基部伸出，表面初期褐色，后黑色，内部白色。子囊全长 125~155μm。子囊孢子 12~15×4.5~6.5μm，椭圆形至新月形，不等边，光滑，褐色。

　　生于枫香果实上。

2023.10.10/ 柯山村 / 廖金朋　　　　　　　　　　　　　　　　　2024.3.2/ 天宝岩主峰 / 廖金朋

036 黑柄炭角菌 （巴西炭角菌 威灵仙 乌灵参 鸡茯苓 鸡枞蛋 吊金钟）*Xylaria nigripes* (Klotzsch) Cooke 1883

炭角菌目 Xylariales　炭团菌科 Hypoxylaceae

2024.6.24/ 龙头村 / 林金莲　　　　　　　　　　　　　　　　　2024.6.24/ 上坪村 / 周雄

　　子座地上部分长 6~12cm，直径 0.4~0.8cm，通常不分枝，有时具少数分枝，棍棒形，顶部圆钝，乌黑色至黑色，新鲜时革质，干后硬木栓质至木质。可育部分表面粗糙。不育菌柄约占地上部分长度的 1/5，近光滑至稍有裂纹。地下部分常假根状，长可达 10cm，直径 0.4cm，弯曲，硬木质。子囊孢子 4~5×2~3μm，近椭圆形至近球形，黑色，厚壁，非淀粉质，不嗜蓝。

　　夏秋季生于阔叶林中地上，通常深入地下与白蚁窝相连。国内分布于华中、东南等地区。可药用。

037 戴尔菲炭角菌 *Xylaria telfairii* (Berk.)Sacc.1882

炭角菌目 Xylariales　炭团菌科 Hypoxylaceae

2023.12.10/ 南溪 / 廖金朋　　　　　　　　　　2024.10.6/ 南溪 / 罗华兴

　　子实体由菌丝体组成，棉花状，表面为橙棕色到黄棕色细碎状。菌柄长约 5cm，直径 0.1~0.4cm，呈圆柱形，偶有分枝，基质纵向切开后内部中空，呈凝胶状和液体稠态。子囊圆柱形，8 孢，顶端增宽呈矩形。子囊孢子 20~29×6~8μm，圆柱形，深棕色，光滑，有不对称的壁，有点弯曲。

　　生长在潮湿和阴凉的大原木、倒下的树木和双子叶树桩上。

038 高柄蘑菇 *Agaricus dolichopus* R.L.Zhao 2016

蘑菇目 Agaricales　蘑菇科 Agaricaceae

2023.8.19/ 九龙村 / 罗华兴　　　　　　　　　　2023.8.19/ 九龙村 / 廖金朋

　　菌盖宽 6.5~12.5cm，最初为宽抛物线形或半球形，渐凸起到宽脐状，后近平展，中部或稍凹陷；表面干燥，最初全为白色，然后在菌盖中央有浅紫色色调；边缘稍突出，有时带有菌幕残余。菌褶离生，宽达 0.5~0.6cm，密集，有间生小菌褶，由粉红色或浅紫色至深棕色。菌柄 10~20.5×1~2.5cm，圆柱形至棒状，中空，白色，菌环以上光滑，幼时菌环以下有鳞片状绒毛，伤变黄色。菌环上位，膜质。担子 17~23×8~9.5μm，4 孢，棒状或顶端稍截形，透明，光滑。孢子 (5.5~)6~7(~8)×4~5(~5.5)μm，椭圆形或卵形，光滑，壁厚，棕色。有杏仁气味。

　　生长在松属针叶林或桦属和松属混交林的地面上。国内主要分布东北地区。

039 双环蘑菇 *Agaricus duplocingulatus* Heinem.1890

蘑菇目 Agaricales 蘑菇科 Agaricaceae

2023.8.31/ 柯山村 / 罗华兴 　　　　　　　　2023.8.31/ 柯山村 / 廖金朋

菌盖 2.7~8.7cm，凸形，幼时边缘下弯，成熟时变直；表面干燥，白盖上覆盖着红棕色丝状鳞片；鳞片在菌盖中央聚集，在其他地方呈同心环状排列；丝状或呈网纹状；湿润时暗红色。菌褶离生，密集，有 5 层间生小菌褶，宽 0.1~0.6cm，幼时粉红色，成熟时棕色。菌柄 3~4.3×0.4~0.9cm，圆柱形，基部膨大，有根状菌丝，中空；白色，受伤或切开时变为红棕色。菌环双层，上层宽且持久；下层窄呈手镯状，可移动，易消失。菌肉厚 0.4cm，坚实，触碰时明显变黄，切开时变红，或者触碰和切开时均不变色。担子 14.5~19.3×4.9~7.5μm，4 孢，棒状，透明，光滑。孢子 4.5~6.5×3.6~4.5μm，椭圆形，光滑，棕色，壁厚。有杏仁气味。

单生于森林中。

040 鳞柄蘑菇 *Agaricus flocculosipes* R.L.Zhao,Desjardin, Guinb.& K.D.Hyde 2012

蘑菇目 Agaricales 蘑菇科 Agaricaceae

2023.8.19/ 九龙村 / 罗华兴 　　　　　　　　2023.8.19/ 九龙村 / 廖金朋

菌盖直径 8~15cm，初半球形，后渐平展，灰褐色至棕褐色，具丛毛状鳞片，表面常开裂，菌肉白色。菌褶离生，初期淡粉红色，后变红褐色至黑褐色。菌柄 8~10×1~2cm，被绒毛状鳞片，白色。菌环单层，上位，白色，膜质，易脱落。孢子 6~8×4~6μm，椭圆形，灰褐色至暗黄褐色，光滑。

春秋季单生或散生于草地、路旁、田野、林地等。模式产地在泰国。国内分布于广东、福建等地。可食用。

041 海岸蘑菇 *Agaricus litoralis* (Wakef. & A. Pearson) Pilát 1952

蘑菇目 Agaricales 蘑菇科 Agaricaceae

菌盖直径 4~10(12)cm，白色至淡黄色，稻草黄色，有黄色斑点，老时完全赭黄色，撕裂，密集的纤维鳞片。菌肉白色，伤后发红，几乎不变黄。菌褶离生，发白，后偏红至红褐色。菌柄 5~8(10)×1~3(4)cm，白色，片状鳞片，环下侧圆形鳞片。菌环白色至老褐色，薄肉，下垂。孢子 7~8×4.5~6.2μm，卵形。孢子印深棕色。有难闻的气味。

生长于针叶林中，常见于云杉树下，偶见于公园、草地上。

2023.8.28/ 上坪村 / 廖金朋

042 曼稿蘑菇 *Agaricus mangaoensis* M.Q.He & R.L.Zhao 2017

蘑菇目 Agaricales 蘑菇科 Agaricaceae

菌盖直径 2~3cm，平展，表面干燥，被有细小棕色纤维状鳞片，边缘渐浅；菌肉厚约 0.1~0.2cm，白色，肉质。菌褶离生，宽 0.2~0.3cm，密，棕色，边缘白色，齿状，不等长。菌柄 6×0.3cm，白色，中空，柱状，基部球形膨大，菌环以上部分光滑，以下部分被白色丛毛鳞片；菌环宽 0.25cm，单环，膜质，易碎，表面光滑。孢子 5~6.5×3~4μm，长椭圆形，褐色，光滑，厚壁。

夏秋季单生于林中地上。国内分布于云南、江西、福建等地。

2023.9.2/ 上坪村 / 罗华兴

043 大孢蘑菇 *Agaricus megalosporus* J.Chen,R.L.Zhao,Karun.& K.D.Hyde 2012

蘑菇目 Agaricales　蘑菇科 Agaricaceae

2023.9.2/ 共裕村 / 廖金朋　　　　　　　　　　　　　　　　　　　　　　　　2023.9.2/ 共裕村 / 廖金朋

　　菌盖直径 3.5~11cm，从顶部看呈圆形，在菌盖中央呈抛物线形，成熟时菌盖中央平坦或稍凹陷。菌肉厚 0.5~0.9cm，坚实，白色。菌褶离生，密集，有 3~5 层间生小菌褶，宽 0.4~0.7cm，幼时白色，然后是粉红、淡红、浅棕、棕色、最终深棕色。菌柄 5~12 × 0.8~11cm，白色，圆柱形球茎状，狭窄中空。菌环以上表面光滑，幼时具大量纤毛，成熟时菌环以下具鳞片状绒毛，易被碰落。菌环膜质，下垂，上位，宽达 1cm。担子 15~25 × 6~9μm，棒状，透明，光滑，4 孢。孢子 5.5~7.5 × 3~4μm，椭圆形至长圆形，光滑，红棕色，壁厚。有杏仁气味。伤后菌柄变成浅黄至黄色。

　　散生或群生在森林的开阔区域或落叶层中。

044 黄斑蘑菇 *Agaricus xanthodermus* Genev.1876

蘑菇目 Agaricales　蘑菇科 Agaricaceae

2024.6.18/ 共裕村 / 罗华兴　　　　　　　　　　　　　　　　　　　　　　2024.6.18/ 共裕村 / 廖金朋

　　菌盖直径 4~8cm，初时凸镜形或近方形，后渐平展；表面污白色，中央带淡棕色，光滑；边缘内卷，浅黄色。菌肉白色。菌褶离生，淡粉色至黑褐色，较密。菌柄 5~15 × 1~2cm，圆柱形，近基部膨大，白色，光滑，幼时实心，成熟后空心，基部球形膨大处黄色。菌环中上位，膜质。孢子 5~6.5 × 3~4.5μm，椭圆形，光滑，棕褐色。

　　夏秋季单生于林中地上、草地上、花园中。有毒。国内主要分布于西北、青藏等地区。

045 胭脂蘑菇 *Agaricus yanzhiensis* M.Q. He, K.D. Hyde & R.L.Zhao 2018

蘑菇目 Agaricales　蘑菇科 Agaricaceae

　　菌盖 2.1~7.5cm，初为抛物面形，后凸起，最终平展，成熟时菌盖中央略呈脐状，边缘平直，有时上翘，有时带有少量外菌幕残余，表面干燥，白色，覆平伏、褐色或红棕色的纤丝，在菌盖中央更为密集。菌肉厚 0.5cm，白色。菌褶离生，宽 0.5cm，密集，初为白色，后变为粉红色或红棕色、棕色，边缘平滑，有小菌褶。菌环，膜质，白色，下垂，上表面光滑，下表面有纤丝。菌柄 2.9~6.5×0.6~0.8(基部为 1.2~1.8)cm，圆柱形，白色，中空，有些基部呈球状，表面干燥。担子 13.3~24.7×6.2~7.5μm，棒状，透明，4孢，光滑。孢子 5.0~5.8×3.7~4.1μm，椭圆形，光滑，厚壁，褐色。有杏仁气味。伤变黄色。

　　群生于森林土壤上。

2024.6.18/ 南溪 / 罗华兴　　　　　　2024.6.18/ 南溪 / 廖金朋

046 大青褶伞 (铅青褶伞) *Chlorophyllum molybdites*(G.Mey.)Massee 1898

蘑菇目 Agaricales　蘑菇科 Agaricaceae

　　菌盖直径 5~15cm，白色，半球形、扁半球形至半球形，中部稍凸起，幼时暗褐色或浅褐色，平展时裂为褐紫色鳞片，往往边缘脱落。菌肉白色或带浅粉红色，松软。菌褶离生，初期污白色，后期呈浅青褐色，宽，不等长。菌柄 12~22×1~2cm，圆柱形，污白色至浅灰褐色，基部稍膨大，内部空心。菌柄菌肉伤处变褐色。菌环膜质，上位。孢子 8~12×6~8μm，宽卵圆形至宽椭圆形，光滑。

　　生于草地上。有毒。国内分布于广东、海南、福建等地。

2023.8.2/ 龙头村 / 罗华兴　　　　　　2023.10.14/ 龙头村 / 廖金朋

047 疣孢鬼伞 *Coprinus phlyctidosporus* Romagn.1945

蘑菇目 Agaricales　蘑菇科 Agaricaceae

菌盖直径 1~3cm，初卵形，后平展，最后反卷。被膜白色棉絮状，覆盖于菌表面，中央早脱落、露出暗褐色至黑褐色，边缘有放射状沟纹。菌肉薄，暗灰褐色，有恶臭味。菌褶离生，白色至暗灰或灰黑色，狭窄、稍密。菌柄 3~7 × 0.1~0.3cm，上下等粗或向上稍细，白粉状，中空，带灰色。孢子 8~9 × 6~7.5μm，短椭圆形至卵形，有小疣。

春秋季散生入菜屑的堆肥中，或火烧地、林地中有动物尸体腐烂后的地方。分布于欧洲、日本等地。国内分布于江苏、浙江、福建等地。

2024.3.10/ 共裕村 / 廖金朋

048 黑顶环柄菇 (参照种) *Lepiota* cf. *atrodisca* Zeller 1938

蘑菇目 Agaricales　蘑菇科 Agaricaceae

（参考黑顶环柄菇 *Lepiota atrodisca* Zeller 1938 ）

2023.10.14/ 龙头村 / 廖金朋

2023.10.14/ 龙头村 / 罗华兴

菌盖直径 1.5~4.0cm，凸起，展开后近乎平面，中央常稍呈脐状，表面干燥，中央具绒毛，深灰色至黑色，受伤时表皮不变色，但之后可能会出现淡黄色区域。菌肉非常薄，厚 0.1~0.2cm，柔软，白色，不变色。菌褶离生，白色，紧密，受伤时不变色，小菌褶 1~2 列，菌褶边缘具流苏。菌柄 2.0~8.5 × 0.1~0.4cm，细长，脆弱，充实，后变中空，大致等粗，菌幕膜质，薄，脆弱，白色，形成一个张开的上位环，边缘常呈灰色。孢子 5.5~7.9 × 3.5~4.5μm，椭圆形，光滑，不等边，壁相对较厚。孢子印白色。

秋雨过后散生于阔叶树和针叶树混交林中。

049 假紫鳞环柄菇 *Lepiota pseudolilacea* Huijsman 1947

蘑菇目 Agaricales 蘑菇科 Agaricaceae

2023.8.31/ 柯山村 / 罗华兴

菌盖直径 2.5~4cm，初近圆锥形，边缘内卷，后渐平展，中凸，污白色，中央具钝的暗褐色凸起，随菌盖生长向四周撕裂成同心环状排列的褐色至暗褐色鳞片。菌褶离生，白色，中密，不等长，中部膨大，有时宽达 0.5cm。菌柄 3~5×0.3~0.5cm，近圆柱状，中空，菌环以上菌柄乳白色，光滑，菌环以下浅褐色至褐色，下部常具稀疏的呈近环带状排列的鳞片；菌环上位，窄细、呈手镯状，上表面白色，下表面具与盖同色的块状鳞片。担子 17~28×6~9μm，棒状，多具 4 孢，少 2 孢。孢子 6~8×4~5μm，侧面观椭圆形或长椭圆形，无色透明，光滑，壁略厚。具锁状联合。

夏秋生于落叶林中地上。分布于欧洲和亚洲。

050 白环蘑 （种 1）*Leucoagaricus* sp.1

蘑菇目 Agaricales 蘑菇科 Agaricaceae

（参考鳞白环柄菇 *Leucoagaricus leucothites*(Vittad.)Wasser 1977）

菌盖直径 4~11cm，扁半球形至近扁平，白色，有白色小鳞片。菌肉白色。菌褶离生，白色，稍密。菌柄 5~11×0.9~1.5cm，柱状，白色，内部松软，基部稍膨大。菌环白色，生长在菌柄中部。孢子 6~10×4~5μm，无色，椭圆至卵圆形，光滑。

夏秋季单生或群生于草丛中。鳞白环柄菇可食用。国内分布于云南、内蒙古等地。

2023.11.4/ 龙头村 / 罗华兴

2023.11.4/ 龙头村 / 罗华兴

051 橙褐白环蘑 *Leucoagaricus tangerinus* Y.Yuan & J.F.Liang 2014

蘑菇目 Agaricales　蘑菇科 Agaricaceae

2023.10.14/ 上坪村 / 罗华兴

菌盖直径 2~5cm，较平展；表面橘黄色、土褐色至棕红色，上覆一层细绒质鳞片；盖缘棱纹明显；菌肉白色，薄、质脆。菌褶离生，淡黄色，高 0.3~0.6cm。菌柄 4~7×0.3~0.5cm，中生，近柱状，基部稍膨大；淡黄色，菌环生于中上部，菌环以下部位颜色较深且被橘红色鳞片；基部菌丝白色。孢子 6.5~7×4~4.5μm，椭圆形至卵圆形，光滑。

夏季散生于阔叶树林下。腐生菌。国内分布于云南、福建、江西等地。

052 柏列氏白鬼伞 （参照种） *Leucocoprinus cf. brebissonii*(Godey)Locq.1943

蘑菇目 Agaricales　蘑菇科 Agaricaceae

（参考柏列氏白鬼伞 *Leucocoprinus brebissonii*(Godey)Locq.1943 ）

2023.9.9/ 龙头村 / 廖金朋

2023.9.9/ 龙头村 / 罗华兴

　　子实体高 7.5cm，菌盖直径 7.5cm。菌盖初时凸镜形至圆锥形，逐渐平展。菌盖具深灰褐色至黑色斑点，形成环形的深色鳞片，菌盖表面白色。菌褶白色，成熟后逐渐变为浅黄色。菌柄白色，基部膨大，基部有时呈粉色，被稀疏的颗粒状鳞片；菌环小，易脱落。白鬼伞属 *Leucocoprinus* 种类较纤弱，菌盖薄，与白环蘑属 *Leucoagaricus* 和环柄菇属 *Lepiota* 物种近缘。

　　单生或群生于温带肥沃的阔叶树下。有轻微毒性，不可食用。分布于中美洲、北美洲、欧洲、非洲、亚洲、大洋洲等地。

053 易碎白鬼伞 *Leucocoprinus fragilissimus* (Ravenel ex Berk.& M. A.Curtis) Pat.1900

蘑菇目 Agaricales　蘑菇科 Agaricaceae

　　菌盖直径 2~4cm，平展，膜质，易碎，具辐射状褶纹，近白色，被黄色至浅绿黄色的粉质细鳞。菌肉极薄。菌褶离生，黄白色。菌柄 5~10×0.2~0.4cm，圆柱形，淡绿黄色，脆弱。菌环上位，膜质，白色。孢子 10~13×7~9μm，侧面观卵状椭圆形至宽椭圆形，背腹观椭圆形或卵圆形，光滑，无色。

　　夏秋季单生至散生于林中地上或草丛中地上。国内分布于华中、东南等地区。

2023.8.1/ 西溪岬 / 廖金朋

2024.8.20/ 上坪大洋 / 罗华兴

054 小射纹心孢鬼伞 (复合群) *Narcissea patouillardii* (Quél.) D.Wächt.&A.Melzer 2020

蘑菇目 Agaricales　蘑菇科 Agaricaceae

　　菌盖直径 0.1~0.5cm，菌柄高 0.5~1.5cm。孢子 6.5~9×6~7.5μm，顶端明显，中等油滴。孢子印为棕红色或黑色。主要生长在堆肥和腐烂的植物上，共粪型真菌。腐生菌。

2024.8.22/ 桂溪村 / 马燕桢

2024.8.30/ 桂溪村 / 周雄

055 脱皮大环柄菇 *Macrolepiota deters* Z.W.Ge,Zhu L.Yang & Vellinga 2010

蘑菇目 Agaricales　蘑菇科 Agaricaceae

菌盖直径8~12cm，白色至污白色，被褐色至浅褐色、易脱落的壳状鳞片。菌肉白色。菌褶白色至米色。菌柄10~20×1.5~3cm，圆柱形，近白色，被同色细小鳞片或近光滑。菌环上位，白色、大、膜质、易破碎。孢子14~16×9.5~10.5μm，侧面观椭圆形，顶部具有盖芽孔。盖表鳞片由栅状排列的近圆柱形菌丝组成。

夏秋季生于林下、林缘及路边地上。可食用。国内分布于华中、东南地区。

2023.8.31/ 共裕村 / 廖金朋

2023.8.31/ 共裕村 / 廖金朋

056 高大环柄菇（高脚环柄菇 高环柄菇 高脚菇 雨伞菌）*Macrolepiota procera*(Scop.)Singer 1948

蘑菇目 Agaricales　蘑菇科 Agaricaceae

2023.8.19/ 九龙村 / 廖金朋

2024.6.20/ 丰田村 / 罗华兴

菌盖直径7~30cm，初卵圆形，后平展具中突，中部褐色，有锈褐色棉絮状鳞片，边缘污白色，不黏。菌肉白色。菌褶离生，较密，白色。菌柄13~40×0.8~1.5cm，圆柱形，与菌盖同色，具褐色细小鳞片，基部膨大呈球形。菌环上位，戒指状，易脱落。孢子14~18×10~12μm，卵圆形至宽椭圆形，光滑，无色。

夏秋季单生或散生于草地或林缘地上。可食用。中国各区均有分布。

057 糠鳞小蘑菇 *Micropsalliota furfuracea* R.L.Zhao,Desjardin,Soytong & K.D.Hyde 2010

蘑菇目 Agaricales 蘑菇科 Agaricaceae

菌盖直径 2~3.5cm，初期钝圆锥形，后伸展呈平突，污白色至稍带褐色，边缘有条纹，中央有较密的淡棕褐色平贴小鳞片，边缘小鳞片糠麸状。菌肉白色，伤后或老后变红褐色至暗褐色。菌褶离生，不等长，较密，棕黄褐色至棕褐色。菌柄 2.5~3.5×0.25~0.35cm，等粗，空心，纤维质，初期白色至淡黄色，后期变暗褐色至暗紫褐色。菌环上位，单环。孢子 6~7.5×3~4μm，椭圆形，光滑，褐色。伤后变红褐色。

群生或丛生于阔叶林中地上。国内分布于东南等地区。

2023.8.19/ 九龙村 / 廖金朋

058 球囊小蘑菇 *Micropsalliota globocystis* Heinem.1980

蘑菇目 Agaricales 蘑菇科 Agaricaceae

菌盖直径 1.3~8cm，初圆锥形至宽圆锥形，后平展脐凸形，中部紫色、紫褐色、灰褐色或红褐色，四周近白色、橙白色至灰白色，具小鳞毛。菌肉厚达 0.3cm，硬，白色。菌褶离生，宽 0.2~0.4cm，密集，初灰白色，后橙灰褐色，近盖边缘灰白色。菌柄 4~12×0.3~0.8cm，中生，圆柱形，中空，光滑至具绒毛，白色至带红褐色，菌环下垂或到顶，宽 0.5cm，单个，上位，边缘全缘，膜质，硬质。担子 13~23×6~9μm，宽棒形，透明，4孢。孢子 6~8.3×3.5~4.5μm，椭圆形，无芽孔，棕色。

丛生或散生于林中地上。国内分布于广东、福建等地。

2024.6.15/ 柯山村 / 罗华兴

2024.6.15/ 柯山村 / 罗华兴

059 黄毒蝇鹅膏菌（黄毒蝇伞）*Amanita flavoconia* G.F.Atkinson 1902

蘑菇目 Agaricales　鹅膏科 Amanitaceae

　　菌盖幼时扁半球形，后渐平展，直径 5~10cm，中部稍凸起，橙黄色或稍浅，湿时黏，具黄色至黄白色鳞片，鳞片易脱落，菌盖边缘具不太明显的短条纹。菌肉较薄，白色至淡黄色。菌褶离生，乳白色至淡黄色，较密，稍宽，不等长。菌柄 5~10×0.8~1cm，圆柱形，基部膨大呈近球形至棍棒状，内部松软至空心，白色至淡黄色。菌环膜质，薄，上位。外菌幕破裂后呈粉粒或棉绒状附在盖顶部形成鳞片，也附着在柄基部呈现出明显的黄色粉末状菌托残迹。菌柄上往往也附有黄色粉末。孢子 8~10.7×5~7.6μm，卵圆形，白色，表面光滑。

　　单生或群生于阔叶树或针叶树地上。很可能有毒。分布于北美洲东部、中美洲。

2024.6.16/ 丰田村 / 罗华兴　　　　　　2024.6.16/ 丰田村 / 罗华兴

060 脆弱鹅膏菌 *Amanita friabilis*(P.Karst.)Bas 1974

蘑菇目 Agaricales　鹅膏科 Amanitaceae

　　菌盖宽约 2.8~7cm，平凸形，中心稍凹陷，中间有一个低的脐突，呈棕色，无毛，肉质薄，边缘有沟纹。菌褶窄贴生，密集，刚好到达菌柄顶端，呈淡黄褐色至白色。菌柄 4.8~14×0.6cm，中空，呈苍白色，局部有褐色小鳞片。菌托褐色，有疣状残余物。担子基部无锁状联合。孢子 10.1~12.1×8.5~9.8(~10.8)μm，无淀粉质反应，近球形至宽椭圆形。

　　本种仅在与桤木相关的潮湿土壤中被发现。模式产地在芬兰。分布于欧洲、亚洲等。

2024.6.29/ 柯山村 / 罗华兴　　　　　　2024.6.29/ 柯山村 / 廖金朋

061 格纹鹅膏 *Amanita fritillaria* Sacc.1891

蘑菇目 Agaricales　鹅膏科 Amanitaceae

菌盖直径 4~10cm，浅灰色、褐灰色至浅褐色，具辐射状隐生纤丝花纹，具深灰色至近黑色鳞片。菌柄 5~10 × 0.6~1.5cm，白色至污白色，被灰色至褐色鳞片；基部呈近球形、陀螺形至梭形，直径 1~2.5cm，其上半部被有深灰色、鼻烟色至近黑色鳞片。菌环上位。孢子 7~9 × 5.5~7μm，宽椭圆形至椭圆形，光滑，无色，淀粉质。

夏秋季散生或群生于针叶林、阔叶林中地上。有微毒。中国各区均有分布。

2024.6.24/ 龙头村 / 林金莲

062 灰花纹鹅膏 *Amanita fuliginea* Hongo 1953

蘑菇目 Agaricales　鹅膏科 Amanitaceae

2023.10.21/ 丰田村 / 廖金朋

菌盖直径 3~5cm，深灰色至近黑色，具深色纤丝状隐花纹或斑纹。菌肉白色。菌柄 6~10 × 0.5~1cm，白色至浅灰色，常被浅褐色细小鳞片；基部近球形，直径 1~2.5cm。菌环灰色，膜质。菌托浅杯状，白色至污白色。孢子 7~9 × 6.5~8.5μm，球形至近球形，光滑，无色，淀粉质。

夏秋季生于壳斗科和松科混交林中地上。剧毒。国内分布于华中、东南等地区。

063 赤褐鹅膏 *Amanita fulva* Fr.1815

蘑菇目 Agaricales 鹅膏科 Amanitaceae

子实体土黄色至淡土黄褐色。菌盖直径6~11cm，初期卵圆形至钟形，后渐平展，中部稍凸起且往往近栗色，光滑，稍黏，边缘具有显条纹，往往附有外菌幕残片。菌肉白色或乳白色。较薄。菌褶白色至乳白色，较密，离生，不等长，褶缘稍粗糙。菌柄9~18.5×0.9~2cm，较细长，圆柱形，较菌盖色淡，光滑或有粉质鳞片，脆，内部松软至空心。菌托较大，苞状，浅土黄色。孢子10~12.4×9~10.5μm，无色，光滑，球形至近卵圆形。孢子印白色。

夏秋季单生或散生在林中地上。国内分布于广西、福建、黑龙江等地。

2023.10.25/听涛亭 / 罗华兴

064 黄边鹅膏 *Amanita hamadae* Nagas.& Hongo 1984

蘑菇目 Agaricales 鹅膏科 Amanitaceae

菌盖直径6~8cm，平展，中央明显凸起；菌盖表面中部深褐色至褐色，边缘灰黄色至黄色，边缘有沟纹。菌褶白色至米色，较密，不等长；短菌褶近菌柄端多平截。菌柄13~17×1~2cm，白色至淡黄色，基部不膨大，无球状体。菌环阙如。菌托袋状，高2~4cm，直径1.5~2cm，厚达0.15cm，外表面白色、污白色至淡黄色，内表面污白。担子50~60×11~13μm，棒状，具4小梗。孢子10.0~12.0×8.0~9.0μm，宽椭圆形至椭圆形，非淀粉质。

夏秋季单生或散生于针阔混交林中地上。外生菌根菌。国内分布云南、西藏、东南等地区。

2023.10.21/丰田村 / 罗华兴

2023.10.21/丰田村 / 罗华兴

065 黄蜡鹅膏 （蛋黄菌 鸡蛋菌 鹅蛋菌）*Amanita kitamagotake* N.Endo & A.Yamada 2018

蘑菇目 Agaricales　鹅膏科 Amanitaceae

　　菌盖直径 6~10cm，扁平至平展，中央凸起；表面黄色，一般无菌幕残余，边缘有辐射状长棱纹；菌肉白色，受伤后不变色。菌褶浅黄色；短菌褶近菌柄端平截。菌柄 8~15×1~1.5cm，浅黄色至黄色；菌环近顶生，膜质；基部不膨大；菌托袋状，表面白色，厚实，不破裂。担子 38~56×9~12μm，棒状，4孢。孢子 8.5~10.5×6~7.5μm，椭圆形，光滑，非淀粉质。锁状联合常见。

　　夏秋季生于松林或针阔混交林中。外生菌根菌。可食用。国内分布于云南、福建等地。

2023.8.28/ 上坪村 / 罗华兴

2023.8.28/ 上坪村 / 罗华兴

066 欧氏鹅膏 *Amanita oberwinkleriana* Zhu L.Yang & Yoshim.Doi 1999

蘑菇目 Agaricales　鹅膏科 Amanitaceae

　　菌盖直径 3~6cm，白色，有时米黄色，光滑或有时有 1~3 大片白色膜质菌幕残余。菌肉白色，伤不变色。菌褶离生，稍密，白色。菌柄长 5~7cm，直径 0.5~1cm，圆柱形；基部近球形，直径 1~2cm。菌环上位，膜质。菌托浅杯状至苞状或几乎无。孢子 8~10.5×6~8μm，椭圆形，光滑，无色，淀粉质。

　　夏秋季生于针阔混交林中地上。剧毒。国内分布于华中、东南等地区。

2023.8.28/ 上坪村 / 廖金朋

2023.8.28/ 上坪村 / 廖金朋

067 假黄盖鹅膏 *Amanita pseudogemmata* Hongo 1974

蘑菇目 Agaricales　鹅膏科 Amanitaceae

菌盖直径 4~9cm，扁平至平展，被疣状、粉状或毡状的菌幕残余，颜色变异较大，浅色的标本可呈黄色、硫黄色至浅黄褐色，深色的标本可呈橙褐色、橄榄褐色至灰褐色，边缘变浅；边缘有棱纹。菌肉白色至浅黄色。菌褶离生，米色，较密。菌柄 6~10 × 0.5~1.5cm，近圆柱形或向上渐细，与菌盖同色但较浅，上部及幼时大部分白色至米色，被黄色至褐色鳞片，内部白色，松软；基部直径 1.5~4cm，膨大呈杵状。菌环上位，上表面黄色，下表面浅黄色，膜质。菌托杵状至浅杯状，上部常领口状，白色至浅黄色。孢子 6.5~9.5 × 6~8.5μm，宽椭圆形至近球形，光滑，无色，非淀粉质。

夏秋季生于阔叶林中地上。国内分布于华中、东南等地区。

2023.10.14/ 龙头村 / 廖金朋　　　　　2023.9.17/ 龙头村 / 罗华兴

068 假褐云斑鹅膏 *Amanita pseudoporphyria* Hongo 1957

蘑菇目 Agaricales　鹅膏科 Amanitaceae

菌盖直径 4~12cm，幼时半球形，后渐扁平、近平展至边缘上翘，褐灰色，中部色深，光滑，似有隐生纤毛及其形成的花纹，稍黏，有时附有菌幕碎片；边缘平滑无条棱，常附有白色絮状菌环残留物。菌肉白色，中部稍厚，伤不变色。菌褶离生，白色，密，不等长。菌柄 5~12 × 0.6~1.8cm，白色，常有纤毛状鳞片或白色絮状物，基部膨大后向下稍延伸呈假根状，实心。菌环上位，白色，膜质。菌托苞状或袋状，白色。孢子 7.5~9 × 4~6μm，卵圆形至宽椭圆形，光滑，无色，淀粉质。

夏秋季生于针叶林或阔叶林中地上。含有少量毒素，不宜采食。国内分布于华中、东南等地区。

2024.6.29/ 柯山村 / 廖金朋　　　　　2024.6.29/ 柯山村 / 廖金朋

069 裂皮鹅膏 *Amanita rimosa* P.Zhang & Zhu L.Yang 2010

蘑菇目 Agaricales　鹅膏科 Amanitaceae

　　菌盖直径 3~5cm，幼时半球形，成熟后扁半球形至平展，中部微凸起，菌盖表面布满纤丝，中部浅黄褐色，其他部分纯白色，边缘具短沟纹。菌褶白色。菌柄 4~8×0.3~0.6cm，长棒状，基部膨大为球形，表面纯白色。菌环膜质，近顶生或顶生，白色。菌托袋状，高 0.5~0.8cm，白色。孢子 6.6~9.1×6.4~8.4μm，近球形或球形，无色。

　　单生于针阔混交林地中。外生菌根菌。剧毒。国内分布于浙江、福建等地。

2023.8.28/ 上坪村 / 廖金朋　　　　　　　　　　　　　　　2023.8.28/ 上坪村 / 廖金朋

070 土红粉盖鹅膏 （土红鹅膏）*Amanita rufoferruginea* Hongo 1966

蘑菇目 Agaricales　鹅膏科 Amanitaceae

　　菌盖直径 4~7cm，黄褐色至橙褐色，被土红色、橙红褐色至皮革褐色的菌幕残余。菌肉白色，伤不变色。菌褶白色。菌柄 7~10×0.5~1cm，密被土红色、锈红色粉末或粉末状鳞片，菌柄基部膨大，直径 1.5~2cm；上半部被絮状至粉状菌幕残余。菌环上位，易碎。孢子 7~9×6.5~8.5μm，近球形，光滑，无色，非淀粉质。

　　夏秋季散生于针阔混交林中地上。有毒。国内主要分布于南方地区。

2024.6.29/ 上坪村 / 廖金朋

071 模拟鹅膏菌 *Amanita simulans* Contu 1999

蘑菇目 Agaricales　鹅膏科 Amanitaceae

2023.9.17/ 南溪 / 罗华兴　　　　　　　　　　　　　　　　　　　2023.9.17/ 南溪 / 罗华兴

　　菌盖直径 (3~)5~10(~15)cm，边缘有条纹，通常为灰色，有时与褐色、棕色或赭色混合；表面常有相当厚的菌幕残余。菌褶白色，有时为灰褐色或略带粉红色，干燥时常常变为淡鲑鱼粉红色。菌柄 5~12(~20)×(0.5~)1~2cm，无环，从顶部到底部逐渐变宽，有菌幕残余，足部顶部通常保持较浅的颜色。菌托通常埋在地下，膜质但通常易碎，白色。担子 (35~)40~55(~65)×(7~)10~15(~20)μm，棒状，4 孢。孢子 (8~)9~12(~14)×8~11μm，透明、光滑、无淀粉质反应，球形至近球形。

　　生长在阔叶林边缘富有黏土和石灰质土壤的草地中，可能与杨柳科植物有共生关系。分布于欧洲、亚洲等地。

072 角鳞灰鹅膏 *Amanita spissacea* S.Imai 1933

蘑菇目 Agaricales　鹅膏科 Amanitaceae

　　菌盖直径 3.5~12cm，初期呈半球形，后期渐平展，湿时稍黏，呈灰色至灰褐色，边缘有不明显的条纹，有黑褐色角状或颗粒状鳞片；鳞片呈带状密集分布，易脱落。菌肉白色。菌褶离生，较密，不等长，白色。菌柄 3~12×1.5~2cm，圆柱形，菌环以上部位颜色深，菌环以下呈灰色。有灰色纤维状鳞片，基部膨大。菌环上位，膜质，边缘黑灰色。菌托呈颗粒状。孢子 7.5~9×5.6~7.5μm，宽椭圆形，平滑，无色。

　　春至秋季单生或群生于针叶林或针阔混交林中地上。有毒。国内分布于华北、华中、东南等地区。

2024.6.16/ 丰田村 / 罗华兴　　　　　　　　　　　　　　　　　　2024.6.16/ 丰田村 / 廖金朋

073 残托斑鹅膏 （残托鹅膏）*Amanita sychnopyramis* Corner & Bas 1962

蘑菇目 Agaricales　鹅膏科 Amanitaceae

　　菌盖直径 3~8cm，扁平至平展；菌盖表面淡褐色、灰褐色至深褐色，边缘色淡，被菌幕残余；菌幕残余角锥状至圆锥状，白色、米色至淡灰色。菌盖边缘有长沟纹。菌褶离生至近离生，白色；短菌褶近菌柄端多平截。菌柄 5~11×0.5~1.5cm，米色至白色；菌环阙如；菌柄基部膨大呈近球状至腹鼓状，直径 1.5~2cm，上半部被有米色、淡黄色至淡灰色的疣状、小颗粒状至粉末状菌幕残余，常呈不规则同心环状排列。孢子 6.5~8.5×6~8μm，球形至近球形，非淀粉质。

　　夏秋季生于壳斗科植物与松树的混交林中地上。有毒。模式产地在新加坡。国内分布于云南、江西等地。

2024.7.2/ 南溪 / 刘永生　　　　　　　　　　　　　　　2024.7.2/ 南溪 / 罗华兴

074 小斑豹鹅膏 （残托鹅膏有环变型）*Amanita sychnopyramis* f. *subannulata* Hongo 1971

蘑菇目 Agaricales　鹅膏科 Amanitaceae

2024.6.16/ 丰田村 / 罗华兴　　　　　　　　　　　　　2024.6.16/ 丰田村 / 罗华兴

　　菌盖直径 3~8cm，平展，浅褐色至深褐色，有白色至浅灰色的角锥状至圆锥状鳞片。菌肉白色，伤不变色。菌褶离生，不等长，白色。菌柄 5~11×0.7~1.5cm，圆柱形，基部膨大呈近球形至腹鼓状，上半部被疣状、小颗粒状至粉末状的菌托。菌环中下位至中位。孢子 6.5~8.5×6~8μm，球形至近球形，光滑，无色，非淀粉质。

　　夏秋季生于阔叶林或针阔混交林中地上。有毒。国内分布于华中、东南等地区。

075 绒毡鹅膏 *Amanita vestita* Corner & Bas 1962

蘑菇目 Agaricales　鹅膏科 Amanitaceae

　　菌盖直径 3~5cm，扁平至平展，有时中央稍下陷；菌盖表面污白色，被菌幕残余；菌幕残余绒状至毡状，在菌盖中央菌幕残余有时近疣状，黄褐色、淡褐色至暗褐色；菌盖边缘常有絮状物，无沟纹。菌褶白色，短菌褶近菌柄端渐窄。菌柄 4~6 × 0.5~1cm，污白色，被纤丝状至絮状鳞片，在菌柄顶端被粉末状鳞片；菌环易破碎消失；菌柄基部腹鼓状至近梭形，直径 1~2cm，有短假根，在其上半部被有粉末状菌幕残余。担子 40~48 × 8~10μm，具 4 小梗。孢子 7.5~9.5(11) × (5)5.5~6.5(7)μm，椭圆形，淀粉质。锁状联合阙如。

　　夏秋季生于热带林中地上。外生菌根菌。国内分布于湖北、台湾、海南等地。

2024.6.29/ 柯山村 / 罗联周

2024.6.29/ 柯山村 / 廖金朋

076 锥鳞白鹅膏 *Amanita virgineoides* Bas 1969

蘑菇目 Agaricales　鹅膏科 Amanitaceae

　　菌盖直径 7~15cm，半球形至平展，白色，有圆锥状至角锥状鳞片。菌柄 10~20 × 1.5~3cm，圆柱形，白色，被白色絮状至粉末状鳞片；基部腹鼓状至卵形，被有疣状至颗粒状的菌托。菌环易碎，下表面有疣状至锥状小突起。孢子 8~10 × 6~7.5μm，宽椭圆形至椭圆形，光滑，无色，淀粉质。

　　夏秋季生于针阔混交林中地上。有毒。分布于中国大部分地区。

2024.5.14/ 桂溪村 / 周雄

2024.8.28/ 丰田村 / 陈晓霓

永 / 安 / 天 / 宝 / 岩 / 菌 / 物 / 图 / 鉴

077 网盖粪伞 *Bolbitius reticulatus* (Persoon)Ricken 1911

蘑菇目 Agaricales　粪伞科 Bolbitiaceae

　　子实体高 5cm，菌盖直径 5cm。菌盖幼时凸镜形，后平展至具不明显的凸出形。菌盖表面光滑或带有网脉，湿时黏，具条纹，浅灰褐色至暗灰褐色，带有紫色或淡丁香紫的色调。菌褶初时奶油色，老后肉桂色至锈褐色。菌柄细、光滑、白色。孢子印锈褐色。常见的物种，易与光柄菇属 *Pluteus* 的物种混淆。粉砂粪伞 *Bolbitius aleuriatus* 菌盖缺少脉状的网纹，有学者认为它是网盖粪伞的异名。

　　生长于阔叶树的树桩、枯枝落叶层上、木屑上。不可食用。分布于北美洲、欧洲、亚洲北部。

2023.12.12/ 丰田村 / 廖金朋　　　　　　2023.12.12/ 丰田村 / 廖金朋

078 恩德雷锥盖伞 *Conocybe enderlei* Hauskn.2001

蘑菇目 Agaricales　粪伞科 Bolbitiaceae

　　子实体较小，呈钟形，顶部凸起，颜色为浅土黄色至浅肉色。菌盖的直径通常在 2.0~5.0cm 之间，表面干燥，边缘无条棱。菌肉较薄，颜色与菌盖相似。菌柄 4.0~7.0×1.0cm，中生或偏生，内部实心。菌环上位，较小，苞状，膜质，易脱落。孢子印白色。

　　群生或簇生于喜暖的落叶林中，以及在湿润至干燥的草地或干燥草原中。国外分布于欧洲北部至南部。

2024.4.2/ 上坪村 / 廖金朋

· 040 ·

079 中孢锥盖伞 *Conocybe mesospora* Kühner 1935

蘑菇目 Agaricales 粪伞科 Bolbitiaceae

2023.12.7/ 龙头村 / 廖金朋

菌盖直径 1.0~2.5cm,初期钟形至锥形,后斗笠形至凸镜形,表面水浸状,有条纹辐射状排列,湿时橙褐色至土黄褐色,边缘颜色变浅。菌褶直生,近弯生,不等长,密至稍密,褶幅 0.2~0.4cm,初期淡黄褐色,后黄褐色至赭褐色。菌肉较薄,易碎,污白色,无明显气味。菌柄 3~7 × 0.05~0.2cm,近圆柱形,中空,基部膨大,表面白色粉霜,后至黄褐色。担子 12~19 × 7~10 μm,棒状,有 4 个小梗,无色,基部有锁状联合。孢子 7.3~11.0 × 3.6~4.9 μm,椭圆形至长椭圆形,黄褐色至赭褐色,壁略厚,光滑,有明显的萌发孔,内有油滴。

秋季散生于槭树或路旁草坪地上。国内分布于吉林、福建等地。

080 浓毛锥盖伞 *Conocybe pilosa* T.Bau & H.B.Song 2023

蘑菇目 Agaricales 粪伞科 Bolbitiaceae

菌盖直径 0.5~2.0cm,锥形,钟形,边缘波浪状,中心赭黄色、鲑鱼粉红色和黑红色,边缘赭黄色至土褐色,表面有浓密的短柔毛和明显的条纹,可延伸至菌盖中心。菌肉薄,亮象牙色、米色,无明显气味。菌褶贴生,中等紧密,不等长,米色、鲑鱼粉红色,边缘光滑。菌柄 4.5~7.0 × 0.1~0.2cm,圆柱形,基部稍膨大,亮象牙色、赭黄色,覆盖着粉状涂层和短柔毛,有纵向条纹。担子 (13~)14 ~ 21(~22) × (7~)8~10(~12)μm,近椭圆形,棒状,4(2) 孢。孢子 (8.2~)8.5~10.4(~11) × (5.1~)5.2~6.2(~6.8)μm,椭圆形至细长,略呈扁桃形,壁稍厚,含有油滴。有锁状联合。

夏季生长在盆栽土壤中。模式产地在中国广西桂林市。

2024.3.7/ 柯山村 / 廖金朋

081 绒柄锥盖伞 （柔毛锥盖伞）*Conocybe pubescens*(Gillet) Kühner 1935

蘑菇目 Agaricales　粪伞科 Bolbitiaceae

菌盖直径 0.7~2.5cm，呈圆锥形，有时会变成钟形，边缘有条纹。幼嫩时表面有细绒毛，之后变得光滑，不油腻，锈褐色至橙褐色，具吸湿性，在干燥天气下会变成赭褐色至黄褐色。菌褶密集贴生，初为淡赭色，成熟时变成肉桂色或锈色。菌柄 3~9×0.1~0.25cm，笔直，呈乳白色至蜜黄色，基部通常颜色更偏棕且稍有肿胀；无菌环；菌柄表面明显有绒毛。孢子 12.5~19.5×7~11.5μm，呈椭圆形，表面光滑，壁厚，有一个宽的萌发孔。孢子印红棕色。

5~9 月散生或单生在草坪、公园和其他修剪整齐且施肥的草地上，或出现在木屑覆盖层上，也会出现在林地边缘的落叶层上。腐生菌。

2024.4.13/ 双虹桥 / 罗华兴

082 锥状花褶伞 （刺孢小伞菌）*Conocybe spicula*（Lasch）Kühner 1935

蘑菇目 Agaricales　粪伞科 Bolbitiaceae

2024.4.2/ 上坪村 / 廖金朋

菌盖直径 1~3(4)cm，圆锥形钟形至扁平拱形，棕色至深棕色，黏土棕色，橙褐色，冠部较深，纵向条纹延伸到边缘。菌肉浅棕色、赭色、橙棕色，脆薄、纤维状。菌褶浅褐色、赭色、蜜棕色，附生，狭长，混合着中间薄片，发白、细毛。菌柄 3~4(5.5)×0.1~0.15 (0.2) cm，赭褐色，米色至红棕色，尖端通常为乳黄色至蜜棕色，坚硬，细粉状，磨砂，纵条纹，无环，基缘球状，略增厚，色深。担子 20~27×8.5μm，4 孢。孢子 7.1~10.6×4.5~5.7μm，红棕色、锈褐色，顶端通常略窄，薄壁。气味宜人，略带蘑菇味。

春季至深秋生长在肥沃、营养丰富的草地、牧场、田野、森林空地、公园、草坪上。据说有毒。

083 尼日利亚粪伞 *Galerella nigeriensis* Tkalčec, Mešić&Čerkez 2011

蘑菇目 Agaricales　粪伞科 Bolbitiaceae

　　菌盖宽 1.4~1.7cm，初宽椭圆形至长圆形，后变为钝圆锥形，淡黄棕色至浅橙棕色，中央橙棕色至暗红棕色，无光泽、干燥。菌褶窄而贴生，密集，宽，薄，白色转锈棕色，有絮状。菌柄 2.6~3.2×0.1~0.15cm，向基部渐粗，白色至淡奶油色，密被短柔毛，纵向弱条纹，干燥，中空。担子 18~23×8~11μm，4 孢，棒状，透明，薄壁。孢子 (6.9~)7.3~8.8~10.4(~10.7)×(5.1~)5.3~6.1~6.8(~6.9)×(4.5~)4.6~5.3~6.0(~6.2)μm，正面观为椭圆形、稍有棱角至近六边形、卵形、柠檬形或近扁桃形，壁厚，非淀粉质。孢子印锈棕色。

　　群生于严重受干扰的热带次生林边缘腐烂的树桩上。模式产地在尼日利亚。

2024.4.2/ 上坪村 / 罗华兴　　　　　　　2024.4.2/ 上坪村 / 廖金朋

084 黄褐色孢菌 *Callistosporium luteoolivaceum*(Berk.&M.A.Curtis)Singer 1946

蘑菇目 Agaricales　粪伞科 Bolbitiaceae

2024.6.20/ 丰田村 / 廖金朋　　　　　　2024.6.20/ 丰田村 / 廖金朋

　　菌盖直径 1.5~3cm，平展或脐状，具秕糠状纹至光滑，橄榄棕色、橄榄黄色至暗土黄色，老后或干时暗黄棕色至深红棕色。菌肉薄，污白色或暗白色。菌褶直生，密，黄色或金黄色，干时暗红色至紫红色。菌柄 2~5×0.5~0.8cm，圆柱形或稍呈棒状，肉桂色、黄棕色或同菌盖色，老后或干时暗棕色至红棕色，纤维质，空心，有时具沟纹。孢子 3~3.5×5~6μm，宽椭圆形，表面光滑，无色，非淀粉质。气味温和或稍有辣味。

　　生于针叶林中腐木上。国内分布于东北、华中等地区。

085 散生珊瑚菌 *Clavaria aspersa* P.Zhang & Jun Yan 2022

蘑菇目 Agaricales 珊瑚菌科 Clavariaceae

担子果为白色，脆弱，简单，高 1.5~4.5cm，宽 0.1~0.4cm，子实层两面生，圆柱形，棒状至略弯曲或波状，幼时平滑，偶尔老时具纵向凹陷或沟纹，幼时顶端灰白色，老时淡黄色或黄褐色。菌柄不育，幼时灰白色，半透明，基部无绒毛。菌肉脆弱，与子实层同色。担子 (25~)35~50(~60) × 4~8(~10)μm，棒状至近圆柱形，透明，具多油滴，4 个小梗。孢子 (3.8~)4~5 × 2.5~4μm，椭圆形，薄壁，透明，光滑。

夏季或秋季的 7~9 月散生、群生或簇生在阔叶林土壤的腐殖质层或苔藓覆盖的地面上。

2023.9.2/ 双虹桥 / 罗华兴　　　　　　　　　　　　　　　　2023.9.2/ 双虹桥 / 廖金朋

086 豆芽菌 （虫形珊瑚菌）*Clavaria fragilis* Holmsk.1790

蘑菇目 Agaricales 珊瑚菌科 Clavariaceae

担子果直立，不分枝，丛生，成熟后稍弯曲，脆，高 3~5cm，直径 0.3~0.4cm，白色，老后略带淡黄色，圆柱形或近长梭形，后变扁平，向上渐细，常内实，后变中空。孢子 5~7 × 3~4μm，椭圆形或果仁状，无色，光滑，常具小尖。

生于阔叶林或竹林中地上。可食用。国内分布于吉林、四川、福建等地。

2023.8.17/ 听涛亭 / 廖金朋

087 董紫珊瑚菌 *Clavaria zollingeri* Lév.1846

蘑菇目 Agaricales　珊瑚菌科 Clavariaceae

子实体高 1.5~7cm，密集成丛，丛宽 1~5cm，基部常相连一起，呈珊瑚状，肉质，易碎，新鲜时呈淡紫色、董紫色或水晶紫色，通常向基部渐褪色。基部之上各分枝通常不再分枝，有时顶部分为两叉或多分叉的短枝，分枝直径 0.3~0.6cm。孢子 5.4~7.3×4.4~5.4μm，宽椭圆形至近球形，光滑，无色。

夏秋季丛生或群生于冷杉等针叶林中地上或针阔混交林中地上。国内分布于东北、华中等地区。

2023.8.28/ 上坪村 / 廖金朋

088 双色拟锁瑚菌 *Clavulinopsis bicolor* P.Zhang & Jun Yan 2023

蘑菇目 Agaricales　珊瑚菌科 Clavariaceae

担子果高 2.0~4.0cm，宽 0.1~0.2cm，基部分裂，可育部分近圆柱形至纺锤形，有时稍扭曲且有纵向凹陷，白色或乳白色至淡绿白色，干燥时变为淡黄白色，顶端钝尖，变为黄色。不育部分明显狭窄，高 0.5~0.7cm，黄色至棕色，淡黄水晶色，深橄榄米色，基部无绒毛或菌丝斑块。担子 (32)37~46×5.0~7.0μm，薄壁，透明，棍棒状至近圆柱形，有锁状联合，4 个渐尖的担子梗。孢子 (4.5)4.7~5.5(5.7)×(4.0)4.4~5.0μm，球形或近球形，薄壁，透明，光滑，非淀粉质。子实体易碎。

6 月单生、散生或群生在热带阔叶林中富含腐殖质的土壤中。分布于中国热带、亚热带地区。

2023.8.27/南溪 / 罗华兴

---

089 锁瑚菌 （梭形黄拟锁瑚菌）*Clavulinopsis fusiformis* (Sowerby) Corner 1950

蘑菇目 Agaricales　珊瑚菌科 Clavariaceae

　　子实体高 5~10cm，直径 0.2~0.7cm，近梭形，鲜黄色，顶端钝，下部渐成菌柄，不分枝，簇生。菌柄阙如或不明显。菌肉淡黄色，伤不变色。担子 40~60×6~10μm。孢子 7~9×6~7μm，宽椭圆形，表面光滑。

　　夏秋季生于针阔混交林中地上。可食用。国内分布于华中和东南等地区。

2023.8.22/ 天斗山 / 罗华兴

2023.8.22/ 天斗山 / 陈安生

090 微黄拟锁瑚菌 *Clavulinopsis helvola* (Pers.) Corner 1950

蘑菇目 Agaricales　珊瑚菌科 Clavariaceae

　　担子果丛生，圆柱形或长纺锤形，柠檬黄色至黄色，不分枝，高3~7cm，直径 0.3~0.45cm；柄不明显，圆柱形，往往中空，有时扭曲，顶端钝。孢子 5~7×4.5~6μm，近球形或宽椭圆形，无色，光滑。

　　生于林中地上。国内分布于贵州、广西、福建等地。

2024.3.2/ 桂溪村 / 陈鹏飞

091 环沟拟锁瑚菌（银朱拟锁瑚菌）*Clavulinopsis sulcata* Overeem1923

蘑菇目 Agaricales　珊瑚菌科 Clavariaceae

担子果丛生，直立，不分枝，高5~10cm，粗0.3~0.5cm，橙红色，后变为淡粉红色、浅肉色或黄褐色，常呈扁平状，梭形，有纵沟和皱纹，幼时内实，后变中空，菌柄短，近柱状，浅红色，后变为淡粉红色、浅肉色或黄褐色。孢子5.5~7×5.5~6.5μm，宽椭圆形至近球形，光滑，无色。

生于针叶林、阔叶林或竹林中地上。可食用。国内分布于海南、四川、贵州等地。

2023.8.22/ 天斗山 / 罗华兴

092 光柄径边菇 *Hodophilus glaberripes* Ming Zhang,C.Q.Wang & T.H.Li 2019

蘑菇目 Agaricales　珊瑚菌科 Clavariaceae

菌盖宽1.5~5.0cm，初半球形，后宽凸或平凸，老时中央常下凹；白色至黄白色，后变为棕色至红棕色；具吸湿性，边缘最初稍内弯，后变直稍具细齿，湿润时或略具半透明条纹。菌褶短延生，深0.3~0.5cm，疏离至稍疏离，具缺刻，从橙白色、粉白色至棕红色，伤后不变色。菌柄(5.0)8.0~10.0×0.3~0.5cm，中生，圆柱形下变窄，常弯

2024.7.2/ 南溪 / 廖金朋

2024.4.29/ 南溪 / 廖金朋

曲，光滑，具吸湿性，从白色、黄白色至淡黄色或淡橙色。担子(32~)36~46(~66)×(4~)4.5~6(~7)μm，4孢或2孢。孢子(4.5)5~6.5(7)×4~5(5.5)μm，宽椭圆形至近球形，透明，光滑，非淀粉质，薄壁。或有轻微的豆薯味。

单生、散生于阔叶林和混交林的土壤中。分布于中国。

093 黄绿杯伞 （香杯伞）*Clitocybe odora* (Bull.) P.Kumm.1871

蘑菇目 Agaricales　杯伞科 Clitocybaceae

　　菌盖直径 2~7cm，初期半球形至扁球形，后扁平，中部下凹或有突起；白色、部分带浅黄绿色，顶部常具浅黄褐色；光滑，边缘条纹无或不明显。菌肉白色。菌褶直生至稍延生，较密，白、乳白色至粉白色。菌柄 2~5×1~1.5cm，近圆柱形，白色至黄白色。孢子 5.5~7×3.5~5μm，卵圆形至宽椭圆形，光滑，无色。

　　夏秋季群生或散生于林中地上。可食用。国内分布于西北地区。

2023.10.31/ 上坪村 / 罗华兴　　　　　　　　　　　　　　　　　　2023.10.4/ 上坪村 / 廖金朋

094 灰褶菇 *Collybia sordida* (Schumach.) Z.M. He & Zhu L.Yang 2023

蘑菇目 Agaricales　杯伞科 Clitocybaceae

　　担子果小至中等大小，杯伞状。菌盖凸起到近平展，呈黄褐色、灰褐色或米灰色，光滑，无毛，无粉霜，中心颜色较深下凹，边缘具条纹，具吸湿性。肉质薄，水状，气味芳香。菌褶贴生至近延生，污白色、米色或浅黄色。菌柄中生，近圆柱形，中空，与菌盖同色或较淡，具细微的纵向纤丝状，基部被白色绒毛。担子棍棒状。孢子 6.5~10×4~5.5μm，相对较大，长椭圆形至圆柱形，透明，光滑，薄壁，非淀粉质。存在锁状联合。

　　夏季和秋季单生、散生或群生于针叶林或阔叶林落叶层地上，也见于春季和冬季。分布在亚洲和北美洲平原至（亚）高山地区。

2024.3.21/ 三岬山 / 廖金朋

095 环状丝膜菌 *Cortinarius anomalus*（Fr.）Fr.1838

蘑菇目 Agaricales　丝膜菌科 Cortinariaceae

2024.3.17/ 丰田村 / 廖金朋

菌盖直径 2~5cm，半球形至近平展，中部稍凸起，表面干燥，幼时具明显褶皱，带有灰紫色色调，成熟后近光滑，灰棕色或灰褐色；幼时边缘内卷，成熟后近平展，颜色较浅。菌肉白色至淡紫色，薄。菌褶弯生至近贴生，密，幼时灰蓝色或淡紫色，成熟后褪色为棕色。菌柄 3~8 × 0.5~0.8cm，近圆柱形，表面干燥，幼时近顶端浅灰紫色，近基部灰色灰褐色，成熟后呈白色或棕褐色，中空。内菌幕丝膜状，后沾染孢子而变锈褐色，易消失。孢子 7~9 × 6~7μm，近球形，具有明显小疣，锈褐色。

　　单生或群生于阔叶林地或针叶林地。外生菌根菌。国内分布于浙江、福建等地。

096 橙褐丝膜菌 *Cortinarius aurantiobrunneus* Ammirati,Halling & Garnica 2007

蘑菇目 Agaricales　丝膜菌科 Cortinariaceae

　　菌盖宽 2.1~4.6cm，圆锥形至钝圆锥形，有脐状突起，边缘有条纹，具吸湿性，有细微的淡黄色丝状，有微小的淡黄色纤维状鳞片，菌盘红棕色，边缘橙棕色至红棕色。菌褶贴生，有些疏远，起初污黄色然后棕黄色。菌柄 4.0~9.3 × 0.5~1.2cm，等粗，基部渐狭，白色至淡黄色，下部淡黄色至赭色，纵向有纤维状。担子 33~45 × 9~11μm，棒状，4 孢。孢子 (7~)8~9 × 6~7μm，近球形至近椭圆形，有疣。气味宜人。

　　生长在栎树林中。模式产地在哥斯达黎加。

2024.4.15/ 双虹桥 / 罗华兴

097 淡黄丝膜菌 *Cortinarius badioflavidus* Ammirati,Beug,Niskanen,Liimat. & Bojantchev 2016

蘑菇目 Agaricales　丝膜菌科 Cortinariaceae

　　菌盖直径 5.1cm，近平展，锈褐色，水浸状，中间具一明显的乳状脐突，边缘具纵条纹，表皮与菌肉易分离，成熟时边缘开裂。菌肉极薄，较菌盖稍浅。菌褶弯生至离生，不等大，宽 0.5~0.9cm，色同菌盖，稀疏，面具粉状物。菌柄 6.8×0.8cm，柱状，色同菌盖，表面具鳞片，基部稍膨大，空心。担子 30.0~47.5×11.25~16.25μm，棒状，黄色，具 2~4 个小梗，细长。孢子 7.5~10.0×6.25~7.5μm，肾形至卵圆形，黄褐色，表面粗糙，有明显小脐突，中央具油滴。

2023.11.4/ 龙头村 / 廖金朋　　　　　　　　　　　　　　2023.11.4/ 龙头村 / 廖金朋

098 热带丝膜菌 （参照种）*Cortinarius* cf. *tropicus* Q.Y.Zhang,Jing Si & Hai J.Li 2023

蘑菇目 Agaricales　丝膜菌科 Cortinariaceae

（参考热带丝膜菌 *Cortinarius tropicus* Q.Y.Zhang,Jing Si & Hai J.Li 2023）

　　菌盖 2.0~4.5cm，幼时半球形至近半球形，后为钝圆锥形、锥凸形、宽脐形；幼时中心呈浅褐色，向外变浅，成熟时呈紫色至深紫色，菌盘呈灰紫色至深紫色，边缘呈奶油色至淡紫色，菌盘处有纤毛，近缘无毛且下弯。菌褶贴生至微凹生，稍密，紫色至淡紫丁香色，最终为浅褐色至肉桂色。菌柄 5.0~8.0×0.3~0.5cm，基部膨大，狭棒状，灰色，上半部有深紫色条纹或银紫色，下半部水褐色，菌幕稀疏在菌柄上形成絮状环带。担子 30~42×7~11μm，4 孢，棒状，无色或淡黄色。孢子 6~8×5~6μm，近球形至宽椭圆形，浅黄色至肉桂浅黄色，粗疣状。

　　散生或群生在以壳斗科为主的森林地面上。

2024.3.12/ 南溪 / 廖金朋　　　　　　2024.3.12/ 南溪 / 廖金朋

099 凡杜泽丝膜菌 （参照种）*Cortinarius* cf. *vanduzerensis* A.H.Sm.& Trappe 1972

蘑菇目 Agaricales　丝膜菌科 Cortinariaceae

（参考凡杜泽丝膜菌 *Cortinarius vanduzerensis* A.H.Sm.& Trappe 1972）

菌盖 3.5~7.0cm，钝圆锥形，后为凸脐状至平展；幼时光滑，湿时黏滑至胶黏，中央呈深棕色，边缘色浅，半透明条纹状；成熟为暗棕褐色，外侧有明显皱纹。菌肉厚达 0.7cm，白色，坚实。菌褶延生至凹口处并有齿，近离生，宽达 0.6cm，幼时奶油浅黄色，熟时暗棕褐色，小菌褶 3~4 列。菌柄 8~16×1.0~1.5cm，等粗或向基部渐细，内实，中心狭窄，呈髓状；表面具纤丝状条纹，覆盖着紫色黏液，顶端或基部白色；菌肉纤维质，灰白色；菌幕易消失。孢子大小为 11.0~14.5×7.0~8.5μm，正面观呈椭圆形至橄榄球形，粗糙，壁厚，有脐状附属物。孢子印为暗褐色。

冬季单生或群生在针叶林中。模式产地在美国俄勒冈。

2023.8.22/ 天斗山 / 罗华兴

100 黄色丝膜菌 （杏黄丝膜菌）*Cortinarius croceus* (Schaeff.)Gray1821

蘑菇目 Agaricales　丝膜菌科 Cortinariaceae

菌盖 3~5cm，扁半球形至扁平；表面黄褐色至狐狸褐色，边缘淡黄色至淡硫黄色，近光滑或被纤丝状同色鳞片；菌肉黄色至淡黄色，带绿色色调。菌褶初期污黄色、褐黄色至杏黄色，后转为锈黄色或褐黄色。菌柄 7~10×0.3~0.7cm，淡黄色，被淡褐色至锈褐色鳞片；菌环上位，丝膜状，成熟后常消失。担子 25~30×6.5~8μm，棒状，4 孢。孢子 7~9×4.5~6μm，椭圆形，锈褐色，表面有细小疣凸。锁状联合常见。伤后不变色，有苦杏仁味。

夏秋季生于亚高山带针叶林或针阔混交林中地上。外生菌根菌。可能有毒。国内分布于云南、福建等地。

2023.9.9/ 龙头村 / 罗华兴

2024.3.7/ 上坪村 / 廖金朋

· 051 ·

101 紫帽丝膜菌 *Cortinarius deceptivus* Kauffman 1905

蘑菇目 Agaricales　丝膜菌科 Cortinariaceae

　　菌盖直径 1.7~5.0cm，有茸毛或细鳞片，菌盖中央的肉质为乳黄色与淡紫色混合，菌盖边缘的肉质颜色更接近灰褐色。较年轻的子实体更偏向紫色，菌肉为乳黄色。随着时间的推移，在菌褶和菌盖肉质之间会形成一条深紫色线条。菌褶暗紫色至灰紫色。菌柄长 3.2~7.8cm，菌柄等粗呈棒状，或者基部稍膨大。菌柄顶端直径 0.5~1cm，呈银白色，带有被孢子染色的棕色菌幕痕迹。

　　生长于铁杉、山毛榉、橡树和白松的混交林。模式产地在美国纽约。

2024.3.24/ 西溪岬 / 廖金朋　　　　　　　　　　　2024.3.24/ 西溪岬 / 廖金朋

102 胶质丝膜菌 *Cortinarius glutinosus* Peck 1890

蘑菇目 Agaricales　丝膜菌科 Cortinariaceae

　　菌盖直径 4~8cm，扁半球形至扁平，褐色至淡黄褐色或浅锈色，黏，平滑。菌肉浅黄色。菌褶青黄褐至褐锈色，直生和弯生，不等长。菌柄 5~8×0.5~1.5cm，柱形，污白或浅黄白色，基部稍膨大。孢子 6.5~8×5.5~6.5μm，粗糙，近球形至宽卵圆形。

　　夏秋季单生或群生于针叶或阔叶林中地上。可食用。国内分布于四川、西藏等地。

2024.8.31/ 天斗山 / 廖金朋

103 光明丝膜菌 *Cortinarius illuminus* Fr.1838

蘑菇目 Agaricales　丝膜菌科 Cortinariaceae

2024.3.24/ 西溪岬 / 廖金朋　　　　　　　　　　　　2024.3.24/ 西溪岬 / 廖金朋

　　菌帽 3~9cm，钟形，然后展开扁平，中央有隆起，光滑，有时边缘有条纹，黄棕色至温暖而饱和的铁棕色。菌肉褐色，黑暗处较暗，干燥后褪色很多。味道甜或苦 / 辣。菌褶棕色，奶油色。菌柄 5~14×0.5~1.5cm，均匀，略呈膨胀梭形，或为空心，纤维状，白色，然后呈褐色。白色菌幕，偶留下丝状的黄斑状残留物。

　　生长在云杉属林下的酸性土壤上，但有时也生于更肥沃的土壤中。

104 蒙特贝洛丝膜菌 *Cortinarius montebelloensis* Niskanen & Liimat.2014

蘑菇目 Agaricales　丝膜菌科 Cortinariaceae

2024.3.10/ 西溪岬 / 廖金朋　　　　　　　　　　　　2024.3.10/ 西溪岬 / 张淑丽

　　菌盖直径 5~9cm，初半球形，后宽凸至近突起，凹凸不平，干燥，白色至银白色。菌褶宽，菌幕散落后形成白色菌环。菌肉白色至浅米色，菌盖上有褐色斑点。菌柄 3~6×1.2~2.5cm，干燥，随着时间变化由白色至褐色转呈深棕色，起皱，基部菌丝体白色。孢子 (7.5)8~8.5(10)×5~6μm，椭球体，扁桃体至泪滴形，有密集的疣。略带泥土味。

　　夏末和秋天群生或聚生于山核桃、橡树、山毛榉和椴树的混交林中。模式产地在加拿大魁北克。

105 麦梭德丝膜菌 *Cortinarius mysoides* Soop 2016

蘑菇目 Agaricales　丝膜菌科 Cortinariaceae

菌盖直径 2~4cm，初钝圆锥形，后变为宽圆锥形且有一个浅脐，干燥，具吸湿性；浅红棕色至黄棕色，带有灰色的烟熏色调，相当粗糙地呈放射状内生纤丝状，菌盖中央平滑；边缘颜色较浅，带有稀疏的棕色纤丝，被半透明的深色条纹。菌褶离生，宽至中等密集，在幼嫩时为砖红色。菌柄 6~9×0.2~0.5cm，圆柱形，纤细，坚韧，常常中空，灰黄色，带有红棕色至棕色的簇毛和环带。菌幕红棕色，菌环带灰黄色。菌肉为黄棕色。担子 24~28×7μm，4 孢。孢子 (7.1~)7.6~8.7(~9.3)×(4.6~)4.7~5.0(~5.5)μm，椭圆形至近扁桃形，具疣。有锁状联合。气味似萝卜味。

簇生或群生在南洋杉科森林中。模式产地在新西兰。

2024.3.24/ 西溪岬 / 罗华兴

2024.3.24/ 西溪岬 / 廖金朋

106 深红丝膜菌 *Cortinarius rubicundulus*（Rea）A.Pearson 1946

蘑菇目 Agaricales　丝膜菌科 Cortinariaceae

子实体高 5~8cm，菌盖直径 3.5~8cm，钟形或凸起到宽凸形，幼时边缘内卷，之后下弯，成熟时呈波浪状，奶油色至浅棕色，伤后变为黄色。菌褶贴生到浅延生，紧密，狭窄。幼时为褐色，很快出现黄色色调，并有黄色到赭红色斑点和污迹。菌柄 5~8×1~3cm，黄橙色至红橙色。菌肉浅黄。无菌环。孢子 6.5~9×3.5~5μm，有疣点，椭圆形。孢子印锈棕色。有轻微的萝卜味。

秋季群生或散生于落叶林和针叶林混交林中地面上，与云杉、松树、橡树的菌根共生。文献记载有毒。国内分布于青海、陕西等地。

2023.8.28/ 上坪村 / 廖金朋

2023.8.28/ 上坪村 / 廖金朋

107 黄褐丝膜菌 *Cortinarius russulaespermus* Carteret 2004

蘑菇目 Agaricales　丝膜菌科 Cortinariaceae

　　菌盖直径 1.5cm，平凸到凸面，光滑，中心呈红黄褐色，边缘较浅，湿润，边缘有明显的透明条纹，并有杂乱无章的原纤维，边缘有一层奶油色的面纱，边缘略带扇形。菌褶离生，赤褐色，边缘苍白。菌柄 2.5~4.5×0.15~0.2cm，近圆柱形，菌柄银色，基部较深。菌幕脆弱，发白，无菌环。菌肉很薄，无嗅无味。

　　生长在鹅耳枥和橡树下的黏土硅质土壤上。模式产地在法国。

2024.4.11/天斗山/罗华兴　　　　　　　　　　　　　　　　2024.4.11/天斗山/廖金朋

108 半血红丝膜菌 *Cortinarius semisanguineus* (Fr.)Gillet 1876

蘑菇目 Agaricales　丝膜菌科 Cortinariaceae

　　菌盖直径 3~6cm，初期钟形，渐平展，中部钝或突起，黄色至黄褐色，偶见褐色纤毛。菌肉薄，较硬且脆，污白色至淡黄色。菌褶直生，后弯生，稍密，幅窄，血红色至暗红色，后期为黄褐色至锈褐色。菌柄 4~7×0.4~0.7cm，近圆柱形，铬黄色至橘黄色，具黄褐色纤毛，纤维质，实心。内菌幕上位，丝膜状，锈褐色，易消失或部分附着菌柄上部。孢子 6~7×3.5~4.5μm，椭圆形，具麻点，锈褐色。

　　夏秋季生于针阔混交林中地上。分布于东北地区。

2023.9.17/龙头村/廖金朋

109 中华绿脚丝膜菌 *Cortinarius sinocalaisopus* M.L. Xie, Yong Yu, Jin P. Liao & Yi Li 2025

蘑菇目 Agaricales　丝膜菌科 Cortinariaceae

　　担子果小型。菌盖半球形至凸镜形，淡紫色，暗紫色至近白色，边缘浅紫色，有时几乎为白色，表面有纤毛，湿润时略黏，有时边缘残留菌幕。菌褶顶端微凹，稍稀疏至中度密，灰紫色至橙白色，带浅紫色，边缘整齐。菌柄棒状至圆柱形，紫灰色，表面有黏的灰紫色菌幕，基部菌丝白色，有时略中空。菌肉白色，菌盖处带淡紫色，菌柄黄白色至浅黄绿色。气味不明显。担孢子 5.8 ~ 8.0（8.5）×4.5 ~ 6.6μm，近球形、宽椭圆形到椭圆形，具疣突。无囊状体。菌盖表皮双层。

　　春夏之交分布于亚热带阔叶林或混交林中。模式产地是中国福建天宝岩国家级自然保护区。本新种发表于 2025 年 1 月。

2024.4.24/ 西溪岬 / 廖金朋

2024.4.28/ 双虹桥 / 廖金朋

110 天宝岩丝膜菌 *Cortinarius tianbaoyanensis* M.L. Xie, Yong Yu, Jin P. Liao & Yi Li 2025

蘑菇目 Agaricales　丝膜菌科 Cortinariaceae

2024.3.10/ 西溪岬 / 廖金朋

2024.3.24/ 西溪岬 / 刘永生

　　担子果小型。菌盖直半球形至凸镜形，中央突起，边缘有时呈波浪状，浅红褐色、暗红色至灰橙色，水浸状，成熟时边缘有半透明条纹。菌褶顶端微凹，中度密，暗红色，边缘整齐。菌柄圆柱形，灰紫色，基部菌丝白色。菌幕暗红色，在柄上形成不规则的鳞片状和带状。担孢子 5.7~8.5（9.0）×4~6.0（6.9）μm，宽椭圆形到椭圆形，极少数近球形，具疣突。无囊状体。菌盖表皮双层。

　　春夏之交分布在亚热带混交林中。模式产地是中国福建天宝岩国家级自然保护区。本新种发表于 2025 年 1 月。

111 紫绒丝膜菌 *Cortinarius violaceus*(Linnaeus)Gray 1821

蘑菇目 Agaricales　丝膜菌科 Cortinariaceae

　　子实体高 12.5cm。菌盖直径 4~8(15)cm，半球形，渐变平展至宽凸出形；菌盖表面干，具细绒毛至鳞片状，暗紫色，老后紫灰色。菌褶与菌盖同色，渐变为紫褐色。菌柄较菌盖颜色稍浅，幼时常具同色的蛇纹状纹饰，菌柄 9~15×0.9~2.5cm，向着基部逐渐膨大。孢子印锈褐色。新鲜的子实体有时带有香柏木的芳香味道。

　　群生于阔叶树和针叶树的林地上。外生菌根菌。可食用。分布于北美洲、中美洲、欧洲、大洋洲、亚洲北部。

2024.4.15/听涛亭 / 罗华兴

2024.4.15/听涛亭 / 罗华兴

112 金黄靴耳 *Crepidotus aureus* E.Horak 1978

蘑菇目 Agaricales　靴耳科 Crepidotaceae

2024.1.4/ 丰田村 / 廖金朋

2024.1.4/ 丰田村 / 廖金朋

　　菌盖贝壳状或肾形，直径可达 0.4~0.8cm；中央具糙毛但边缘几乎无毛，金黄色，老化后变为浅褐色。菌柄 0.2×0.1cm，偏生或侧生，退化或缺失，金黄色，光滑。菌褶从着生点放射状生长，金黄色，有两列交错排列的小菌褶。菌肉黄色，坚韧但非胶状。孢子 6~7μm，近球形，布满小疣，壁较厚。孢子印暗褐色。

113 齿缘靴耳 *Crepidotus dentatus* T.Bau & Y.P.Ge 2020

蘑菇目 Agaricales　靴耳科 Crepidotaceae

　　菌盖 0.4~1.6cm，幼时白色至灰白色，膜质，蹄形至花瓣形，在着生点有一个低凸起，成熟时变为白色至浅黄色，扇形至半圆形，凸起，有黏性，边缘明显呈锯齿状，吸水不变色。菌褶贴生至稍延生，宽 0.1~0.2cm，白色，老时变为赭黄色至浅黄色。无菌柄。菌肉薄，无明显味道或气味。担子 16~20 × 4.6~6.4μm，大多为 4 孢，少为 2 孢，棒状，透明。孢子 6.7~7.7(~8.3) × 4.5~5.3(~5.7)μm，椭圆形，侧面观杏仁形，黄色至黄褐色，光滑。

　　群生于阔叶林中。模式产地在浙江庆元。

2023.10.14/ 龙头村 / 廖金朋　　　　　　　　　　　　　　　　　　　2023.10.14/ 龙头村 / 罗华兴

114 棕黄靴耳 *Crepidotus flavobrunneus* A.M. Kumar & C.K. Pradeep 2022

蘑菇目 Agaricales　靴耳科 Crepidotaceae

　　子实体小至大型，肉质，柔软。菌盖直径 0.3~6cm，平凸至扁平，扇形，半圆形，匙形；幼时白色至淡黄白色，成熟时米色至棕橙色，老时变为驼色，被微绒毛至绒毛状，具长柔毛，天鹅绒状；边缘直，波状，全缘，半透明条纹状。菌褶从侧面一点放射状生长，宽 0.4cm，密集，有 3~5 列小菌褶；边缘与侧面同色，全缘。菌柄退化或缩小，在幼嫩标本中存在，覆盖着棉絮状白色毛。菌肉薄，浅灰白色。担子 25.6~32 × 8~8.8μm，狭棒状，4 孢，薄壁，透明。孢子 5.6~6.4 × 5.6~6.4μm，球形，壁厚，具微小的点状或疣状。有锁状联合。孢子印褐色。

　　散生或群生于常绿森林中子子植物的枯木枝、树桩和树根上，以及潮湿土壤中。模式产地在印度。

2023.10.21/ 丰田村 / 罗华兴　　　　　　　　　　　　　　　　　　　2023.10.21/ 丰田村 / 罗华兴

115 玫瑰靴耳 *Crepidotus roseus* Singer 1947

蘑菇目 Agaricales 靴耳科 Crepidotaceae

菌盖直径可达 1.2cm，侧生，凸面，圆形至扇形；表面呈桃色至淡粉色，幼时白色棉絮状、羊毛状至绒毛状，成熟时边缘稀疏，不具吸湿性，无条纹，干燥；边缘平直，有不同程度的裂片，带白色。菌褶从侧面一点放射状生长，与菌盖同色，宽达 0.1cm，稍稀疏，有 2~4 列小菌褶；边缘与侧面同色或带白色。菌柄退化或缺失。菌肉薄，浅粉色。气味不明显。担子 22.5~24(26.5)×8~9μm，棒状，4孢，薄壁，透明。孢子 5.5~8×5~7μm，近球形至球形，中等壁厚，粗糙具疣。有锁状联合。

散生于常绿森林中双子叶树的枯朽树皮上，有时与柠檬黄小脆柄菇共生。模式产地在美国佛罗里达。

2024.3.7/ 柯山村 / 廖金朋　　2024.4.9/ 西溪岬 / 廖金朋

116 潮湿靴耳 *Crepidotus uber*(Berk.& M.A.Curtis)Sacc.1887

蘑菇目 Agaricales 靴耳科 Crepidotaceae

菌盖宽 0.5~1.2cm，扇形、贝壳形、肾形至圆形；膜质至肉质；盖面湿时稍黏，吸水，黄色至暗褐色；表面光滑，无毛；基部有白色绒毛。菌褶从白色绒毛基部延生而出，密，老时赭色至锈色或褐色。菌肉薄，白色。无菌柄或退化，侧生。孢子 6~8×4.5~5μm，椭圆形，淡锈色，光滑，壁稍厚。

夏秋季群生或叠生于阔叶树（栎树）腐木上。国内分布于华中、东南地区。

2024.3.16/ 丰田村 / 廖金朋

117 豆孢侧火菇 *Pleuroflammula praestans* E.Horak 1978

蘑菇目 Agaricales　靴耳科 Crepidotaceae

　　菌盖直径 1.5~3.0cm，圆形至肾形，表面干燥，附着细小纤丝状物，黄色至深黄色。边缘内卷，成熟后平展，菌幕残片呈齿状。菌肉黄褐色。菌褶直生至稍弯生，密，黄褐色，边缘锯齿状。菌柄 0.3~0.8×0.05~0.2cm，侧生，上部色浅，下部与菌盖同色，实心。菌环膜质。孢子 7.3~9.2×5~6μm，椭圆形，光滑，浅棕色。

　　单生或散生于针叶林地树木上。国内分布于浙江、福建等地。

2024.2.5/ 丰田村 / 廖金朋　　　　　　　　　　　　　　　　2024.3.16/ 丰田村 / 廖金朋

118 霍氏绒盖伞 *Simocybe haustellaris* (Fr.) Watling 1981

蘑菇目 Agaricales　靴耳科 Crepidotaceae

　　子实体高 1~3cm。菌盖直径 1~4cm，表面具天鹅绒般纤毛鳞片，有条纹。菌褶贴生。菌柄圆柱形。无菌环。孢子印棕色。有温和的蘑菇气味。伤后不变色。

　　生长在橡树、柳树附近的木头上。腐生菌。

2024.3.7/ 柯山村 / 廖金朋　　　　　　　　　　　　　　　　2024.3.7/ 柯山村 / 廖金朋

119 中华柔软斜盖伞 *Clitopilus sinoapalus* S.P.Jian & Zhu L.Yang 2020

蘑菇目 Agaricales 粉褶蕈科 Entolomataceae

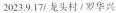

2023.9.17/ 龙头村 / 罗华兴

2023.9.17/ 龙头村 / 廖金朋

菌盖 5~6cm，凹陷至深凹，或漏斗状；白色至淡黄色，常被细粉霜；边缘先稍内卷，后逐渐平展，平整或波浪状。菌肉厚 0.1~0.2cm，白色。气味谷粉味。菌褶延生，稍稠密至稠密，宽达 0.2cm，白色，带淡黄色至淡黄粉色。菌柄 1.5~4×0.2~0.5cm，偏生，近圆柱形至圆柱形，常与菌盖同色，表面光滑或被细粉霜。担子 16~29×6~7μm，棍棒状，具 4 小梗，稀具 2 小梗。孢子 4~6×3.5~5(5.5)μm，球形至近球形，有时宽椭圆形至椭圆形，具 8~10 条不明显或模糊纵棱纹，透明。锁状联合阙如。

春、夏、秋季散生于亚热带或热带地区由松属植物组成的针叶林，或由栎属或栲属植物组成的常绿阔叶林土壤上。模式产地在中国云南。分布于东亚至东南亚地区。

120 糙孢粉褶蓝盖菇 *Entocybe trachyospora*(Largent)Largent,T.J.Baroni & V.Hofst.2011

蘑菇目 Agaricales 粉褶蕈科 Entolomataceae

菌盖直径 1.0~6.0cm，幼时半球形，成熟后平展，中部微凸起，黑棕色至红棕色，表面黏，近中心粗糙。菌褶弯生，较密，白色至浅灰色。菌柄 4.0~10.0×0.3~1.0cm，圆柱形，中空，基部略膨大，白灰色至浅蓝色，表面光滑，具明显纵向条纹。孢子 6~8×6~7μm，多角形，具 6~10 条边，无色。

单生或散生于阔叶林地。国内分布于浙江、福建等地。

2023.8.28/ 上坪村 / 廖金朋

2023.8.28/ 上坪村 / 廖金朋

121 阿美粉褶蕈 *Entoloma ameides*(Berk. & Broome)Sacc.1887

蘑菇目 Agaricales 粉褶蕈科 Entolomataceae

菌盖宽 2~5cm，初圆锥形凸起，后半球形或扁平，中央有隆起，光滑丝质，黄灰色至肉粉色，边缘呈波浪形。菌柄 3~8×0.3~0.8cm，圆柱形，基部稍宽，白色至浅米色，顶部蓬松，丝质纤维状，有直有弯。菌肉肉粉色，气味刺鼻，有强烈的水果糖果味。孢子 9.5~10.5×7~8μm，棱角分明，有 5~6 个面，玫瑰肉粉色。

秋天生长在森林、草地中石灰质土壤空地上。不可食用。

2024.2.21/ 龙头村 / 廖金朋

122 尖顶粉褶蕈 *Entoloma aprile*(Britzelm.) Sacc.1887

蘑菇目 Agaricales 粉褶蕈科 Entolomataceae

菌盖 2~6cm，起初呈圆锥形，后来呈凸形，中间有一个隆起；潮湿时呈灰褐色或锈褐色，有时带有橄榄色，干燥时呈淡黄褐色；表面光滑，有时呈放射状纤维状；边缘在幼嫩时是弯曲的，尔后变直；潮湿时，有半透明罗纹。菌肉很薄，很脆，白色至浅灰色。菌褶中等密度，淡灰色，后来呈玫瑰色，带有肉色。菌柄 3~9×0.5~1.5cm，圆柱形，灰色或灰棕色，有时在基部略微膨大。孢子 9~12×7~11μm，棱角状，棕粉色。具有浓郁的面粉味。

春夏季生长在落叶林和公园中的石灰质土壤上。无毒，但味道不受欢迎。分布于欧洲和北美。

2023.12.30/ 上坪村 / 廖金朋

2023.12.30/ 上坪村 / 廖金朋

123 乂安粉褶蕈 *Entoloma arion* O.V.Morozova,E.S.Popov,T.H.G.Pham & Noordel.2022

蘑菇目 Agaricales　粉褶蕈科 Entolomataceae

担子小到中等，菌盖直径 1.0~2.5cm，半球状，凸起，很快扩大为平凸，中心平坦至略微凹陷，边缘弯曲后笔直，无水分，非半透明纹，放射状纤维状。菌褶中等密集，直生，边缘略近，有一小齿。菌柄 3.0~7.0×0.15~0.2cm，圆柱形。担子 23~30×9~12μm，1~2 或 4 孢。孢子 (9.5~)10.5~12(~13)×(6.5~)7~7.5(~8.5)μm。

群生于中山常绿混交林中。模式产地在越南。

2023.9.9/龙头村 / 罗华兴

2023.9.9/龙头村 / 罗华兴

124 蓝黄粉褶蕈 *Entoloma caeruleoflavum* T.H.Li & Xiao L.He 2012

蘑菇目 Agaricales　粉褶蕈科 Entolomataceae

2023.8.28/ 上坪村 / 廖金朋

菌盖直径 3~6cm，凸镜形，成熟时渐平展，具不明显突起，具细微皮屑状附属物，中部蓝黑色至近黑色；边缘较淡，带蓝绿色、黄色和褐色色调，还常带担孢子的粉红色，有不明显沟纹或条纹。菌肉白色，薄。菌褶弯生，密，鲜黄色带粉红色，伤后变粉色至浅红褐色，菌褶边缘波状。菌柄 5~10×0.4~1cm，圆柱形，由上至下渐变粗，蓝色至深蓝色，具纵纤纹和略扭曲的条纹，基部具白色菌丝体。孢子 6.5~7.5×6.3~7.3μm，5~7 角，等径，淡粉红色。

散生于针阔混交林中地上。国内分布于华中、东南地区。

125 丛生粉褶蕈 （肉褐色粉褶蕈）*Entoloma caespitosum* W.M.Zhang 1994

蘑菇目 Agaricales　粉褶蕈科 Entolomataceae

菌盖直径 3~5cm，斗笠形、凸镜形具脐突至平展具脐突，中部具明显乳突，淡紫红色、粉红褐色至红褐色，中央乳突及附近带灰褐色，光滑；边缘无条纹，后期可上翘。菌肉近柄处厚 0.05~0.1cm，淡粉红色至淡紫红色，无气味。菌褶宽 0.2~0.5cm，弯生至直生，盖缘处每厘米 18~21 片，不等长，初白色，后粉红色，干时浅棕色至棕色。菌柄 3~9×0.2~0.6cm，圆柱形，白色至近白色，空心，脆骨质，基部至近基部被白色菌丝体。孢子 8.5~10.5×6~7.5μm，6~8 角，异径，近椭圆形，具尖突，粉红色。

丛生或簇生于阔叶林中地上。国内分布于东南地区。

2024.6.25/ 共裕村 / 罗华兴

126 盾尖粉褶菌 *Entoloma calabrum* Battistin, Marsico, Vizzini, Vila & Ercole 2015

蘑菇目 Agaricales　粉褶蕈科 Entolomataceae

2023.10.31/ 上坪村 / 廖金朋

菌盖直径 1.9~3.0cm，圆锥形至凸起，黄色、红黄色；表面干燥，纤维状，绒毛状或短柔毛。菌褶中等密集，与波浪状边缘相连，呈弧形，宽达 0.6~0.7cm，浅棕色，有许多小齿。菌柄 5.0~6.0×0.2~0.3cm，中生，圆柱形或略微压缩，顶端相等或逐渐变细，与菌盖同色。味道温和。担子 35~47×11.7~15μm，4 孢。孢子 6.9~10.4×5.1~8.4μm。具锁状联合。

群生于酸性草地土壤上。模式产地在意大利南部。

127 晶盖粉褶蕈 （豆菌红质赤褶菇） *Entoloma clypeatum*(L.)P.Kumm.1871

蘑菇目 Agaricales　粉褶蕈科 Entolomataceae

　　菌盖宽 2~10cm，近钟形至平展，中部稍凸起，表面灰褐色或朽叶色，光滑，具深色条纹，湿时水浸状，边缘近波状，老后具不明显短条纹。菌肉白色，薄。菌褶初期粉白色，后变肉粉色，较稀，弯生，不等长，边缘齿状至波状。菌柄 5~12×0.5~1.5cm，白色，圆柱形，具纵条纹，质脆，内实变空心。孢子印粉色。

　　夏秋季群生或散生在混交林中地上，与李树、山楂树等形成外生菌根。可抑制肿瘤。国内分布于黑龙江、青海、广东等地。

2024.3.12/ 南溪 / 罗华兴

2024.3.12/ 南溪 / 廖金朋

128 十字孢粉褶蕈 *Entoloma conferendum*(Britzelm.)Noordel.1980

蘑菇目 Agaricales　粉褶蕈科 Entolomataceae

　　菌盖直径 2.3~5cm，幼时圆锥形至半球形，成熟后锥状钟形至锥状凸镜形，略平展，中部具不明显乳突或无，有透明条纹直达菌盖中部，浅褐色、米褐色至灰褐色，中部略深，光滑，干。菌肉灰白色，薄。菌褶直生，密，初白色，后带粉色。菌柄 3~7×0.3~0.5cm，圆柱形，由上向下渐粗，与菌盖同色或稍浅，浅褐色，具白色粉末、纵条纹和丝状光泽；初实心后渐变空心，基部具白色菌丝体。孢子8.5~11.5×7.5~11μm，形状多样，近方形、菱形至星形，厚壁，淡粉红色。

　　群生于阔叶林中倒木上或地上。国内分布于东北、西北、东南等地区。

2024.3.24/ 西溪岬 / 罗华兴

129 扭孢粉褶蕈 *Entoloma contortisporum* Noordel.& Hauskn.2007

蘑菇目 Agaricales 粉褶蕈科 Entolomataceae

菌盖宽 0.9~1.2cm，平凸至下凹，湿时半透明具条纹，灰棕色，光滑。菌褶宽延生，中等距离，浅肉色带黄色，菌褶边缘带褐色。菌柄 1.0~1.5×0.1~0.15cm，圆柱形，浅黄棕色，光滑。无气味。孢子 10.5~14×8.5~10.5μm，扭曲。菌褶边缘不育。有锁状联合。

群生于海拔约 200~250 米的雨林中裸土上。模式产地在法属留尼汪省。

2023.9.2/ 共裕村 / 廖金朋

130 扇形粉褶蕈 *Entoloma flabellatum* Xiao L.He & E.Horak 2019

蘑菇目 Agaricales 粉褶蕈科 Entolomataceae

2024.3.19/ 三畲村 / 廖金朋

菌盖直径 0.5~1.5cm，贝壳状，宽凸，随着菌龄增长变为扁平，完全被毡状绒毛至毡状贴伏纤毛覆盖，膜质，最初为白色，随着生长进程变为橙白色、黄白色至淡粉色，弱吸湿性，无条纹至边缘有细微的沟状条纹，干燥。菌褶贴生，6~15 条，有 2~3 层褶缘小褶，疏离，狭窄，腹状，宽达 0.15cm，最初为白色，随着菌龄增长变为粉红色，全缘且同色。菌柄 0.1~0.25×0.05~0.1cm，侧生，强烈退化，浅灰棕色。菌肉薄，不变色。担子 28~38×7~8μm，细长棒状，4 孢。孢子 8~10.5(11)×6~7(7.5)μm。

生长在竹林中壳斗科树木的腐朽树桩上。国内分布于贵州、福建等地。

131 黄斑粉褶蕈 *Entoloma flavifolium* Peck 1906

蘑菇目 Agaricales　粉褶蕈科 Entolomataceae

菌盖直径 2~6cm，钟形至宽凸形或近于平面，通常有大的脐突，边缘呈波状，具吸湿性，无或有短的半透明条纹，从橄榄褐色向黄褐色或黄橄榄色转化，干燥时变浅至灰白色，无毛。菌褶贴生，适度疏离至疏离，宽，幼时为黄赭色至黄橄榄色，然后变为粉红色，边缘同色且被侵蚀。菌柄 3.5~9.0×0.4~1cm，圆柱形，基部棒状，大多脆弱，初期充实然后中空，白色无毛，有细微纤丝状条纹。菌肉同色，脆。担子 37~48×9~11μm，4 孢，棒状。孢子 7.0~9.0×6.5~7.5(~8.0)μm，有明显的角和厚壁。具锁状联合。子实体有轻微的粉质感。

生长在栎树林的黏质土壤上。模式产地在美国纽约。分布于北美洲东北部。

2024.3.12/ 南溪 / 罗华兴

2024.3.12/ 南溪 / 廖金朋

132 毡毛粉褶蕈 *Entoloma griseocyaneum*(Fr.)P.Kumm.1871

蘑菇目 Agaricales　粉褶蕈科 Entolomataceae

担子果为伞菌状，高 12cm，菌盖呈圆锥形至凸形然后变平至宽脐状，直径可达 5cm。菌盖表面有细微的纤毛，呈黄褐色至乌贼墨色。菌褶为白色，因孢子而变为粉红色。菌柄光滑，有细微纤毛，通常为浅灰蓝色，无环。孢子 9~13.5×6.5~8μm，多角形，非淀粉质。孢子印粉红色。

生长在传统的、未经过农业改良的短草地草原（牧场和草坪）中。广泛分布于欧洲。

2023.9.9/ 龙头村 / 罗华兴

2023.9.9/ 龙头村 / 廖金朋

133 亨利粉褶蕈 *Entoloma henricii* E.Horak & Aeberh.1983

蘑菇目 Agaricales 粉褶蕈科 Entolomataceae

菌盖直径 3.5~6.0cm，不规则凸起，边缘下卷且常常柔软地呈波状，在放大镜下非常暗淡且有极细微的颗粒状，赭褐色至暗灰色棕色，有时会非常精细地出现裂纹。菌褶凹陷，相当疏离，在菌褶间的凹槽底部有丰富的脉纹，有时菌褶表面起皱，呈淡粉褐色；边缘波状，完整且同色。菌柄约 2.5~4.5×0.3~0.5cm，有纤毛，淡褐色。孢子 8~9.2~11×7.5~8.3~9.5μm，近球形。担子 35~52×10~13.5μm，规则地双孢（有一些罕见的 3 孢担子），有点棒状或呈圆柱形，有时在中部有缢缩。锁状联合缺失。

生长在有密花核果木和不同肉托果科植物的茂密原始森林中。模式产地在马达加斯加的中部高原。

2023.8.12/ 龙头村 / 廖金朋

134 霍氏粉褶菌 *Entoloma hochstetteri*(Reichardt)G.Stev.1962

蘑菇目 Agaricales 粉褶蕈科 Entolomataceae

子实体高 8cm。菌盖呈锥形，直径 1.5~5cm，有锐利的边缘，边缘内翻。菌盖颜色为靛蓝色，稍带点绿色，初成长时为蓝色，后变成蓝红棕色至粉红棕色，而且长着小纤维。菌盖边缘有条纹并内卷。菌褶连接处微凹，菌褶薄，0.3~0.5cm 宽，基本上与菌盖同色，有时带点黄色。菌柄 5~10(~15)×0.3~0.5cm，圆柱形，纤维且实心，伴生绒毛；成长到一定时候会褪色到棕色，基部发白，干燥，瘘管，易碎，原纤维经常扭曲。担子 40~60×15~20μm，球棒形，透明，有 4 个类绒毛的孢子梗。孢子 11~15×11~14μm，紫色或深红棕色，光滑透明，壁较薄。

生长在树林下的苔藓和落叶之间。分布于新西兰北岛和南岛西部，及印度部分地区等。

2024.6.18/ 共裕村 / 罗华兴

2024.6.18/ 共裕村 / 罗华兴

135 紫罗兰粉褶菌 *Entoloma indoviolaceum* Manim. & Noordel.2006

蘑菇目 Agaricales　粉褶蕈科 Entolomataceae

2024.6.18/ 共裕村 / 廖金朋

担子果小型至中型。菌盖直径 1.0~3.5cm，凸起，有或无钝脐状中心，边缘内卷，不扩展，不具吸湿性，不具半透明条纹，深蓝色至黑蓝色，最初具细绒毛，随着时间生长开裂变为细鳞片状。菌褶延生至窄贴生，非常密集，有 3~5 层褶片，宽达 0.5cm，奶油色；边缘全缘，同色。菌柄 4.5~5.5 × 0.2~0.4cm，中生，圆柱形，向基部变宽；具纤毛；在白色背景上有深蓝色或黑蓝色紧贴的纤维。担子 25~51 × 9~12μm，棒状，4 孢，小梗长达 4μm。孢子 11~14 × 6.5~9μm，异径卵形，5~7 角，大多具凹面。所有组织中锁状联合丰富。

7 月生长在地面上。模式产地在印度。

136 久住粉褶蕈 *Entoloma kujuense*(Hongo)Hongo & Izawa 1994

蘑菇目 Agaricales　粉褶蕈科 Entolomataceae

2023.8.28/ 上坪村 / 罗华兴

2023.8.28/ 上坪村 / 廖金朋

菌盖直径 2.5~8cm，幼时凸镜形或半球形，成熟后近平展，有时边缘撕裂，深紫色或紫蓝色，被天鹅绒状绒毛物或麸状小鳞片，不黏，边缘无条纹。菌肉白色，菌盖中部厚达 0.3cm。菌褶直生，具短延生小齿，宽达 0.5cm，初白色，后粉色，薄或者较厚，具 2~3 行小菌褶。菌柄 3~6 × 0.03~0.07cm，圆柱形，与菌盖同色，密被麸状小鳞片，实心，基部具白色菌丝体。孢子 10~12.5 × 7~8.5μm，6~7 角，异径，有时呈瘤状角，淡粉红色。

生于阔叶林中地上。国内分布于华中、东南等地区。

137 纯黄粉褶蕈 *Entoloma luteum* Peck 1902

蘑菇目 Agaricales　粉褶蕈科 Entolomataceae

2023.9.2/ 双虹桥 / 廖金朋　　　　　　　　2023.8.19/ 九龙村 / 廖金朋

　　菌盖直径 1.0~2.5cm，半球形、凸镜形或近钟形，光滑至具纤毛，顶端具小鳞片，无脐突或尖突，浅黄色至深黄色，成熟后颜色变浅带粉红色，干，水渍状，具条纹。菌肉白色或带浅黄色，薄。菌褶直生或近离生，较稀，初白色，后变粉色。菌柄 4.5~6.5×0.3~0.5cm，圆柱形，空心，具纵条纹，脆。孢子 7.5~9.5μm，方形，淡粉红色。

　　单生或散生于林中地上。国内分布于东南地区。

138 地中海粉褶蕈 *Entoloma mediterraneense* Noordel.& Hauskn.2002

蘑菇目 Agaricales　粉褶蕈科 Entolomataceae

　　菌盖直径 1.5~3.5cm，凸镜形，中部略凹陷，无条纹或具不明显条纹，深灰色至灰褐色，略带灰蓝色，中部近黑褐色，被灰褐色小鳞片，边缘小鳞片渐稀至具短纤毛。菌肉近中部厚 0.05cm，灰白色。菌褶弯生，具短延生小齿，较密，薄，幼时白色，成熟后变为粉色，具 3 行小菌褶，褶缘不规则，与褶面同色或浅蓝色。菌柄 4.5~5.5×0.25~0.4cm，圆柱形，空心，近污白色至深灰蓝色，具短绒毛或霜状物，基部具白色菌丝体。孢子 8~10.5×6~7.5μm，5~6 角，异径，淡粉红色。

　　生于阔叶林中地上。国内分布于东北、东南地区。

2023.9.20/ 龙头村 / 廖金朋

139 方孢粉褶蕈 *Entoloma murrayi*(Berk.& M.A.Curtis)Sacc.&P.Syd.1899

蘑菇目 Agaricales　粉褶蕈科 Entolomataceae

菌盖直径 2~4cm，圆锥形至钟形，中央具明显乳头状凸起；表面浅黄色至黄色，具光泽，光滑；菌肉白色至奶油色，伤不变色。菌褶弯生至离生，初期奶油色，成熟后粉红色。菌柄 4~8×0.2~0.4cm，圆柱形，淡黄色，中空。担子 40~50×11~13μm，棒状，4 孢。孢子 9.5~11×9~10μm，立方体形。锁状联合常见。

夏秋季生于亚热带针阔混交林中地上。腐生菌。可能有毒。国内分布于云南、福建等地。

2024.6.20/ 丰田村 / 罗华兴　　　　　　　　　　　　2024.6.20/ 丰田村 / 廖金朋

140 橄榄纹粉褶蕈 *Entoloma olivaceotinctum* Noordel.1985

蘑菇目 Agaricales　粉褶蕈科 Entolomataceae

菌盖直径 0.5~2.0cm，呈拱形，中心略微加深，湿润，黄褐色至灰褐色，带有明显的橄榄色色调，潮湿时有凹槽。菌褶稀疏，起初是白色或灰色的，后来被孢子染成粉红色，附着在菌柄上，有时切有短齿。菌柄 1.0~4.0×0.1~0.3cm，呈圆柱形，颜色与菌盖相似，有光泽，呈纤维状。菌肉薄而苍白，菌盖和菌柄同色。担子 4 孢。孢子 7~9×5~7μm，呈粉红色，棱角状。

7~10 月通常生长在桤木、桦树、鹅耳枥、柳树或云杉下，以及森林及其边缘的开阔栖息地，很少生长在草地上。不可食用。模式产地在芬兰。

2024.6.29/ 柯山村 / 廖金朋　　　　　　　　　　　　2024.6.29/ 柯山村 / 廖金朋

141 近江粉褶蕈 （黄条纹粉褶蕈 奥美粉褶蕈） *Entoloma omiense* (Hongo) E.Horak 1986

蘑菇目 Agaricales　粉褶蕈科 Entolomataceae

菌盖直径 3~4cm，初圆锥形，后斗笠形至近钟形，中部常稍尖或稍钝，浅灰褐色至浅黄褐色，具条纹，光滑。菌肉薄，白色。菌褶宽达 0.5~0.7cm，直生，较密，薄，幼时白色，成熟后粉红色至淡粉黄色，具 2~3 行小菌褶。菌柄 5~14×0.3~0.4cm，圆柱形，近白色至与菌盖颜色接近，光滑，基部具白色菌丝体。孢子 9.5~12.5×9~11.5μm，5~6 角，多 5 角，等径至近等径，淡粉红色。

单生或散生于地上。有毒。国内分布于东南和华中地区。

2023.9.20/ 龙头村 / 廖金朋

2023.9.9/ 龙头村 / 罗华兴

142 浅黄粉褶蕈 *Entoloma pallidoflavum* (Henn. & E.Nyman) E.Horak 1976

蘑菇目 Agaricales　粉褶蕈科 Entolomataceae

菌盖直径 2.0~4.0cm，圆锥形至钟形，然后平凸，有一个小的圆锥形脐突或凹陷，稍具吸湿性。菌褶贴生至微凹，有一个小的下延齿，最初为奶油色然后带粉红色，边缘有细锯齿且同色；菌褶边缘不育或异质。菌柄 4.0~7.0×0.3~0.6cm，圆柱形或稍压扁并有一条纵向凹槽，中空，纵向有纤毛，白色。菌肉白色。担子 42.9~56.1×10.5~15.7μm，狭棒状，有锁状联合。孢子 7.1~8.6×6.8~8.0μm。有锁状联合。

生长在山地苔藓常绿阔叶林中的土壤上。模式产地在爪哇。分布于婆罗洲、巴布亚新几内亚、越南等地。

2023.9.9/ 龙头村 / 廖金朋

2023.9.9/ 龙头村 / 廖金朋

143 紫烟粉褶蕈 *Entoloma porphyrescens* E.Horak 1973

蘑菇目 Agaricales　粉褶蕈科 Entolomataceae

　　菌盖直径 2.5~6.5cm，幼老标本具脐状突起，深棕色或煤烟棕色，带有明显的紫色调，被同色的鳞片或鳞片密集覆盖，干燥，既无条纹也不具吸水性，膜质。菌褶贴生或微凹并具短齿下延，最初呈白色紫色，后变为棕粉色，带有淡紫色或紫色调，菌褶边缘白色且具缘毛。菌柄 3~7×0.3~0.6cm，圆柱形或向上渐细，与菌盖同色，覆盖有紫色、淡紫色或深棕色的纤维，基部白色，干燥，具中空，易碎，常扭曲。菌肉淡紫色，尤其是菌柄的皮层。担子 35~40×8~10μm，4 孢。孢子 7.5~8.5×5~6μm，5~6 面体。气味和味道微酸。

　　生长在南洋杉属、罗汉松属等森林的苔藓和落叶层土壤上。

2024.2.21/ 龙头村 / 廖金朋　　　　　　　　　　　　2024.2.21/ 龙头村 / 廖金朋

144 极细粉褶蕈 *Entoloma praegracile* Xiao Lan He & T.H.Li 2011

蘑菇目 Agaricales　粉褶蕈科 Entolomataceae

　　菌盖直径 0.8~2cm，初凸镜形，后平展，中部略凹陷或平整，淡黄色、淡黄色带粉色或橙黄色，干后带较明显的橙红色，水渍状，透明条纹直达菌盖中部，光滑。菌肉薄，与菌盖同色。菌褶宽达 0.1cm，直生带短延生小齿，较稀，初白色，后变为粉红色，具 1~2 行小菌褶。菌柄 4~5×0.1~0.15cm，圆柱形，与菌盖同色或较深，橙黄色，光滑，空心，较脆，基部具白色菌丝体。孢子 9~10.5×6.5~8μm，5~6 角，异径，有时角度不明显，壁较薄，淡粉红色。

　　丛生于阔叶林中地上。国内分布于华中、东南等地区。

2023.9.2/ 双虹桥 / 罗华兴

145 方形粉褶蕈 （肉红方孢粉褶蕈）*Entoloma quadratum*（Berk.& M.A .Curtis）E.Horak 1976

蘑菇目 Agaricales　粉褶蕈科 Entolomataceae

菌盖直径 2~5cm，圆锥形至钟形，具明显乳头状凸起；表面鲑肉色、肉红色至粉红色，具光泽，光滑，边缘有辐射状纹理；菌肉与菌盖表面同色或颜色稍淡。菌褶弯生至离生，初期颜色较淡，成熟后粉红色或肉红色。菌柄 5~10 × 0.2~0.5cm，圆柱形，中空，淡粉红色。担子 35~55 × 10~12μm，棒状，4 孢。孢子 10~12 × 9.5~11μm，立方体形。锁状联合常见。

夏秋季生于亚热带针阔混交林中地上。腐生菌。可能有毒。国内分布于云南、福建等地。

2024.7.2/ 南溪 / 罗华兴　　　　2024.7.2/ 南溪 / 廖金朋

146 绢状粉褶菌 （丝膜粉褶蕈）*Entoloma sericellum*(Fr.)P.Kumm.1871

蘑菇目 Agaricales　粉褶蕈科 Entolomataceae

2024.6.15/ 柯山村 / 罗华兴　　　　2024.6.15/ 柯山村 / 廖金朋

菌盖直径 1.0~2.0cm，幼嫩时呈半球形，随后凸起到圆锥形、钟形，之后变平并凹陷，表面光滑，有细微的放射状纤丝，幼嫩时为白色，之后呈淡赭色或淡黄色，中心处颜色较深，边缘锐利，尤其老时呈波浪状。肉质薄，白色，味道温和，不具特色，无气味。菌褶幼嫩时为白色，之后呈粉红色，宽，边缘呈波浪状，贴生至近延生。菌柄 1.5~3.0 × 0.15~0.3cm，圆柱形，幼时实心，老后中空，表面光滑，最初为白色，随着时间推移或采集后变为淡黄色。担子 35~40 × 10~13μm，棒状，有 4 个小梗和基部锁状联合。孢子 9~12 × 6.5~9μm，5~8 角形。孢子印为粉赭色。

深秋到仲冬单生或散生在针阔叶混交林的开阔区域。

147 喀拉拉粉褶菌 *Entoloma shwethum* Manim.,A.V.Joseph & Leelav.1995

蘑菇目 Agaricales　粉褶蕈科 Entolomataceae

　　菌盖直径 3~5cm，凸至上层，中央凹陷；表面白垩色，无毛，丝般光滑，无条纹。菌褶贴生，白色至淡粉红色，紧密；边缘与侧面同色，全缘。菌柄 4~7×0.4~0.5cm，中生，圆柱形，等粗，中空；表面白垩色，无毛，丝般光滑。气味温和，有点令人愉快。伤后不变色。孢子 9~12×6~9μm，异质卵形，剖面有 5~6 个角。担子 33~47×9~13μm，2 或 4 孢；小梗长 5μm。锁状联合和含油菌丝存在于担子果的所有部位。

　　7~10 月间单生或散生在树荫下落叶地面。模式产地在印度喀拉拉邦。

2023.9.9/ 龙头村 / 罗华兴　　　　　　　　　　　　　　　　　　2023.9.9/ 龙头村 / 廖金朋

148 直柄粉褶蕈 *Entoloma strictius* (Peck)Sacc.1887

蘑菇目 Agaricales　粉褶蕈科 Entolomataceae

　　菌盖直径 2~6cm，锥形，有时近钟形或略平展，中部具小乳突，灰白色、灰褐色或浅灰黄褐色，光滑，有不明显至稍明显条纹，边缘整齐。菌肉薄，与菌盖同色。菌褶直生，白色至粉色，较密，边缘波状。菌柄 6.5~20×0.3~0.6cm，圆柱形，空心，具纵条纹，扭曲，基部具白色菌丝体。孢子 10~13×7.5~11μm，5~6 角，异径，淡粉红色。

　　散生或群生于阔叶林中地上。国内分布于华中、东南地区。

2024.2.21/ 龙头村 / 廖金朋　　　　　　2024.4.9/ 上坪庵后 / 罗华兴

149 近杯伞状粉褶蕈 *Entoloma subclitocyboides* W.M.Zhang 1994

蘑菇目 Agaricales　粉褶蕈科 Entolomataceae

菌盖直径 10~13cm，杯伞状或漏斗形，初被短柔毛，后变光滑，米黄色、污黄色至淡黄褐色，中部至边缘渐浅，被浅褐色纤毛或极细鳞片，边缘渐光滑，边缘老后撕裂。菌肉厚达 0.2cm，白色。菌褶宽达 0.8cm，直生，极密，初白色，成熟后粉红色，不等长。菌柄 6~7×1.1~1.8cm，米色或污白色，比菌盖色浅，具条纹，上端具褐色细微颗粒，基部具白色菌丝体。孢子 7~9×7~8.5μm，4~5 角，多 5 角，等径，淡粉红色。

单生或散生于阔叶林中地上。国内分布于东南和华中地区。

2024.7.2/ 南溪 / 廖金朋

150 优雅粉褶蕈 *Entoloma subelegans* Noordel. & Hauskn.2015

蘑菇目 Agaricales　粉褶蕈科 Entolomataceae

菌盖直径 1~3cm，厚 1cm，平凸形，有小的凹陷脐突，具吸湿性，半透明条纹达中央，棕色，红棕色至红褐色。菌褶贴生，密集，狭窄，淡粉红色，边缘全缘且同色。菌柄 1.8~4.0×0.1~0.4cm，无毛，幼时细粉状，淡粉棕色，无纵向纤毛状条纹。菌肉薄，脆，无特殊气味或味道。担子 4 孢，有锁状联合。孢子 9~13(~14.5)×6~8(~9)μm。

大雨后生长在混合雨林的陡坡路边上。模式产地在毛里求斯。

2023.10.31/ 上坪村 / 罗华兴

2023.10.31/ 上坪村 / 廖金朋

151 多变粉褶蕈 *Entoloma transmutans* G.M.Gates & Noordel.2009

蘑菇目 Agaricales　粉褶蕈科 Entolomataceae

　　菌盖直径 0.4~2.0cm，凸形至平凸形，中心钝至脐状，不具吸湿性，初为深蓝色灰色，后为细微的灰色或黑蓝色，中心有鳞片，向边缘呈放射状丝状，具刚毛，在鳞片和纤维之间呈现出精致的粉紫色背景。菌褶贴生至微凹，适度疏离，宽达 0.45cm，最初为蓝灰色，然后是灰粉色，边缘具流苏状，淡粉棕色。菌柄 0.7~2.0×0.1~0.2cm，圆柱形，初为蓝色，转紫红色，与菌盖背景同色，有光泽，天生具丝状。担子 28~35×9~12μm，4 孢，无锁状联合。孢子 8~10×6~9μm，短异形，有 6~8 个角。其味道能引发唾液分泌。

　　广泛分布于湿润和干燥针叶林以及混交林的森林落叶层中。

2024.6.20/ 丰田村 / 罗华兴

2024.6.20/ 丰田村 / 罗华兴

152 维斯娜粉褶蕈 *Entoloma vezzenaense* Noordel. & Hauskn.1998

蘑菇目 Agaricales　粉褶蕈科 Entolomataceae

　　菌盖直径 1~2.5cm，凸面至平凸面。湿润时具水纹，不透明。浅灰棕色，干燥时中心呈浅黄灰色。菌盖表面最初具明显的绒毛，随着风化变得光滑。菌褶贴生至微凹，稍弯，不密集，浅灰白色，边缘同色。菌柄 3.5~5×0.4~0.7cm，圆柱形，相对粗壮，向基部逐渐变宽，中空，银灰色至白色，具纤维状，基部具白色绒毛。孢子 7.4~9.8×6.3~7.7μm，(4~)5~6 角，异形，很少近等径，或倾向于长方体或十字形。

　　单生或群生在放牧牛群、未改良的中性草地土壤中。模式产地在意大利。

2024.2.19/ 桂溪村 / 廖金朋

2024.3.17/ 丰田村 / 廖金朋

153 塔古努里红盖菇 *Rhodocybe tugrulii* Vizzini,E.Sesli,T.J.Baroni,Antonín & I.Saar 2016

蘑菇目 Agaricales　粉褶蕈科 Entolomataceae

　　菌盖 1.0~4.0cm，凸起至半球形，宽凹下，灰色至米色，老熟或受伤时略带红棕色；最初完全被白色粉霜覆盖，边缘不规则且内卷，成熟时稍有凹坑或棱纹，干燥，有细微的绒毛状被毛。菌褶下延且稍稀疏，中等厚度，易碎。菌柄 1.0~2.5×0.2~0.5cm，圆柱形，弯曲，被粉霜，纤维质，被白色菌丝和碎片覆盖，触碰后颜色变深。菌肉薄，厚处达 0.5cm，白色至灰米色。担子 25~35×6~8(9)μm，2 或 4 孢，棒状或近圆柱形，薄壁。孢子 (4.8)5~6.9(7.2)×(4.0)4.3~5.5(5.9)μm，透明，近球形至宽椭圆形，薄壁。有强烈粉质感气味。

　　秋季单生或群生于云杉、松树等针叶树落叶层中。分布于土耳其、爱沙尼亚等地。

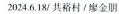

2024.6.18/ 共裕村 / 廖金朋　　　　　　　　　　　2024.6.18/ 共裕村 / 廖金朋

154 牛舌菌 *Fistulina hepatica* (Schaeff.) With.1801

蘑菇目 Agaricales　牛舌菌科 Fistulinaceae

　　子实体单生或叠生。肉质，软而多汁。菌盖半圆形，近匙形或扁平舌形，宽 5~10(30)cm，新鲜时红色至红褐色，粗糙，厚，黏。干后子实体肝褐色。无柄或有短柄，长 2~3cm，与菌盖同色。菌肉厚 1.5~3cm，淡红色。菌管彼此分离，近白色、渐变红色；菌管长 1~2.5cm，管口近白色，渐变为红褐色。孢子 4.5~5μm×3~4μm，近球形，无色至淡水红色，内含 1 个油滴。孢子印白色。

　　单生或小簇生于林地栎树和栗树的立木或倒木上。可食用，味道咸。国外分布于北美洲、欧洲、亚洲、澳大利亚。

2024.3.24/ 西溪岬 / 刘永生　　　　2024.3.24/ 西溪岬 / 罗华兴　　　　2024.3.24/ 西溪岬 / 廖金朋

155 锐顶斑褶菇 *Panaeolus acuminatus*(P.Kumm.) Quél.1872

蘑菇目 Agaricales　胃腹菌科 Galeropsidaceae

菌盖直径 1~2cm，易碎，初为钟形，后变为宽圆锥形、宽钟形或凸起；干燥，光滑，深棕色，褪色为灰色。菌肉薄。菌褶连接至菌柄，或随着成熟从菌柄上拉开，紧密；幼时为灰色，后出现黑色区域并呈斑驳外观，边缘常为白色，最终整体为黑色。菌柄 8~12×0.1~0.2cm，等粗，有细毛，脆；呈粉红色至红棕色，熟或伤后基部颜色变深。孢子 11~16×8~11μm，光滑，柠檬形。孢子印黑色或近黑色。

春季、夏季和秋季单独生长或分散生长在草地、施肥区域和粪便上。腐生菌。在北美广泛分布。

2024.4.13/ 双虹桥 / 廖金朋

156 大孢斑褶菇 （大孢花褶伞　蝶形花褶伞）*Panaeolus papilionaceus*(Bull.) Quél.1872

蘑菇目 Agaricales　胃腹菌科 Galeropsidaceae

2024.4.13/ 双虹桥 / 罗华兴

菌盖直径 2~4cm，半球形至馒头形，或稍中凸；近白色至灰白色，干时黄褐色，中部带红褐色，有光泽，光滑；常不规则龟裂，初期边缘内卷，表皮超出菌褶。菌褶直生，稍密，起初灰色，后因孢子成熟而显黑斑并变黑色；幅宽，0.6~1.5cm，褶缘白色。菌柄 4~8(~10)×0.2~0.6cm，中生，等粗；带白色或与菌盖同色，基部带褐色，上部粉状，中空，强韧。菌肉薄，白色。担子 24~32×11~13μm，具 4 个担子小梗。孢子 13.5~16×9~11×7.5~8μm，光滑，正面椭圆形至近卵圆形，壁厚，光滑。孢子印黑色。

春季至秋季群生于牛粪、马粪上。国外分布于欧洲、北美洲、南美洲、亚洲，国内分布于内蒙古、新疆、香港等地。

157 红褐斑褶菇 （草地花褶伞 红褐花褶伞）*Panaeolus subbalteatus*(Berk.& Broome)Sacc.1887

蘑菇目 Agaricales 胃腹菌科 Galeropsidaceae

菌盖直径 2~4.5cm，初期近钟形至半球形，后平展，中部凸起；光滑，不黏，湿时暗红褐色，边缘浅黄褐色，干时变黏土褐色，边缘常有暗色环带。菌褶直生，不等长，初期灰褐色至灰黑褐色，后变黑色，褶缘污白色。菌柄 4.5~8 × 0.25~0.5cm，中生，细长柱形，红褐色。菌环缺。菌肉薄，污白色。担子 (17.5)19~26(~27.5) × 9~11.5(~12.5)μm，具 4 个担子小梗。孢子 10.5~14.5(15) × (7~)8~10.5 × (6~)6.5~7.5μm，光滑，正面椭圆形至近柠檬形。孢子印黑色。

夏季、秋季群生于肥沃地上，一般不粪生。国内分布于甘肃、新疆、福建等地。

2023.12.12/ 桂溪村 / 廖金朋

158 双色蜡蘑 *Laccaria bicolor*(Maire)P.D.Orton 1960

蘑菇目 Agaricales 轴腹菌科 Hydnangiaceae

菌盖直径 2~4.5cm，初期扁半球，后期稍平展，中部平或稍下凹，边缘内卷，浅赭色或暗粉褐色至皮革褐色，干燥时色变浅，表面平滑或稍粗糙，边沿有条纹。菌肉污白色或浅粉褐色。无明显气味。菌褶直生至稍延生，浅紫色至暗色，干后色变浅，等长，厚，宽，边沿稍呈波状。菌柄 6~15 × 0.3~1cm，细长，柱形，常扭曲，同盖色，具长的条纹和纤毛，带浅紫色，基部稍粗且有淡紫色绒毛，内部松软至变空心。孢子 7~10μm × 6~7.8μm，近卵圆形。孢子印白色。

秋季群生或散生于针阔混交林地上。外生菌根菌。可食用。国内分布于西藏、内蒙古、福建等地。

2023.9.24/ 听涛亭 / 罗华兴

2024.6.29/ 柯山村 / 罗华兴

159 高麦斯蜡蘑 *Laccaria gomezii* Singer & G.M.Muell.1988

蘑菇目 Agaricales　轴腹菌科 Hydnangiaceae

　　菌盖宽 1.0~3.8(~6.5)cm，脐状，无条纹，具微纤毛至小鳞片状，暗紫红色至暗紫蓝色，后变为葡萄酒褐色，干燥时呈褐色然后变为淡黄褐色。菌褶贴生或近延生，薄，同色。菌柄 4.4~11.2×0.2~0.9cm，有条纹，顶端被短毛，与菌盖同色或颜色更淡。担子 27~43×65~135μm，棒状，细长，无色，小梗 4 个。孢子通常为 7.5~9.3×6.8~8.3μm，近球形至近椭圆形，具小刺，刺短或中等长度。

　　生于栎树和木兰树下。模式产地在哥斯达黎加。

2024.4.13/ 双虹桥 / 罗华兴　　　　　　　　　　　　　　　　　　2024.4.13/ 双虹桥 / 廖金朋

160 红蜡蘑 *Laccaria laccata*(Scop.)Cooke 1884

蘑菇目 Agaricales　轴腹菌科 Hydnangiaceae

　　子实体小型。菌盖直径 2~4cm，近扁半球形至平展，淡红褐色至粉褐色，湿润时水浸状，光滑或具绒毛，边缘具条纹，波状。菌褶直生或近弯生，不等长，淡红褐色至淡紫红色，附白色粉末。菌柄 3~6×0.3~0.8cm，圆柱形，与菌盖同色，实心。孢子 7.5~11×7~9μm，近球形，具小刺，无色或带淡黄色。

　　夏秋季生于林中地上。可食用。国内分布于湖南、福建等地。

2024.3.10/ 西溪岬 / 罗华兴

2024.3.10/ 西溪岬 / 廖金朋

161 粉紫蜡蘑 *Laccaria ochropurpurea*(Berk.)Peck 1897

蘑菇目 Agaricales　轴腹菌科 Hydnangiaceae

2024.3.12/南溪 / 罗华兴　　　　　　　　　　　　　2024.3.12/南溪 / 罗华兴

　　菌盖直径 3.5~12cm，宽凸形，变为平展，有时隆起；边缘平整或内卷，无条纹；近乎光滑或有细毛鳞；浅丁香棕色变为浅棕色，褪色为浅黄色或近白色。菌褶与菌柄相连，少延生至菌柄下，近离生；厚；蜡质；老化时有时因孢子而布满白色粉末。菌柄 4.5~19×0.5~2.5cm，等粗或基部膨大；粗糙有毛或有鳞；与菌盖颜色相同；有丁香紫色的基部菌丝；实心；有时变为褐色至红棕色。菌肉厚，与菌盖颜色相同或更浅。担子 4 孢。孢子 7~9×7~9μm，近球形至球形。孢子印白色。

　　夏末和秋季单生、散生或群生于阔叶树和针叶树林中形成外生菌根的橡树和山毛榉上。

162 蜡蘑（俄亥俄蜡蘑）*Laccaria ohiensis*(Mont.) Singer 1947

蘑菇目 Agaricales　轴腹菌科 Hydnangiaceae

2024.6.29/ 柯山村 / 罗华兴　　　　　　　2024.6.29/ 柯山村 / 廖金朋

　　菌盖直径 0.5~2.5cm，凸形，后变平展，有时隆起，常有中央凹陷，通常有明显的纹路或凹槽，光滑或有细毛，橙褐色至暗红褐色，褪色为浅黄色，干燥时颜色显著变化。菌褶离生，粉红肉色。菌柄 1.5~2.5×0.2cm，等粗或基部膨大，光滑或有细毛，与菌盖同色，基部有白色菌丝。菌肉薄，与菌盖颜色同。担子 4 孢。孢子 8~9μm，球形至近球形，具长 1.5~3μm、基部宽 1.2μm 的刺，非淀粉质。孢子印白色。

　　夏季和秋季散生或群生在阔叶树形成的外生菌根上。可食用。分布在北美东部地区等。

163 橙拱顶伞 *Cuphophyllus aurantius* (Murrill) Lodge,K.W.Hughes & Lickey 2013

蘑菇目 Agaricales　蜡伞科 Hygrophoraceae

2024.3.16/ 三畲村 / 廖金朋　　　　　　　　　　　　　　　　　　　　2024.4.2/ 上坪村 / 廖金朋

　　菌盖直径 1.0~1.9cm，平展形，表面干燥，光滑，橙色、橙黄色至橙棕色。菌褶直生至稍延生，宽约 0.05cm，不等长，近柄处少有分叉，较脆、易碎，边缘光滑。菌柄 2.0~6.0×0.2~0.4cm，圆柱形，脆骨质，中空，橙黄色，表面光滑。担子 25.6~41.5×4.3~6.2μm，棒状，具 2~4 个小梗。孢子 4.3~5.0×3.2~4.0μm，球形、近球形至椭圆形，无色，透明，壁薄，淀粉样。

　　单生或散生于针阔叶混交林中地上。

164 草地拱顶伞 *Cuphophyllus pratensis* (Pers.) Bon 1985

蘑菇目 Agaricales　蜡伞科 Hygrophoraceae

　　菌盖直径 4~7cm，凸镜形至半球形，后期平展，边缘常开裂，浅杏色至橙色，表面光滑；边缘幼时光滑，后渐深波状。菌肉白色，伤不变色。菌褶近延生，稍稀，浅杏色至奶黄色，不等长，褶缘近平滑。菌柄 2.5~7×1~2cm，圆柱形，浅杏色至奶黄色，表面具浅条纹。孢子 5~7.5×4~5μm,椭圆形，光滑，无色，非淀粉质。

　　夏秋季散生于针阔混交林或针叶林中地上。可食用。国内分布于东北、东南地区。

2023.12.7/ 上坪村 / 廖金朋

165 洁白拱顶菇 *Cuphophyllus virgineus*（Wulfen）Kovalenko 1989

蘑菇目 Agaricales   蜡伞科 Hygrophoraceae

菌盖直径 2~4cm，扁半球形至平展，中央轻微凹陷，表面光滑，湿润时水浸状，呈白色至白垩色；菌肉薄，白色；菌褶延生，白色，较稀，不等长；菌柄 6~8×0.5~1cm，中生，圆柱形，肉质，实心，表面光滑，污白色至淡黄色。孢子 13.5~18.5×9.0~11.0μm，腹面观椭圆形至长椭圆形，光滑，无色。

夏季生于针阔混交林地上。可食用。广泛分布于欧洲、北美洲。国内分布于吉林、青海、福建等地。

2023.10.31/ 上坪村 / 廖金朋

166 长柄湿果伞 *Gliophorus irrigates*（Britzelm.）Noordel.1980

蘑菇目 Agaricales   蜡伞科 Hygrophoraceae

菌盖直径 1~4cm，初凸形，展开为宽凸形，有时中央隆起；光秃；黏滑；非常幼嫩时几乎黑色，成熟后变为暗灰褐色。菌褶宽贴生至菌柄，稀疏或接近稀疏；白色至浅灰色；有短褶。菌柄 2~4×0.1~0.4cm；等粗；光秃；黏滑；颜色同菌盖。菌肉灰色、薄。担子 50~60μm，4 小梗。孢子 5~7×3~5μm，椭圆形，光滑，不缢缩，非淀粉质。孢子印白色。

初夏至秋季散生或群生在阔叶树或针叶树下，在北美广泛分布。

2023.9.9/ 龙头村 / 罗华兴

2023.9.9/ 龙头村 / 罗华兴

167 愉悦黏柄伞 *Gliophorus laetus* (Pers.) Herink 1958

蘑菇目 Agaricales　蜡伞科 Hygrophoraceae

子实体小到中型。菌盖直径2.5~5.5cm，平展至近漏斗形，淡黄色至暗橙色或粉色，黏，具明显条纹。菌褶延生，淡粉色，蜡质，不等长，菌褶间具横脉。菌柄 3~3.5×0.3~0.4cm，近圆柱形，淡粉绿色至黄绿色，光滑，黏，空心。孢子6~6.5×4~4.5μm，卵圆形，光滑，薄壁。

夏秋季散生于竹与阔叶混交林地上。国内分布于湖南、福建等地。

2024.3.12/ 南溪 / 廖金朋

168 鸡油湿伞 (舟湿伞)（复合群）*Hygrocybe cantharellus* (Schwein.) Murrill 1911

蘑菇目 Agaricales　蜡伞科 Hygrophoraceae

2024.6.15/ 柯山村 / 廖金朋

2024.6.15/ 柯山村 / 廖金朋

菌盖直径2~4cm，幼时钝圆形至凸镜形，后中部下凹，呈漏斗形；菌盖表面初期绢状，后中部具细微鳞片，边缘贝壳形或波状，幼时红棕色至橙红色，老后变淡。菌肉薄，污白色至橙黄色。菌褶延生，稍稀，橙色至黄色，褶缘平滑。菌柄4~7×0.3~0.5cm，圆柱形或稍扁圆形，上下近等粗，质地脆，光滑，上部橙黄色，基部白色，初实心，后空心。孢子7.5~11×5~6.5μm，椭圆形，光滑，无色。

夏秋季群生或散生于红松林和云冷杉林中地上。可食用。国内分布于东北、华中和青藏等地区。

169 蜡湿伞 *Hygrocybe ceracea*(Sowerby) P.Kumm.1871

蘑菇目 Agaricales　蜡伞科 Hygrophoraceae

2023.12.10/ 龙头村 / 廖金朋

菌盖 0.5~3.5cm，初为半球形，变凸形至呈扁平状，偶中心略凹陷；亮黄色或橙黄色，中心色深，边缘呈半透明条纹状并会慢慢褪色为白色；潮湿时呈蜡质有黏性，但不滑腻。菌褶贴生或稍下延，较薄，密集，常比菌盖更浅黄。菌柄 2~5 × 0.2~0.4cm，表面和内部肉质呈黄色，有时基部附近略带橙色；干燥、光滑，有丝质或无光泽感；水平状，有时侧面扁平，常中空；无菌环。担子 35~54 × 5~7μm，小梗长 5~7μm，主要为 4 孢，棒状。孢子 6.5~8 × 3~4μm，长椭圆形至圆柱形，表面光滑，非淀粉质。孢子印白色。

生长在未经改良的酸性和中性草地，包括高地草甸、公园、旧草坪和教堂墓地，偶尔生长在稳定的沙丘上，林地边缘少见。

170 鸡油湿伞 (舟湿伞)(参照种) *Hygrocybe* cf. *cantharellus*(Schwein.)Murrill 1911

蘑菇目 Agaricales　蜡伞科 Hygrophoraceae

（参考鸡油湿伞 *Hygrocybe cantharellus* (Schwein.) Murrill 1911 ）

2023.9.20/ 龙头村 / 廖金朋

2023.9.20/ 龙头村 / 廖金朋

菌盖直径 2~4cm，幼时钝圆锥形至凸镜形，后中部下凹，呈漏斗形；菌盖表面初期绢状，后中部具细微鳞片，边缘贝壳形或波状，幼时红棕色至橙红色，老后变淡。菌肉薄，污白色至橙黄色。菌褶延生，稍稀，橙色至黄色，褶缘平滑。菌柄 4~7 × 0.3~0.5cm，圆柱形或稍扁圆形，上下近等粗，质地脆，光滑，上部橙黄色，基部白色，初实心，后空心。孢子 7.5~11 × 5~6.5μm，椭圆形，光滑，无色。

夏秋季群生或散生于红松林和云冷杉林中地上。可食用。国内分布于东北、华中和青藏等地区。

171 辛格湿伞（变黑湿伞）（参照种）*Hygrocybe* cf. *singeri*(A.H.Sm.& Hesler) Singer 1958

蘑菇目 Agaricales　蜡伞科 Hygrophoraceae

（参考辛格湿伞 *Hygrocybe singeri*(A.H.Sm.& Hesler) Singer 1958）

2023.8.31/ 龙头村 / 廖金朋　　　　　　　　　　　　　　　　　　　　　2023.8.31/ 龙头村 / 廖金朋

　　菌盖直径 1~3cm，圆锥形，变为宽圆锥形，新鲜时黏滑，光秃，红橙色至橙色或深橙黄色，随着时间变化或被碰伤时变黑，成熟时在边缘附近有极细的纹路。菌褶窄贴生至菌柄，紧密或稀疏，白色至浅橙黄色，被碰伤时缓慢变黑。菌柄 5~14×1cm，等粗，黏滑，纵向有细凹槽，橙黄色至黄色，随着时间变化或被碰伤时变黑，基部白色。菌肉薄，微黄色，水状，变黑。担子 40~60μm，4 孢。孢子 8~11.5×5~6.5μm，光滑，椭圆形，偶尔稍收缩且不规则，非淀粉质。有锁状联合。孢子印白色。

　　春季、秋季或较温暖的冬季散生在针叶树（如海岸红杉）下。分布于美国和墨西哥等地。

172 绯红湿伞 *Hygrocybe coccinea*(Schaeff.)P.Kumm.1871

蘑菇目 Agaricales　蜡伞科 Hygrophoraceae

2024.3.12/ 南溪 / 廖金朋　　　　　　　　　　　　　　　　　　　　　2024.3.17/ 丰田村 / 廖金朋

　　菌盖初期近半球形至钟形，边缘内卷，后期近扁平，中部钝凸，直径 2~5cm，湿时表面黏，橙红色、红色至绯红色，光滑。菌肉淡黄色至淡红色，脆而薄。菌褶近直生至弯生，稍稀，厚，浅黄色或橙黄色，不等长，边沿平滑。菌柄圆柱形，光滑或有纤毛状条纹，脆，同盖色或下部色浅至黄色，基部色浅，长 3~8cm，直径 0.8~1.5cm，实心至空心。孢子椭圆形，无色，光滑，7~10×4~5μm。

　　生于林中地上。国内分布于西藏、福建、台湾等地。

173 胶柄湿伞 *Hygrocybe glutinipes*(J.E.Lange)R.Haller Aar.1956

蘑菇目 Agaricales　蜡伞科 Hygrophoraceae

　　子实体小型。菌盖直径 1.2~3cm，初半球形，后平展，橘黄色至橘红色，具明显透明的放射状条纹，被一层黏液。菌褶弯生，粉红色至淡橘红色，蜡质，不等长。菌柄 2~5×0.2~0.4cm，圆柱形，橙黄色至淡黄色，黏。孢子 6.5~9×4~6μm，椭圆形至圆柱状，光滑，薄壁。

　　夏秋季单生或散生于林中地上。

2023.9.9/ 南溪 / 罗华兴

174 小红湿伞 *Hygrocybe miniata*(Fr.)P.Kumm.1871

蘑菇目 Agaricales　蜡伞科 Hygrophoraceae

　　菌盖初期为扁半球形，后平展，中部下凹或脐状，直径 2~4cm，初期担子果全体红色、橘红色、朱红色、大红色，盖缘湿时微见透明条纹或不明显，有时盖面有微细纤毛鳞片，老后近光滑。菌肉薄，脆，蜡质，淡黄色。菌褶直生或近延生，厚，稍稀；蜡质，初期黄色，后为橙色或橙黄色。菌柄 2.8~6×0.3~0.5cm，圆柱形，向下稍细，与菌盖同色，后褪色为橙色或橙黄色，光滑，初内实，后中空，无毛或有微细纤毛。孢子 7~10×5~6μm，椭圆形，无色，光滑。

　　生于阔叶林中地上。可食用。国内分布于江苏、海南、福建等地。

2024.3.8/ 天宝岩主峰 / 廖金朋

2024.3.8/ 天宝岩主峰 / 廖金朋

175 红紫湿伞 （元宵菇　亮红湿伞） *Hygrocybe punicea*(Fr.)P.Kumm.1871

蘑菇目 Agaricales　蜡伞科 Hygrophoraceae

菌盖直径 3~10cm，钟形，展开后呈帽状，中央凸出呈圆锥形；盖面黏，橙黄色至红色，中央血红色，干燥时有光泽；边缘波状，不规则，老熟后往往瓣裂。菌肉薄，蜡质，水浸状，污橙红色，后变淡橙色，味温和。菌褶弯生至稍离生，稀，厚，淡黄色至黄色。菌柄 7~11×1~2cm，近圆柱形，有纵行的皱纹或浅沟，与盖面同色或稍浅，中空，基部白色。担子 30~60×6~11μm。孢子 8~10×4~8μm，椭圆形，光滑，无色。孢子印白色。

单生或群生于林地苔藓或牧场、长青苔的草坪。可食用。分布于北美洲、欧洲、亚洲北部。国内分布于吉林、广西、四川等地。

2024.2.21/ 龙头村 / 廖金朋

2024.2.21/ 龙头村 / 廖金朋

2024.2.25/ 龙头村 / 罗华兴

176 雷迪湿伞 *Hygrocybe reidii* Kühner 1977

蘑菇目 Agaricales　蜡伞科 Hygrophoraceae

菌盖直径 2~3.5cm，凸形，逐渐变为宽凸形至平凸形或宽钟形，光滑或在放大镜下能看到极细的纤丝状，新鲜时滑润但不黏，亮橙色，幼小时边缘呈扇形。菌褶离生，浅橙色，褪色为黄色，短菌褶常见。菌柄 3~5×0.3~0.5cm，大致等粗，干燥，光滑，浅橙色，褪色为淡黄色，基部白色。菌肉浅橙色，切开后不变色。担子 2 或 4 孢，长约 55μm。孢子 6~10×4~5μm，光滑，椭圆形，非淀粉质。孢子印白色。气味强烈香甜且略带臭味，让人想起变质的蜂蜜。

夏季散生或群生在阔叶树或针叶树下，分布于北美洲等。

2023.9.20/ 龙头村 / 廖金朋

2023.10.17/ 九龙村 / 廖金朋

177 红尖锥湿伞 *Hygrocybe rubroconica* C.Q.Wang & T.H.Li 2020

蘑菇目 Agaricales　蜡伞科 Hygrophoraceae

2024.6.25/ 听涛亭 / 廖金朋　　　　　　　　　　　　　2024.6.25/ 听涛亭 / 廖金朋

　　子实体小。菌盖直径 1~2cm，锥形，深红色，中部具尖锥，光滑，水浸状，受伤或成熟后变黑。菌褶弯生，不等长，橘黄色至橙黄色，伤后变黑。菌柄 2~3×0.2~0.4cm，圆柱形，橙红色至橘黄色，具不明显的纵向条纹，伤后变黑。孢子 8~11×7~8.5μm，长椭圆形至圆柱状，光滑，薄壁。

　　夏秋季散生于路边地上。

178 橙红湿伞 *Hygrocybe substrangulata*(P.D.Orton)P.D.Orton & Watling 1969

蘑菇目 Agaricales　蜡伞科 Hygrophoraceae

　　菌盖宽 0.8~1.5cm，平凸形，中心下凹，边缘内卷，具细齿或无，偶尔在边缘处有轻微半透明条纹，橙黄色、橙色、橘红色、橙红色至红色，有细微至明显的纤毛状鳞片。菌褶（近）离生，近下延或具下延齿而微凹，相当薄至厚，最初几乎白色然后呈淡黄色，最终带有微红色调。菌柄 1.1~2.5×0.2~0.25cm，近圆柱形，稍弯曲，或基部稍膨胀，干燥无光泽，顶端与菌盖同色。菌肉在中央部分呈水黄色。担子 4 孢，棒状。孢子 9.2~9.8×5.5~6.6μm，椭圆形、卵形至长圆形。有锁状联合。

　　生长在有小溪流和混合石南植被的斜坡区域苔藓上，常靠近矮桦。

2024.3.21/ 天斗山 / 廖金朋

179 绒柄华湿伞 *Sinohygrocybe tomentosipes* C.Q.Wang,Ming Zhang & T.H.Li 2018

蘑菇目 Agaricales 蜡伞科 Hygrophoraceae

子实体小到中型。菌盖直径2.5~6cm，凸至平展，中央常微凹，干燥，但湿时稍黏，淡黄色至亮黄色、深黄色，或浅橙色至深橙色，干燥时颜色变浅；边缘平整，成熟时上卷或偶分裂。菌肉与菌盖和菌褶同色，切开不变色。菌褶贴生、弯生或延生，宽可达0.7cm，稀疏，与菌盖同色，厚。菌柄4~6.5×0.5~1.2cm，中生，圆柱状，密被白色的纵向纤维。孢子8~10×5~7μm，椭圆形到宽椭圆形，卵圆形，薄壁。

夏秋季生于针叶林或阔叶混交林中地上或腐殖质层上。可食用。国内分布于湖南、福建等地。

2024.3.8/ 天宝岩主峰 / 廖金朋

180 桤木火菇 *Flammula alnicola*(Fr.) P. Kumm.1871

蘑菇目 Agaricales 层腹菌科 Hymenogastraceae

菌盖3~6(8)cm，微肉质且柔软，初为半球形，边缘向下扭曲，后凸出；角质层有光泽，黏稠，光滑，或有菌幕残留物；颜色为深浅的黄色变化，中心常较暗，橙色至略带生锈。菌柄中生，5~8×0.5~1cm，圆柱形，或略弯曲，薄，内部呈弱纤维状和中空，有一个非持久的环，光滑；菌环上方白色至黄白色，略带鳞状纤维，下方棕橙色，基部或为深棕色，伤不变色。担子25~30×6~8μm，4孢，狼牙棒状。孢子9~12×4~5μm，椭圆形，细长，金黄色，光滑。气味芳香。

群生或丛生在阔叶树和针叶树的树干、树桩和根部上，有时也生长在活着的和垂死的树上，尤其在桤木、柳树和桦树上。腐生菌。分布欧洲、北美洲。国内分布于新疆、广东等地。

2023.11.4/龙头村/罗华兴

2023.11.4/龙头村/廖金朋

181 阿氏盔孢伞 *Galerina atkinsoniana* A.H.Sm.1953

蘑菇目 Agaricales　层腹菌科 Hymenogastraceae

2024.3.17/ 丰田村 / 廖金朋

2024.3.10/ 上坪村 / 廖金朋

　　菌盖直径 0.5~0.8cm，黄色至棕色，钟形至斗笠形，中央有乳状凸起，边缘有条纹。菌肉薄，浅黄色。菌褶棕色至褐色，稀疏，不等长，弯生。菌柄 3.5~4.0×0.1~0.2cm，黄色至棕色，圆柱形，纤维质，空心，表面有白色绒毛。担子 24~37×10~12μm，棒状，有 2 或 4 个担子小梗，前者多见，无色透明，基部具锁状联合。孢子 7.5~10×5~7μm，长椭圆形，浅黄色至黄色，近光滑，有明显的脐上光滑区。

　　生长于落叶松、白桦混交林中腐木苔藓层上。分布于加拿大、德国、格陵兰岛等地。国内分布于内蒙古、福建等地。

182 大帽盔孢伞 *Galerina calyptrate* P.D. Orton 1960

蘑菇目 Agaricales　层腹菌科 Hymenogastraceae

2024.4.11/ 天斗山 / 廖金朋

2024.4.11/ 天斗山 / 廖金朋

　　子实体高 2~10cm，菌盖直径 1~3cm，凸起，有纹路，边缘有时呈扇形，黄棕色，干燥后为浅棕色。菌褶贴生，有些疏离，边缘有锯齿，黄棕色。菌柄细长，均匀，黄棕色，顶端较淡，中空或棉絮状中空。无菌环。菌肉薄，浅黄棕色，伤不变色。菌柄顶端的囊状体为圆柱形，有时有一个膨大的头部。担子棒状，4 孢。孢子 9~12×5~7μm，呈杏仁状，常有小的翅状附属物，有斑点。孢子印棕色。气味和味道都具粉质感。

　　春季至秋季生长在土壤和腐烂的木材上，常与苔藓共生。不可食用。模式产地在英国。

183 盔孢伞 *Galerina clavata* (Velen.) Kühner 1935

蘑菇目 Agaricales　层腹菌科 Hymenogastraceae

2024.3.10/ 西溪岬 / 廖金朋　　　　　　　　　　　　　　2024.3.24/ 西溪岬 / 廖金朋

　　菌盖直径 0.5~3.0cm，凸形，有微弱的脐突，变为宽凸形，中央有浅凹陷；颜色为橙色，中央和条纹处为棕色，边缘为淡黄褐色；湿润，半透明条纹，具吸湿性，边缘有易消失的白色菌幕残余。菌褶贴生至微凹，稍稀疏，赭色至棕色，边缘近流苏状且同色。菌柄 2.0~7.0 × 0.05~0.2cm，圆柱形，基部等粗或稍膨大；淡黄褐色，密被微小的白色毛，基部有分散的纤毛，随着成熟而消失。菌肉与菌盖同色。孢子 12~14 × 5~7μm，椭圆形，脐上凹陷，黄褐色，有大理石纹或微小疣至粗糙疣，非淀粉质。

　　夏季和秋季大雨后单生或小群生于苔藓中，通常与针叶树和桤木伴生。不可食用。

184 苔藓盔孢菇 *Galerina hypnorum* (Schrank) Kühner 1935

蘑菇目 Agaricales　层腹菌科 Hymenogastraceae

　　菌盖直径 0.2~0.5cm，钟形或凸镜形，污蜜色至淡赭色，表面湿，水浸状。菌肉薄，黄白色。菌褶直生，较疏，黄色至赭色。菌柄 2~3 × 0.07~0.20cm，中生，长圆柱形，黄褐色。孢子 8.5~11 × 5~6.5μm，椭圆形至卵圆形，不等边，表面有褶皱。

　　春夏之交单生或散生于苔藓丛中。有毒。国内分布于内蒙古、四川、广西、贵州。

2024.4.13/ 双虹桥 / 廖金朋

185 纹缘盔孢伞 （具缘盔孢伞　纹缘鳞伞）*Galerina marginata*(Batsch) Kühner 1935

蘑菇目 Agaricales　层腹菌科 Hymenogastraceae

2024.2.13/ 丰田村 / 廖金朋　　　　　　　　　　　　　　　　2024.3.12/ 南溪 / 罗华兴

　　菌盖直径 1.5~4cm，初为圆锥形至馒头形，后几乎平展，中央顶部有乳头突起，表面不黏，光滑，带褐黄土色至黄褐色，湿时边缘有条纹。菌褶直生或上位生，稍稀，最初淡黄土色，后变肉桂褐色。菌柄 2~5×0.1~0.3cm，有膜质菌环，其上部的柄带污黄色粉状，其下部纤维状暗褐色。孢子 8.5~9.5×5~6μm，表面有皱纹或疣，有盔状外膜。

　　春至秋季群生在针叶林中的伐桩上、落地枝上和落叶层上。可食用。分布于欧洲、大洋洲、北美洲。国内分布于云南、福建等地。

186 半针盔孢伞 *Galerina semilanceata*(Peck) A.H. Sm. & Singer 1964

蘑菇目 Agaricales　层腹菌科 Hymenogastraceae

子实体高 3~7cm。菌盖 0.7~2.0cm，钝圆锥形，黄色至肉桂米色；表面从湿润到干燥，无毛；成熟时颜色为棕色、黄色、古铜色。菌褶离生至贴生，稍稀疏，黄白色至淡橙棕色。菌柄 3.0~7.0×0.15~0.25cm，圆柱形，中空，淡黄褐色，干燥。菌肉厚 0.1cm，米色；菌肉受伤后会渗出液体，但不变色。孢子印淡锈褐色。

　　单生、散生、群生在苔藓上。腐生菌。

2024.3.21/ 天斗山 / 廖金朋

187 三域盔孢伞 *Galerina triscopa*(Fr.)Kühner 1935

蘑菇目 Agaricales　层腹菌科 Hymenogastraceae

菌盖宽 2~2.5cm，凸形，有明显的隆起，栗褐色，干赭石色，边缘长弯曲，有明显的凹槽。菌褶较宽，比菌盖色稍浅，鞘明显有强烈的白色纤毛。菌柄 1.5~2×0.1~0.2cm，红褐色，基部较深至近黑褐色，有白色绒毛纤维。担子椭圆形，顶端有杵状。孢子 6.5~7.3~8.1(8.2)×3.6~4.3~4.9(5.1)μm，卵形至杏仁形，褐色，细疣。孢子印浅褐色。略带面粉味。

生长在云杉林褐黑色石灰土上。不可食用。

2024.3.2/ 三岬山 / 廖金朋

188 橘黄裸伞 *Gymnopilus junonius*(Fries)P.D.Orton 1960

蘑菇目 Agaricales　层腹菌科 Hymenogastraceae

2023.11.21/ 丰田村 / 廖金朋

2023.11.21/ 丰田村 / 廖金朋

子实体高 20cm，菌盖直径 20cm。菌盖大，肉质，凸镜形，逐渐平展或具不明显突起。菌盖表面被细小纤维状鳞片，呈亮赭色或橙锈色，鳞片颜色与菌盖相似或稍深。菌褶浅黄色，逐渐变为锈色。菌柄与菌盖同色或稍浅，光滑或呈纤维状，具明显菌环，近基部处通常膨大。孢子印锈褐色。

单生或簇生于阔叶林或针叶林树桩和树干，或埋于地下的木头上。有毒，味道很苦，被认为有致幻作用。分布于北美洲、欧洲、北非、南美洲、亚洲、大洋洲。

189 赭黄裸伞 （赭裸伞）*Gymnopilus penetrans*(Fr.)Murrill 1912

蘑菇目 Agaricales　层腹菌科 Hymenogastraceae

2023.10.31/上坪村 / 罗华兴　　　　　　　　　　　　　　　　　　　　　2023.10.31/上坪村 / 廖金朋

　　菌盖宽 2~2.5cm, 圆锥形或突起后扁平，常不正形，盖面干，深肉桂色，后稍浅，平滑。菌肉中部稍厚，白色至黄色，味苦。菌褶直生后弯生，密到稍稀，初白色后黄色，后生褐斑或锈色至暗色。菌柄 2.5~5cm×0.2~0.7cm，等粗或向上细，有白色绒毛，有黄色或褐色纵条纹，老时下部暗色，基部有白色绒毛，内部填充后中空，常有丝膜状残物，白色，棉絮状，易失。孢子 8~9×4.5~5μm，卵形或椭圆形，有细刺。孢子印赭黄色。

　　夏、秋季群生或类丛生于林内针叶树腐木上。国内分布于广西、甘肃、福建等地。

190 苦裸伞 *Gymnopilus picreus*(Pers.) P.Karst.1879

蘑菇目 Agaricales　层腹菌科 Hymenogastraceae

菌盖 1~2(5)cm，凸起到钟形再到凸起，然后展开；潮湿，不黏，有鳞屑；肉桂棕色到暗红色棕色，边缘有时颜色较浅，干燥后变为黄棕色到黄色。菌肉薄，与菌盖同色。菌褶延生到下延，有时离生，紧密，狭窄。菌柄 5~8×0.2~0.5cm，稍向下变粗，中空，直；棕土色到黄褐色，从基部向上颜色变深；担子 23~28×5~6μm，2~4 孢，有锁状联合。孢子 7~9(9.5)×4.5~5.5(6)μm，正面观近椭圆形，侧面观稍不等侧，具细疣，无萌发孔。孢子印赭橙色。味道温和或微苦，无特殊气味或微苦。

　　6~10 月散生或群生在针叶树木材上，有时也生长在硬木上。

2024.5.4/柯山村 / 廖金朋

191 桔黄裸伞 （橘黄裸伞） *Gymnopilus spectabilis*（Weinm.）A.H.Sm.1949

蘑菇目 Agaricales　层腹菌科 Hymenogastraceae

2023.12.12/ 丰田村 / 廖金朋

菌盖直径 3~8cm，扁平至平展；表面橘黄色至橘红色，中部色稍深，被褐色至淡褐色的纤毛状鳞片，鳞片易被雨水冲刷而脱落；菌肉黄色至淡黄色，苦。菌褶弯生至近直生，较密，黄色、黄褐色至锈褐色。菌柄 4~8×0.5~1.0cm，近圆柱形，基部渐细，内实；表面淡黄色至黄色，被褐色至淡褐色纤毛状鳞片；菌环上位，膜质，黄色至黄褐色，上表面常落有大量孢子而呈锈褐色。担子 30~35×7~8.5μm。孢子 7~9.5×5~6.5μm，椭圆形，稀杏仁形，表面有小疣，无芽孔，锈褐色。锁状联合常见。

夏秋季生于亚热带和温带林中腐木上。腐生菌。神经精神型毒。国内分布于云南、福建等地。

192 艾华粘滑菇 *Hebeloma affine* A.H.Sm.,V.S.Evenson & Mitchel 1983

蘑菇目 Agaricales　层腹菌科 Hymenogastraceae

菌盖宽 1.5~3cm，凸起后变为宽凸，暗肉桂色，具细纤维，渐变为无毛，边缘具纤维状附属物；气味和味道温和。菌褶贴生，离生，肉灰色后变为暗肉桂色，稍稀疏，宽。菌柄 3~5×0.3~0.5cm，顶端浅色，向下变为褐色，具纤维，干燥。孢子 11~15.5×7~8.5μm，宽椭圆形，稍具皱纹。

生长在熊果叶下沙丘的沙质土壤中。模式产地在美国密歇根州。

2024.6.15/ 柯山村 / 廖金朋

193 美暗金钱菌 *Phaeocollybia festiva* (Fr.) R.Heim 1944

蘑菇目 Agaricales　层腹菌科 Hymenogastraceae

　　菌盖直径 3cm，橄榄绿至橄榄褐色，随着时间生长变得更偏棕色，光滑至黏滑，圆锥形，后展开，保留尖锐的脐。菌褶贴生，密集，起初略带奶油色，或粉红色调，后渐变为浅褐色至锈褐色。菌柄深深扎根，地上部分长达 5cm，光滑，近圆柱形且通常向下弯曲，通常中空，上部接近白色，向下有灰色、锈色、红色或乌贼墨色的斑点。菌肉在菌盖中呈浅色，在菌柄中略带黄色至黄褐色。担子 20~30×6~8μm，棒状，大多 4 孢。孢子 (7.2~)7.7~8.4(~8.7)×(4.4~)4.7~5.1(~5.4)μm，扁桃形，有疣。有轻微的萝卜味。

　　在针叶林中与松树或云杉共生。在欧洲广泛分布，但不常见。

2024.4.15/ 双虹桥 / 廖金朋　　　　　　　　　　　　　2024.4.15/ 双虹桥 / 廖金朋

194 阿佩尼裸盖菇 *Psilocybe apelliculosa* P.D.Orton 1969

蘑菇目 Agaricales　层腹菌科 Hymenogastraceae

2024.4.6/ 南溪 / 陈安生　　　　　　　　　　　　　　2024.6.15/ 柯山村 / 廖金朋

　　菌盖 0.8~2cm，尖锥形，后微展开变为宽钟形，短暂悬挂菌幕碎片；成熟时光滑、黏滑，有半透明的放射状条纹；潮湿时赭色到暗黄褐色，干燥时粉米色，边缘或略呈淡绿灰色。菌褶贴生，狭窄至中宽；幼嫩时肉桂棕色，边缘浅，成熟后色深。菌柄 6~8×0.15~0.20cm，基部略膨大，柔韧坚硬，上部灰色具粉霜，下部棕色贴丝质纤维。担子 22~35×7~10μm，4 孢，透明。孢子 8~10×4~5μm，暗紫褐色，椭圆形至鸡蛋形。孢子印紫褐色。伤变略带蓝色或绿色。

　　夏末至初冬簇生在长有桤木和冷杉的森林小路和废弃的伐木道上，以及针叶林的苔藓、森林碎屑和腐殖质上。分布于北美和北欧等。

195 半针裸盖菇 （参照种）*Psilocybe* cf. *semilanceata*(Fr.) P. Kumm.1871

蘑菇目 Agaricales　层腹菌科 Hymenogastraceae

（参考半针裸盖菇 *Psilocybe semilanceata*(Fr.) P. Kumm.1871）

2023.12.7/ 上坪村 / 廖金朋　　　　　　　　　　　　　　　2023.12.7/ 上坪村 / 廖金朋

　　子实体高 12.5cm。菌盖直径 3.5cm，圆锥形，中部具尖乳突状突起；菌盖表面光滑，赭色至赭褐色；有时湿时黏，干时浅黄色。菌褶褐色，逐渐变为深灰至紫黑色。菌柄光滑至具细小纤毛，纤毛状，银白色至与菌盖同色。子实体所有部分伤后均变暗蓝色。

　　单生或小群生于草地，少见于粪便上。含有致幻性毒素。分布于北美洲、欧洲、亚洲北部、大洋洲。

196 黄褐裸盖伞 （黄光盖伞）*Psilocybe fasciata* Hongo 1957

蘑菇目 Agaricales　层腹菌科 Hymenogastraceae

　　菌盖直径 1~4cm，表面有黏性，初期为灰绿色至橄榄褐色，湿时稍有条纹。菌褶直生或稍延生，稍稀疏，起初为浅色，之后变为暗紫褐色，边缘稍呈粉状。菌柄 5~7 × 0.2~0.4cm，上下等粗，中空，表面为白色丝状至纤维状，上部呈粉状，触碰后变青，基部有白毛。菌肉薄，与表面同色，受伤后变青。孢子 9~11 × 5~6μm，椭圆至卵形。孢子印暗紫褐色。

　　夏秋季群生、簇生或单生于竹林、杂木林等地的地上或木屑等处。含有致幻性毒素。模式产地在日本。国内分布于东南地区。

2024.4.2/ 上坪村 / 廖金朋

197 粪生花褶伞 *Psilocybe fimetaria*(P.D. Orton) Watling 1967

蘑菇目 Agaricales　层腹菌科 Hymenogastraceae

　　菌盖直径 1.5~3.5cm，具乳头状突起至凸起，生长中变为脐状至宽凸形；平整，边缘有半透明条纹，潮湿时具黏性，边缘常有菌幕残余；浅红棕色至赭色，干燥时褪色为黄橄榄色至赭黄色，菌肉为白色至蜂蜜色。菌褶贴生、离生或波状，紧密，交错且膨大部分明显，初为白色黏土色，后变为暗红棕色，边缘具白色纤毛。菌柄 2~9×(0.05)0.2~0.4cm，圆柱形，弯曲，等粗，白色、黄色、黄褐色至红棕色或蜂蜜棕色，基部或稍肿并偶有蓝色调，有易消失的丝状菌环。担子为 4 孢。孢子 (9.5)12.5~15(16)×6.5~9.5μm，卵圆形或椭圆形，壁厚。孢子印暗紫褐色。气味和味道粉质感。

　　9~11 月单生或群生在有马粪或牛粪的草地中。分布于欧洲各国。

2023.12.30/ 上坪村 / 罗华兴 　　　　　　　　　　　　　　 2023.12.30/ 上坪村 / 罗华兴

198 坦帕裸盖菇 *Psilocybe tampanensis* Guzmán & S.H. Pollock 1978

蘑菇目 Agaricales　层腹菌科 Hymenogastraceae

2023.12.30/ 早安村 / 罗华兴

　　菌盖直径 1~2.4cm，呈凸形或圆锥形，有轻微的脐状突起，生长中变得扁平或有轻微的中央凹陷；表面光滑，呈赭褐色至稻草棕色，干燥时呈浅黄色至灰色，边缘略带蓝色；具吸湿性，湿润时略具黏性。菌褶与菌柄相连，棕色至深紫棕色，边缘较浅。菌柄 2~6×0.1~0.2cm，等粗，顶部有纤维，菌幕易消失，基部略膨大。菌肉白色至黄色，伤变蓝。味道和气味略带面粉味。担子 14~22×8~10μm，4 孢，透明。孢子 8.8~9.9×8~8.8×5.5~6.6μm，正视图呈菱形，侧视图呈椭圆形，壁厚而光滑。孢子印为紫色棕色。

　　生长在落叶林的沙质土壤中。含有致幻化合物。模式产地在美国佛罗里达。

199 小孢伞 *Baeospora myosura* (Fr.) Singer 1938

蘑菇目 Agaricales　地位未定 Incertae sedis

2023.12.30/ 上坪村 / 罗华兴

2023.12.30/ 上坪村 / 廖金朋

　　菌盖直径 1~2.5cm，光滑，浅黄褐色至褐色，干后颜色变浅，白色，与菌柄紧密连接。菌肉薄，白色至近白色。菌褶直生，密，白色。菌柄 3~5×0.1~0.3cm，圆柱形，细长，光滑，颜色较菌盖浅，基部具有白色长绒毛。孢子 4.5~6×2.5~3.5μm，椭圆形，光滑，无色，淀粉质。

　　晚秋至冬季生于林内落地球果上。国内分布于东北、东南地区。

200 粉尘环柄菇 (海绵粉环柄菇) *Coniolepiota spongodes* (Berk.& Broome) Vellinga 2011

蘑菇目 Agaricales　地位未定 Incertae sedis

2024.5.3/ 三畲村 / 刘永生

2024.5.3/ 三畲村 / 刘永生

　　菌盖直径 2~4cm，初近圆顶锥形至半球形，后凸镜形至近平展，具易脱落的粉紫色粉末状附属物，附属物脱落处白色至近白色。菌肉薄，白色。菌褶离生，白色，较密。菌柄 2~4.5×0.25~0.5cm，棒状，近基部稍膨大，被粉紫色粉末，与菌盖同色。孢子 4.5~6.5×3~3.5μm，长椭圆形，光滑，黄褐色至深褐色。

　　单生于阔叶林中地上。国内分布于东南地区。

201 粪生黑蛋巢菌 *Cyathus stercoreus*(Schwein.)De Toni 1888

蘑菇目 Agaricales 地位未定 Incertae sedis

子实体高 1.4cm，直径 0.8cm，倒圆锥形、小碗形、鸟巢状或杯形，有时基部狭缩延伸成短或较长的柄，呈高脚杯形或漏斗形。基部菌丝垫明显，褐色。包被外侧浅色至暗色，被灰白色至浅黄色的绒毛或粗硬毛；内侧浅灰色、暗栗色、褐色、污褐色至近黑色，口缘平整，偶具污褐色的流苏，内外侧光滑，无条纹。小包 0.1~0.25 × 0.1~0.22cm，数个，扁圆形或近圆形，黑色，具光泽，由根状菌索固定于杯中。孢子 18~35 × 16~32μm，近球形，厚壁。

夏秋季多群生于粪土上。可药用。国内各区均有分布。

2024.5.1/ 龙头村 / 罗华兴   2024.5.1/ 龙头村 / 廖金朋

202 皱盖囊皮伞 *Cystoderma amianthinum*(Scop.)Fayod 1889

蘑菇目 Agaricales 地位未定 Incertae sedis

2024.4.2/ 上坪村 / 廖金朋   2024.4.2/ 上坪村 / 廖金朋

菌盖直径 2~4cm，平展，中央有小突起，黄色至黄褐色，被同色细小疣突，不平滑。菌肉白色。菌褶白色至米色。菌柄 5~7 × 0.3~0.6cm，圆柱形，菌环以上白色至米色、光滑，菌环以下密被褐黄色细小鳞片。菌环易消失。孢子 5~6.5 × 2.5~3.5μm，光滑，无色，淀粉质。

夏秋季生于针阔混交林中地上。分布于中国大部分地区。

203 百山祖老伞 *Gerronema baishanzuense* Q.Na,H.Zeng & Y.P.Ge 2022

蘑菇目 Agaricales　地位未定 Incertae sedis

　　菌盖直径 0.3~2.55cm，幼时呈半球形，随着菌龄的增长而平展，中部稍凹，成熟后呈深漏斗状，边缘隆起。幼时全株深棕色，成熟时中心为深褐色，向边缘渐变为淡黄褐色，边缘呈淡黄白色。菌柄淡白黄色，呈圆柱形，老时基部黄褐色。

　　常单生或散生于云杉、松、杨树、栎树等混交林中的腐木或树枝上。国内分布于浙江、安徽、福建等地。

2024.4.24/ 西溪岬 / 罗华兴　　　　　　　　　　　　　　　　　2024.4.24/ 西溪岬 / 廖金朋

204 库鲁瓦老伞 *Gerronema kuruvense* K.P.D.Latha & Manim.2018

蘑菇目 Agaricales　地位未定 Incertae sedis

　　菌盖直径 0.5~2.3cm，幼时半球形至凸镜形，成熟后平展或浅漏斗状，中央偶具小凸起，淡黄色至淡黄绿色，略透明，具长短不一沟纹，边缘幼时内卷，成熟后渐平展或上翘。菌褶近延生，与菌盖同色，蜡质，窄，稀疏，每2个完整菌褶间具 1~2 个小菌褶，褶缘可育。菌柄 0.5~1.8 × 0.15~0.35cm，中生，圆柱形，上下等粗，常弯曲，中空，半透明，淡黄色至淡黄绿色，基部略膨大。孢子 6.7~10.5 × 4.0~7.0μm，卵形或椭圆体，光滑，薄壁，无色，非淀粉质。担子 20.0~36.5 × 4.0~8.5μm，棒状或粗棒状，薄壁，2 孢，少见 4 孢，担子小梗长达 7.0μm。具锁状联合。

　　散生于林中地上腐烂的双子叶植物树枝上。模式产地在印度。

2023.10.14/ 龙头村 / 廖金朋　　　　　　　　　　　　　　　　2023.10.14/ 龙头村 / 廖金朋

205 小老伞 *Gerronema microcarpum Q.Na,H.Zeng & Y.P.Ge 2022*

蘑菇目 Agaricales　地位未定 Incertae sedis

2024.6.15/ 柯山村 / 罗华兴

2024.6.15/ 柯山村 / 廖金朋

菌盖直径 1.5~0.9cm，起初凸起，后边缘变平，老熟时中央呈漏斗状或深脐状，灰黄色至浅黄褐色，浅沟状，半透明条纹状，光滑，潮湿时有点黏滑。菌肉浅黄色，很薄。菌褶幼时短延生，老熟时延生至深延生，接近紧密至中等紧密，黄白色，边缘与菌褶面同色。菌柄 0.50~1.8×0.1~0.2cm，中生，常中空，等粗或基部稍粗，浅黄色，基部浅褐色，被粉霜，老熟时变光滑，基部覆盖一些白色纤维。担子 25~33×6~8μm，4 孢，棒状，无色透明。孢子 (6.1)6.3~6.8~7.2(7.5)×(3.3)3.5~3.8~4.1(4.3)μm，狭椭圆形至圆柱形，非淀粉质，光滑。具锁状联合。

散生在亚热带地区由壳斗科、杜鹃花科、松科等组成的常绿针阔叶混交林的腐木和小树枝上。

206 林地老伞 *Gerronema nemorale Har.Takah.2000*

蘑菇目 Agaricales　地位未定 Incertae sedis

菌盖直径 0.3~1.9cm，初为半球形，后变为凸形且中心下凹，边缘稍具条纹，呈绿黄色、黄棕色、橄榄棕色，中心颜色较深。菌肉白色至浅黄色，很薄，无气味，味道温和。菌褶延生，中等距离至疏距，白色或浅黄色，狭窄。菌柄 1.9~3.6×0.1~0.25cm，圆柱状，细长，等粗，但基部膨大，中空，整体具粉霜。担子 32~46×6~9μm，透明，棒状，4 孢。孢子 (6.8)7.9~8.8~9.9(10.7)×3.7(4.6)~5.2~5.8(6.3)μm，狭椭圆形或圆柱形，透明，具油滴，薄壁，非淀粉质。具锁状联合。

早春到晚秋，单生或簇生在亚热带地区阔叶树和针叶树混交林中，大多长在掉落的死细枝或腐木上。分布在亚洲的日本、韩国、巴基斯坦等地。

2024.4.9/ 上坪庵后 / 罗华兴

2024.4.9/ 西溪岬 / 廖金朋

207 花脸香菇 （米汤菌）*Lepista sordida*(Schumach.)Singer 1951

蘑菇目 Agaricales　地位未定 Incertae sedis

　　菌盖 5~8cm，平展中凹，成熟后近浅漏斗形；表面强烈水浸状，湿时紫褐色，干时浅黄褐色，中心与边缘常形成强烈的颜色对比。菌肉浅紫色，柔和。菌褶弯生至直生，宽 0.3~0.5cm，密，近菌柄处紫褐色，近菌盖边缘堇紫色。菌柄 3~5×0.5~0.7cm，具纵条纹，污紫褐色，基部菌丝白色。担子 20~30×4~6μm，棒状，4 孢。孢子 6~7×3.5~4μm，长椭圆形，微有疣凸至近光滑，无色。锁状联合常见。

　　夏秋季生于林缘或路边腐殖质层上。腐生菌。可食用。国内分布于云南、福建等地。

2023.11.21/ 龙头村 / 罗华兴

2023.11.4/ 龙头村 / 罗华兴

208 杯状奥德蘑 （杯伞状大金钱菌）*Megacollybia clitocyboidea* R.H.Petersen, Takehashi & Nagas.2008

蘑菇目 Agaricales　地位未定 Incertae sedis

2023.10.3/ 龙头村 / 廖金朋

2023.10.3/ 龙头村 / 廖金朋

　　菌盖直径 6~13cm，扁半球形，后平展形或平展脐凹形，中央略下陷，灰黑色或褐黄色，表面被辐射状纤毛，老时边缘开裂。菌肉白色或污白色，薄，无味道和气味。菌褶直生或弯生，白色，不等长，幅很宽，盖缘处每厘米 8~10 片。菌柄 6~12×0.5~1.5cm，中生，圆柱形，上部白色，下部灰褐色，或与菌盖同色，基部色深，软骨质或纤维质，中空，在柄基部形成白色根状菌索，常与地下侧根相连。担子 28~38×8~10μm，棒形，无色，4 孢。孢子 6.5~9.3×5~7μm，广椭圆形，薄壁，光滑，无色，透明，非淀粉质。

　　单生或散生于混交林腐木上。文献记载有毒。广泛分布于我国南北地区。

209 变形鸟巢菌 *Nidularia deformis*（Willd.）Fr.1817

蘑菇目 Agaricales　地位未定 Incertae sedis

　　子实体近球形，通常直径为 0.5~1.0cm，米色至肉桂浅黄色，皮薄，表面有绒毛或鳞片状纹理。内部充满胶状物质，小包被体在其中发育。当小包被体成熟时，包被不规则破裂。成熟小包被体单个"卵"是圆边的饼干状圆盘，直径 0.05~0.2cm，厚达 0.03cm。"卵"的表面是栗棕色，内部是白色。每个子实体包含大量且数量变化很大的小包被体，它们附着在杯状结构的底部。担子 38×6μm，棒状，细长，4 孢，小梗长达 2μm。孢子 8.5~8.9~9.2×5.2~5.4~5.6μm，椭圆形，光滑且无色透明。孢子印白色。

　　5~11 月生长在潮湿的腐烂木材、木屑覆盖物和永久潮湿的锯末等基质中。分布于英国、爱尔兰、中国等地。

2024.8.11/ 双虹桥 / 罗华兴

2024.8.11/ 双虹桥 / 廖金朋

210 实心鸟巢菌 *Nidularia farcta*（Roth）Fr.1823

蘑菇目 Agaricales　地位未定 Incertae sedis

2024.7.21/ 西溪岬 / 刘永生

2024.7.21/ 西溪岬 / 刘永生

　　担子果近球形，不规则裂开，包被不完整略呈浅杯形，高 0.3~0.7cm，口部宽 0.3~0.7cm，包被外侧被有浅黄色或灰黄色的细绒毛或结成小瘤状的粗短毛。包被内侧浅灰色、浅灰黄色、浅黄色，平滑。包被壁由有色、刚直、分枝、先端刺状的菌丝组成。小包扁圆，小，直径为 0.1~0.12cm，浅红褐色，表面多皱，相互黏结，皮层单层，外被一层由红褐色、厚壁、分枝的粗菌丝（直径达 7.8μm）组成的膜。孢子 5.5~8.0×4.5~5.0(~5.5)μm，卵形，或呈广椭圆形，壁薄。

　　生于阔叶林中腐木上，也生于红松苗圃的土表或腐木上。模式产地在德国。国内分布于广东、黑龙江、福建等地。

211 褐岸生小菇 *Ripartitella brunnea* Ming Zhang,T.H.Li & T.Z.Wei 2019

蘑菇目 Agaricales 地位未定 Incertae sedis

子实体中型。菌盖直径 4~10cm，扁平，浅棕色到红棕色，密被棕色到暗褐色鳞片，边缘幼时内卷，后平展。菌褶直生，不等长，白色至淡黄白色。菌柄 1.5~2.5×0.5~0.8cm，中生到稍偏生，圆柱形，被褐色到暗褐色浓密鳞片，基部有白色菌丝。菌环上位，淡黄白色到黄棕色，易消失。孢子 4.5~6×3.5~4μm，宽椭圆形至近球形，无色，表面密布小疣，淀粉质。

散生或群生于混交林腐木上。可食用。国内分布于湖南、福建等地。

2024.3.26/ 南溪 / 廖金朋   2024.3.26/ 南溪 / 廖金朋

212 米拉菌瘿伞 *Squamanita mira* J.W.Liu & Zhu L.Yang 2021

蘑菇目 Agaricales 地位未定 Incertae sedis

菌盖直径约 4cm，亚圆锥形至凸起，呈伞形；表面干燥，黄褐色或蜜黄色，或湿润时黏稠；被深橙色、黄褐色或蜜黄色纤维状鳞状物；菌幕破裂后，附着不规则而密集的角质状和纤维状鳞片；边缘不规则锯齿状或亚凹陷。菌柄 4.3~4.6×1.2~2.4cm，亚圆柱形，密被褐色、黄褐色被压或弯曲的纤维状和绒毛状鳞状物，柄上部被蓬松的绒毛状绒毛，褐色、黄褐色，弯曲或直立，纤维状或斜裂状鳞片排列成不规则的环状，距顶端 0.4~0.6cm，顶端灰白色，无毛。担子 22~65×9~12μm，梭形至腹鳍状，透明。孢子 (5.5~)6~7(~7.5)×4~5(6)μm，椭圆形或亚斜形，无色，透明，光滑，淀粉样蛋白。

2023.10.10/ 柯山村 / 廖金朋   2023.10.10/ 柯山村 / 廖金朋

213 赭红拟口蘑 (赭红口蘑) *Tricholomopsis rutilans*(Schaeff.)Singer 1939

蘑菇目 Agaricales　地位未定 Incertae sedis

　　菌盖直径 5~10cm，扁半球形至平展，黄褐色至褐黄色，中部色较深，密被红褐色鳞片。菌肉厚 0.3cm，黄色至黄褐色。菌褶淡黄色至黄色。菌柄 5~10×0.5~2cm，淡黄色至黄色，被红褐色鳞片。孢子 6~7.5×4~5.5μm，椭圆形至长椭圆形，光滑，无色，非淀粉质。

　　夏季生于林中腐木上。有毒。分布于中国大部分地区。

2024.6.21/ 上坪村 / 罗华兴

2024.6.21/ 上坪村 / 罗华兴

214 砖色丝盖伞 (近缘种) *Inocybe* aff. *latericia* E.Horak 1978

蘑菇目 Agaricales　丝盖伞科 Inocybaceae

　　菌盖直径 1.5~3cm，幼时半球形，成熟后渐呈斗笠形至平展；幼时鳞片多平伏，成熟后呈直立状；幼时菌盖边缘可见丝膜状菌幕残留，表面被细密颗粒状鳞片；锈褐色至黄褐色，菌肉带锈褐色。菌褶直生，宽 0.4cm，密，褐色至锈褐色，褶缘色淡。菌柄 3.5~4×0.2~0.4cm，等粗，中实，纤维质，近白色至带淡黄色；顶部具灰白色头屑状颗粒，以下为残幕状纤维鳞片，锈褐色，基部不膨大，基部菌肉带橙黄色。担子 25~40×8.0~10μm，棒状至细长棒状，向基部渐窄，内部具明显黄色色素。孢子 9.0~11×5.0~6.0μm，椭圆形至豆形，顶部钝圆，褐黄色，光滑。具锁状联合。

　　生于阔叶林中地上。国内分布于江西、云南、福建等地。

2024.3.26/ 南溪 / 罗华兴

2024.3.26/ 南溪 / 罗华兴

215 赭褐丝盖伞 (赭色丝盖伞) *Inocybe assimilate* Britzelm.1881

蘑菇目 Agaricales　丝盖伞科 Inocybaceae

菌盖直径 1.5~2cm，幼时钟形至半球形，后呈斗笠形或平展，盖中央具明显钝突起，有时边缘上翻，深褐色至暗褐色，颜色均一，表面粗纤丝状，细缝裂至边缘开裂。菌肉肉质，白色。菌褶密，直生，初期乳白色，后橄榄灰色，成熟后呈淡褐色，褶缘色淡，近柄端狭，向盖缘端渐膨大。菌柄 3~4×0.2~0.3cm，圆柱形，等粗或向下稍粗，基部膨大且具边缘，膨大处直径可达 0.5cm，淡褐色至带淡肉色，中下部色渐淡，实心。孢子 7~9×5~6.5μm，不规则矩形，具不明显小疣，偶具明显突起，淡褐色至褐色。

夏季或秋季散生于阔叶林或针叶林内。国内分布于东北和华中等地区。

2023.10.31/ 上坪村 / 廖金朋

216 贝利德拉丝盖伞 *Inocybe bellidiana* Bandini,B.Oertel & U.Eberh.2021

蘑菇目 Agaricales　丝盖伞科 Inocybaceae

2024.3.12/ 南溪 / 廖金朋

菌盖宽 0.8~2.5(3.5)cm，初近圆锥形、钟形、球形，后宽凸或展开，或有大的脐突，边缘起初稍内弯，后下弯至直或上翘，脐突周围下凹；幼时有白色绒毛层；白色、米色、象牙色、暗米色至灰白色，中心通常呈黄色至浅赭色，或有橙色色调；表面初丝滑至绒毛状，后中心通常细裂至网纹裂；幼时有残余菌幕。菌褶稍稀疏，贴生至宽贴生，或有近下延的齿，从白色变为灰黄色或灰棕色、赭褐色；边缘具纤毛，白色。菌柄 1.5~4.5×0.1~0.3cm，圆柱形或弯曲。菌肉白色，脆。孢子 6.8~10.1×4.3~6.0μm，光滑。

8~10 月生长在阔叶树阴凉路旁的石灰质土壤上。分布于荷兰、新西兰、爱沙尼亚等国。

217 粗鳞丝盖伞 （翘鳞丝盖伞） *Inocybe calamistrata* (Fr.) Gillet 1876

蘑菇目 Agaricales　丝盖伞科 Inocybaceae

　　菌盖直径 2~3cm，幼时钟形至半球形，后期为扁半球形；表面褐色至土褐色，被细密、反卷褐色鳞片；菌肉污白色，受伤或切开后变淡红色。菌褶直生，初期乳白色，成熟后褐色带橄榄色色调。菌柄 4~6×0.3~0.6cm，褐色，基部蓝绿色，表面被褐色的粗糙鳞片，顶端具白色头屑状细小颗粒。担子 35~45×7.5~9.5μm，棒状，4 孢。孢子 8.5~10.5×4.5~5.5μm，椭圆形至稍肾形，光滑，褐色。锁状联合常见。

　　夏秋季生于亚热带和温带针叶林中地上。外生菌根菌。神经精神型毒。国内分布于云南、福建等地。

2023.9.9/ 龙头村 / 廖金朋　　　　　　　　　　　　　　　　　　2023.9.9/ 龙头村 / 廖金朋

218 海南丝盖伞 *Inocybe hainanensis* T.Bau & Y.G.Fan 2014

蘑菇目 Agaricales　丝盖伞科 Inocybaceae

　　菌盖直径 1.8~2.2cm，幼时锥形至斗笠形或近半球形，成熟后凸镜形至近平展，表面纤丝状，成熟后近突起处表皮易破裂而形成不明显的块状鳞片，边缘具丝膜状菌幕残留，易消失，盖面草黄色至带褐色。菌肉厚 0.2cm，乳白色至淡黄色。菌褶直生，密，褐黄色至褐色。菌柄 2~2.5×0.2~0.3cm，圆柱形，等粗，实心，基部稍膨大或不明显，淡紫丁香色。孢子 8~10×5~6μm，黄褐色，长椭圆形至略带角状。

　　生于热带阔叶林中地上。国内分布于东南地区。

2023.10.25/ 听涛亭 / 廖金朋

219 棕纹丝盖伞 *Inocybe hydrocybiformis*(Corner & E.Horak) Garrido 1988

蘑菇目 Agaricales　丝盖伞科 Inocybaceae

　　菌盖 0.4~1.5cm，幼时圆锥形，后变凸面至平面，或有钝锐的脐突，淡粉黄色至浅黄色，成熟时淡棕色、栎棕色至棕色，边缘带黄色，幼时面紧贴丝状鳞片，大雨时鳞片会磨损，变棕色。菌褶贴生，棕色，深达 0.2cm，稍密至密，有长短菌褶，边缘淡黄色，全缘。菌柄 2.5~3.5×0.05~0.3cm，中生，圆柱形，基部稍膨大并向上等粗或稍细，淡粉黄色，具鳞片。菌肉暗白色至棕色，柔软。担子 28~46×12~14μm，棒状，4孢或2孢，薄壁，透明。孢子 9.5~13.5×7.5~13μm，星状，近球形至球形，具锥形至马鞍形的刺，黄棕色，有明显的脐状附属物。具锁状联合。

　　散生于小花青皮木、胶藤黄和全缘暗罗树下的森林地面或河边沙质土壤中。

2024.7.2/ 南溪 / 罗华兴　　　　　　　　　　2024.7.2/ 南溪 / 廖金朋

220 褐柄丝盖伞 *Inocybe melanopoda* D.E.Stuntz 1954

蘑菇目 Agaricales　丝盖伞科 Inocybaceae

　　菌盖 4~5(8.5)cm，最初是半球形凸起的，边缘内卷，然后延伸，表面是羊毛毡，边缘有鳞片，赭色、棕赭色至赭灰色，边缘较浅。菌褶附生，密集，有片状，最初是白米色，然后是深赭褐色。菌柄 4~6cm，呈圆柱形，基部通常弯曲，略微增大，表面为浅赭色，顶部为粉红色，底部为深褐色，基部为白色。果肉发白，有气味。孢子 7~10×4~5.5μm，椭球状杏仁核状，光滑。

　　夏季到秋季以小群形式生长在针叶林和落叶林中。有毒。

2024.6.15/ 柯山村 / 罗华兴　　　　　　　　　2024.6.15/ 柯山村 / 廖金朋

221 乳突丝盖伞 *Inocybe papilliformis* C.K.Pradeep & Matheny 2016

蘑菇目 Agaricales　丝盖伞科 Inocybaceae

菌盖宽 0.4~2.0cm，圆锥形、凸形、钟形，具锐尖的乳头状脐突，棕色，中央紧贴鳞片，幼时平滑，具条纹，具吸湿性，干燥。菌褶贴生，生赭色，深达 0.2cm，有不同长度的菌褶片。菌柄 1.8~11.0×0.05~0.3cm，中生，圆柱形，从稍宽的基部向上稍渐细，稍中空，易碎，棕色，具絮状鳞片，后变平滑。菌肉棕色或浅色，薄，柔软。气味有轻微酸味。孢子 15~19.5×14~18μm，球形至近球形，具锥形瘤突的刺，黄棕色，小尖突出且明显。担子 22~35×10~13μm，棒状，4孢或 2孢。所有部位都有锁状联合。

2024.6.29/ 柯山村 / 罗华兴

222 翘鳞蛋黄丝盖伞（黄鳞丝盖伞）*Inocybe squarrosolutea* (Corner & E.Horak) Garrido 1988

蘑菇目 Agaricales　丝盖伞科 Inocybaceae

子实体小到中型。菌盖直径 3~6cm，初期尖锥状，成熟后近平展，中部具凸起，菌盖表面黄色至橙黄色，被平复至近翘起的丛毛状鳞片，成熟后边缘常开裂。菌褶直生至近弯生，不等长，淡黄色至黄褐色，成熟后棕褐色。菌柄 3~7×0.5~0.8cm，圆柱形，向基部稍膨大，表面与菌盖同色，具绒毛。孢子 5.5~8×4.5~6μm，多角形，具疣突。

夏秋季生于针阔混交林中地上。有毒。国内分布于湖南、福建等地。

2024.6.15/ 三溪村 / 罗华兴　　2023.10.25/ 听涛亭 / 廖金朋　　2024.6.15/ 三溪村 / 廖金朋

· 112 ·

223 球孢丝盖伞 *Inocybe sphaerospora* Kobayasi 1952

蘑菇目 Agaricales 丝盖伞科 Inocybaceae

　　菌盖直径 3.0~8.0cm，钟状至低圆锥形再到中高扁平，淡黄色至柠檬色，表面有比底色稍深色的纤维状，常常放射状裂开，触摸后变为红褐色，边缘有纤维状黄色绵毛状被膜的残留。菌褶上生至弯生，宽 0.4~0.9cm，稍密至稍疏，黄色变为污褐色，边缘粉状。菌柄 3.0~8.0×0.5~1.3cm，圆柱形至棒状，淡黄色，下部略呈黄土褐色，顶部粉状、纤维状、实心。菌肉淡柠檬色至淡黄色，有少许土腥味。孢子为球形至类球形，光滑。
　　夏季至秋季生长在栎树林、壳斗科树林等阔叶树林的地面上。

2024.6.18/ 南溪 / 罗华兴　　　　　　　　　　　　　　　　2024.6.18/ 南溪 / 廖金朋

224 白秃马勃 *Calvatia candida*(Rostk.)Hollós 1902

蘑菇目 Agaricales 马勃科 Lycoperdaceae

　　子实体直径可达10cm，球形、近球形，无柄或具一短柄，新鲜时无气味，干后具特殊气味或臭味，成熟后易从地表脱落。外包被新鲜时白色至奶油色，光滑，成熟时淡黄色，薄，脆，呈不规则块状，易剥落。产孢组织幼嫩时白色，柔软，成熟时黄色，呈棉质的粉状物。孢子 5~5.5×4.9~5.4μm，球形或近球形，黄褐色，壁稍厚至厚，具密集疣状小突起，极少数光滑，非淀粉质，嗜蓝。
　　夏秋季单生或数个群生于草地或沙地上，有时也生长于灌木林地上。幼时食药兼用。国内分布于北方和东南地区。

2023.9.2/ 共裕村 / 廖金朋　　　　　　　　　　　　　　　2023.9.2/ 共裕村 / 廖金朋

225 秃马勃 *Calvatia holothuroides* Rebriev 2013

蘑菇目 Agaricales　马勃科 Lycoperdaceae

　　子实体中型，梨形至陀螺形，高 4.0~5.0cm，直径 3.0~5.5cm，基部发达，不孕。包被两层，薄，易分开，脆。外包被表面被绒毛，黄橙色至黄褐色，微具褶皱；内包被黄褐色。孢体未成熟时为浅黄色，成熟时为黄褐色，棉质。孢子 3.4~4.5×2.3~3.1μm，椭圆形至卵形，无色。

　　单生于针叶林地。幼时可食用，成熟后可药用。国内分布于浙江、福建等地。

2023.9.2/ 共裕村 / 罗华兴　　　　　　　　　　　　　　　　2023.9.2/ 共裕村 / 罗华兴

226 欧石楠状马勃 *Lycoperdon ericaeum* Bonord. 1857

蘑菇目 Agaricales　马勃科 Lycoperdaceae

　　担子果宽 2~3cm，高 3~5cm，近陀螺形或近梨形，不孕基部伸长如短柄，通体白色，基部稍具黄褐色，表面被白色粉霜状鳞片。孢子 4.4~4.8μm，近球形，表面具疣突。

　　夏秋季单生于针阔混交林中地上。国内主要分布于东南地区。

2023.9.2/ 听涛亭 / 罗华兴　　　　　2023.9.2/ 听涛亭 / 廖金朋　　　　　2023.12.7/ 上坪村 / 廖金朋

227 网纹马勃（网纹灰包）*Lycoperdon perlatum* Pers.1796

蘑菇目 Agaricales　马勃科 Lycoperdaceae

　　子实体高3~8cm，宽2~6cm，倒卵形至陀螺形，表面覆盖疣状和锥形突起，易脱落，脱落后在表面形成淡色圆点，连接成网纹，初期近白色或奶油色，后变灰黄色至黄色，老后淡褐色。不育基部发达或伸长如柄。孢子直径3.5~4μm，球形，壁稍薄，具微细刺状或疣状突起，无色或淡黄色。

　　夏秋季群生于针叶林或阔叶林中地上，有时生于腐木上或路边的草地上。幼时食药兼用。中国各区均有分布。

2023.11.21/ 丰田村 / 罗华兴　　　　　2023.11.29/ 双虹桥 / 廖金朋　　　　　2024.3.26/ 南溪 / 廖金朋

228 木生杯伞（近缘种）*Ossicaulis* aff. *lignatilis* (Pers.) Redhead & Ginns 1985

蘑菇目 Agaricales　离褶伞科 Lyophyllaceae

（参考木生杯伞 *Ossicaulis lignatilis* (Pers.) Redhead & Ginns 1985）

　　菌盖宽1~3cm，初期扁半球形，后期渐扁平至扇形，中部稍下陷，凹陷处有时被白色绒毛，其他部位光滑，灰色、白色，表面湿润，边缘内卷、外翻，有时开裂呈瓣状。菌肉白色。菌褶延生，往往在菌柄处交织，稠密，不等长，白色，边缘平滑。菌柄2~4.5×0.15~0.25cm，近圆柱形，偏生，白色，常弯曲，实心至松软空心。孢子5~5.5×2.5~3.5μm，椭圆形至卵圆形，光滑，无色，非淀粉质。

　　夏秋季群生至丛生于针阔混交林中阔叶树腐木上。国内分布于东北、华中、东南等地区。

2024.4.11/ 天斗山 / 罗华兴　　　　　2024.4.11/ 天斗山 / 罗华兴

229 间型鸡枞 （鸡枞菌）*Termitomyces albuminosus* (Berk.) R.Heim 1941

蘑菇目 Agaricales 离褶伞科 Lyophyllaceae

　　菌盖直径 6~10cm，幼时近锥形、斗笠形到扁平，顶部较尖凸，浅灰色、污白色、浅灰褐色，中央灰褐色，成熟时或干时色加深，边缘开裂。菌肉白色，较致密。菌褶离生，白色或带粉红，边缘近锯齿状，密，不等长。菌柄 8~15 × 0.8~1.5cm，白色，有细条纹，实心，基部稍膨大，向下延伸成根状且附有泥土呈褐黑色，假根长达 20~45cm，与白蚁巢相连。担子 25~50 × 10~25μm，棒状至袋形。孢子 6~8.3 × 4.5~5.8μm，近无色，光滑，椭圆形。

　　夏秋季单生、散生或小群生于林缘、采伐基地、荒坡、墓地、堤坝等腐殖土中。著名野生食用菌。有的专家将此种与真根蚁巢伞 *T.eurrhizus* 作为同种，本书根据法国菌物学家 Roger Heim（罗杰·海姆）记述而分为两个种。国内分布于江苏、福建、云南等地。

2023.8.4/ 龙头村 / 廖金朋

2023.8.24/ 三畲村 / 廖金朋

230 金黄蚁巢伞 （黄白蚁伞 黄鸡枞）*Termitomyces aurantiacus*(R.Heim)R.Heim 1977

蘑菇目 Agaricales 离褶伞科 Lyophyllaceae

　　菌盖直径 5~15cm，金黄色、黄褐色至褐黄色，中央有圆钝突起且色较深。菌肉白色，伤不变色。菌褶白色至淡粉红色，稠密。菌柄 5~15 × 0.5~2cm，白色至浅黄色，常被纤毛状或反卷的鳞片；假根近圆柱形，白色至污白色。无菌环。孢子 6~8 × 4~5.5μm，椭圆形，光滑，无色，非淀粉质。

　　夏季生于热带和亚热带地上，与地下白蚁巢穴相连。著名野生食用菌。分布于东南地区。

2023.9.4/ 丰田村 / 廖金朋

2023.9.4/ 丰田村 / 廖金朋

231 真根蚁巢伞 *Termitomyces eurrhizus*(Berk.)R.Heim 1942

蘑菇目 Agaricales　离褶伞科 Lyophyllaceae

　　菌盖直径 7~12cm，扁平至平展，中央具尖锐凸起；表面浅灰色、灰色至灰褐色。菌褶离生，幼时白色，成熟后淡粉红色。菌柄 5~10×0.5~2cm，近圆柱状，白色至灰白色。无菌环。假根表面暗褐色至近黑色。菌肉白色，受伤后不变色。担子 17~23×6~8μm，棒状，4 孢。孢子 6.5~8.5×4~5μm，椭圆形，光滑，无色，非淀粉质。锁状联合阙如。

　　夏季生于热带和亚热带林下或空旷处地上，与地下白蚁巢穴相连。白蚁共生菌。可食用。国内分布于云南、福建等地。

2023.8.15/ 龙头村 / 廖金朋　　　　　　　　　　2023.8.15/ 龙头村 / 廖金朋

232 穿孔鸡枞菌 (小蚁巢伞 小果蚁巢伞 小果鸡纵 斗篷鸡枞) *Termitomyces microcarpus* (Berk.& Broome)R.Heim 1942

蘑菇目 Agaricales　离褶伞科 Lyophyllaceae

2024.8.31/ 铁丁石 / 廖金朋　　　　　2023.8.31/ 柯山村 / 廖金朋　　　　　2018.8.18/ 桂溪村 / 朱福生

　　菌盖直径 1~2.5cm，扁半球形至平展，白色至污白色，中央具有一颜色较深的圆钝突起，边缘常反翘。菌褶离生，白色至淡粉红色。菌柄 2~5×0.2~0.4cm。假根近圆柱形，白色至污色。菌肉白色。孢子 6.5~8×4.5~5.5μm，椭圆形，光滑，无色，非淀粉质。

　　夏季生于热带和亚热带近地表或被败坏过的白蚁巢穴附近或路边。可食用。国内分布于东南、华中等地区。

233 条纹蚁巢伞 *Termitomyces striatus* (Beeli) R.Heim 1942

蘑菇目 Agaricales 离褶伞科 Lyophyllaceae

2023.8.24/ 三畲村 / 廖金朋   2023.8.24/ 三畲村 / 廖金朋

　　菌盖直径 5~8cm，幼时钟形至近锥形，成熟后伸展，中央有较尖的凸起；表面灰色、灰褐色至浅褐色，有辐射状皱纹，边缘常撕裂。菌褶离生，密，幼时白色，成熟后淡粉色。菌柄 7~10 × 0.3~1cm，近圆柱状，污白色，常被纤毛状鳞片。无菌环。假根污白色。菌肉白色，受伤后不变色。担子 20~25 × 6~8μm，棒状，4孢。孢子 5.5~7.5 × 3.5~4.5μm，椭圆形，光滑，无色，非淀粉质。锁状联合阙如。

　　夏季生于热带林下或空旷处地上，与地下白蚁巢穴相连。白蚁共生菌。可食用。国内分布于云南、福建等地。

234 栗绒大囊伞 （大囊伞）*Macrocystidia cucumis* (Pers.) Joss. 1934

蘑菇目 Agaricales 巨囊伞科 Macrocystidiaceae

　　菌盖直径 2~3cm，扁半球形至扁平；表面红褐色至暗红褐色，边缘黄色。菌褶弯生，白色、奶油色至淡黄色。菌柄 2~4 × 0.3~0.6cm，下部褐色至暗红褐色，上部色较淡。菌肉奶油色至淡黄色，具黄瓜味。担子 18~28 × 6~8μm，棒状，4孢。孢子 8~10 × 4~5μm，椭圆形至长椭圆形，非淀粉质，无色。侧生囊状体和缘生囊状体 38~50 × 13~20μm，披针形至腹鼓形，顶端变窄而呈喙状。锁状联合常见。

　　夏秋季生于亚高山林中地上。腐生菌。国内分布于云南、福建等地。

2024.6.18/ 龙头村 / 罗华兴

235 暗淡色脉褶菌 （参照种） *Campanella* cf. *tristis* (G.Stev.)Segedin 1993

蘑菇目 Agaricales　小皮伞科 Marasmiaceae

（参考暗淡色脉褶菌 *Campanella tristis*(G.Stev.)Segedin 1993）

2023.10.14/ 龙头村 / 廖金朋　　　　　　　　　　　　　　　2023.10.14/ 龙头村 / 廖金朋

　　菌盖直径 0.4~3cm，半圆形至肾形，幼时常呈碗状；表面白色、奶油色或淡灰色，略带一些淡蓝绿色；干时奶油色、浅黄色至土黄色，凸凹不平，有稀疏短小柔毛，边缘内卷。菌褶稀、薄、延生，8~10 条主脉由基部或菌柄处辐射状生出，褶间有小褶片及横脉交错排列呈网格状，白色至略带铜绿色。菌柄 2~3×0.1cm，侧生或偏生，圆柱形或弯曲圆柱形，有时不明显。菌肉松软、薄，凝胶状，半透明。孢子 8~11×4.5~6μm，宽椭圆形至近腹鼓状，光滑，无色，非淀粉质。

　　簇生或群生于针阔混交林中阔叶树的腐木或枯枝上。国内分布于东北、东南地区。

236 暗淡色脉褶菌 *Campanella tristis* (G.Stev.)Segedin 1993

蘑菇目 Agaricales　小皮伞科 Marasmiaceae

　　菌盖直径 0.4~3cm，半圆形至肾形，幼时常呈碗状；表面白色、奶油色或淡灰色，略带一些淡蓝绿色；干时奶油色、浅黄色至土黄色，凸凹不平，有稀疏短小柔毛，边缘内卷。菌褶稀、薄、延生，8~10 条主脉由基部或菌柄处辐射状生出，褶间有小褶片及横脉交错排列呈网格状，白色至略带铜绿色。菌柄 2~3×0.1cm，圆柱形或弯曲圆柱形，侧生或偏生，有时不明显。菌肉松软、薄，凝胶状，半透明。孢子 8~11×4.5~6μm，宽椭圆形至近腹鼓状，光滑，无色，非淀粉质。

　　簇生或群生于针阔混交林中阔叶树的腐木或枯枝上。国内分布于东北、东南地区。

2024.4.9/ 西溪岈 / 廖金朋

237 迷你毛皮伞 *Crinipellis minima* Sharafudheen,Manim.& K.P.D. Latha 2023

蘑菇目 Agaricales　小皮伞科 Marasmiaceae

2024.3.17/ 丰田村 / 廖金朋　　　　　　　　　　　　　　2024.3.17/ 丰田村 / 廖金朋

　　菌盖直径 0.3~0.45cm，最初凸面，变为中央有浅凹陷的凸面；表面最初全是深棕色，中央颜色更深，之后中心变为深棕色。菌褶离生或有时近生，宽达 0.1cm，浅橙白色，稍密，有一层小菌褶；边缘在显微镜下呈撕裂状，与侧面同色。菌柄 1.1~2.0×0.05~0.08cm，中生，圆柱形，等粗。菌肉薄。担子 21~28×6~8μm，棒状，4 孢。孢子 9~10.5×4~5μm，梭形至卵椭圆形，光滑，薄壁，无色，非淀粉质。具锁状联合。

　　散生在腐烂的双子叶植物叶子和小枝上。模式产地在印度喀拉拉邦。

238 蒜味小皮伞 *Marasmius alliaceus*(Jacquin)Fries 1838

蘑菇目 Agaricales　小皮伞科 Marasmiaceae

　　子实体小。菌盖直径 1~4cm，初期半球形至扁球形，中部稍凸，边缘有细条纹。菌肉污白色，薄，柄部菌肉带褐色。菌褶直生至离生，白色或带灰色，密，不等长。菌柄 5~20cm，细长，似有绒毛，长圆柱形，暗褐色，基部延长根状，内部变空心。孢子 6.5~l0×6~7.5μm，椭圆形，光滑。孢子印白色。

　　夏末至秋季生于山毛榉等倒木或枯枝落叶层地上。可食用。分布于欧洲、亚洲。

2024.1.10/ 丰田村 / 罗华兴　　　　　　　　　　　　　　2024.1.10/ 丰田村 / 廖金朋

239 贝科拉小皮伞 *Marasmius bekolacongoli* Beeli 1928

蘑菇目 Agaricales　小皮伞科 Marasmiaceae

　　菌盖直径 1.8~3cm，钟形至伞形，后变扁半球形；奶酪色、淡黄白色、淡黄色至浅土黄色；中央脐部较深，由菌盖顶部向四面形成明显的放射状紫褐色沟条。菌褶近直生，不等长，稀，较宽，有横脉，近白色。菌柄 6~10×0.2~0.4cm，圆柱形，上部淡褐色至黄褐色，下部紫褐色，被白色微细绒毛。菌肉近白色，薄。孢子 17~25×3.8~4.8μm，近长棒形，光滑，无色。

　　生于阔叶林中枯枝落叶层上。国内分布于云南、广东、贵州等地。

2023.9.20/ 西溪岬 / 罗华兴　　　　　　　　　　2023.9.20/ 西溪岬 / 罗华兴

240 农家小皮伞 *Marasmius cohortalis* Berk.1880

蘑菇目 Agaricales　小皮伞科 Marasmiaceae

　　菌盖宽 2~3.5cm，扁半球形至平展，有时中部稍下凹；边缘具条纹，蛋壳色至带白色，中部带烟褐色，膜质。菌褶直生至弯生，较疏，中幅稍宽，具褶间横脉及小菌褶，白色至近白色。菌柄 4.5~6×0.2cm，圆柱形，纤维质，中空；顶端白色，向下渐变黄褐、红褐至黑褐色，表面具微细茸毛，干后呈浅肉桂栗褐色，基部菌丝近白色。菌肉白色，薄。担子 4.6~5.4×15.4~17.9μm，棒状。孢子 3.3~4.1×6.9~7.7μm，长椭圆形至椭圆形。

　　夏、秋季生于针阔混交林中的倒木上。国内分布于吉林、福建等地。

2023.9.9/ 龙头村 / 廖金朋

241 草生小皮伞（马尾小皮伞）*Marasmius graminum*(Lib.)Berk.1860

蘑菇目 Agaricales　小皮伞科 Marasmiaceae

菌盖直径 0.4~0.6cm，半球形或钟形，具脐凹，脐凹中部有小尖突；污白色至浅黄色，后期呈黄褐色、深橙色至褐色；有不明显绒毛或无，有放射状、深沟状条纹或沟纹。菌褶离生而有一项圈，盖缘处每厘米 7~9 片，不等长，黄色。菌柄 0.2~1×0.05~0.1cm，纤细；初上部淡黄色，下部或后期全部橙褐色至暗褐色。菌肉薄，白色，无味道。孢子 8~12×3.5~4.5μm，长梨核形，光滑，无色。

散生于阔叶林中草本植物和落叶上。国内分布于东北、内蒙古和东南等地区。

2024.6.20/ 丰田村 / 廖金朋

242 红盖小皮伞 *Marasmius haematocephalus*(Mont.)Fr.1838

蘑菇目 Agaricales　小皮伞科 Marasmiaceae

菌盖直径 0.5~2.5cm，初钟形，后凸镜形至平展具脐突；红褐色至紫红褐色，干，密生微细绒毛，有弱条纹或沟纹。菌褶弯生至离生，稀疏；初白色，后转淡黄白色；很少小菌褶。菌柄 3~5.5×0.05~0.1cm，深褐色或暗褐色，近顶部黄白色，脆骨质，基部稍膨大呈吸盘状，上有白色菌丝体。菌肉薄。孢子 16~26×4~5.6μm，近长梭形，光滑，无色。

群生于阔叶林中枯枝腐叶上。国内分布于西北、华中、东南等地区。

2023.8.27/ 龙头村 / 罗华兴

2023.8.27/ 龙头村 / 张淑丽

243 膜盖小皮伞 *Marasmius hymeniicephalus*(Sacc.) Singer 1952

蘑菇目 Agaricales　小皮伞科 Marasmiaceae

菌盖直径 0.7~4cm，扁半球形、凸镜形至近平展；有时中央稍有脐凹或小微突，膜质，乳白色，有时稍带蛋壳色，有条纹或沟纹。菌褶直生，较密，有分叉和横脉，白色至带微黄色。菌柄1.2~5×0.1~0.25cm，圆柱形；顶端白色至黄白色，向下渐变乳黄色至黄褐色；被白色短绒毛，纤维质，空心，基部具白色绒毛，密集。菌肉极薄，白色。孢子6~7×3~3.5μm，椭圆形，光滑，无色。

群生或丛生于阔叶林中腐朽的枯枝落叶上。国内分布于东南和华北等地区。

2023.9.9/ 龙头村 / 廖金朋

244 黑褐小皮伞 *Marasmius nigrobrunneus*(Pat.)Sacc.1895

蘑菇目 Agaricales　小皮伞科 Marasmiaceae

菌盖直径 0.2~0.8cm，扁平圆锥形至凸形或扁平凸形，有脐，具褶，有或无深色小乳头或有深色中央斑点，暗淡，干燥，红棕色至红橙色。菌褶贴生至具菌环，较稀疏至稍稀疏，白色至淡黄白色，边缘为白色至灰棕色或红棕色。菌柄1.5~6×0.01~0.03cm，中生，丝状，有光泽，圆柱形，无毛，生在基质上，暗棕色至黑色，附着在基质上或直接从根状菌索上长出。担子19~32×6μm，棒状，4孢。孢子(8~)8.8~10.4(~11.2)×(4~)4.8~5.6μm，椭圆形，光滑，透明，非淀粉质，薄壁。具锁状联合。

散生或群生于竹叶和竹茎上，或很少生于未确定的双子叶植物叶子上。分布于南美洲、印度、印度尼西亚、泰国等地。

2023.7.27/ 龙头村 / 廖金朋

2023.8.12/ 龙头村 / 廖金朋

245 苍白小皮伞 *Marasmius pellucidus* Berk.& Broome 1873

蘑菇目 Agaricales 小皮伞科 Marasmiaceae

菌盖直径 3~4cm，幼时尖圆锥形至凸镜形或钟形，成熟时宽凸镜形、宽钟形至平展；中央黄白色、奶油色，边缘白色；中央常凹陷，光滑至有皱纹或有网纹；边缘有条纹至沟纹，透明，向下弯曲至上卷，水浸状，无毛，湿或干。菌褶直生至弯生，密。菌柄 5~9×0.1~0.15cm，圆柱形，顶端白色，基部褐色至深褐色，纤维质，空心，基部有白色绒毛。孢子 6~7×3~3.5μm，扁桃体形，无色，光滑，非淀粉质。

春季或夏秋季丛生于林中腐枝落叶层上。

2024.4.29/ 南溪 / 廖金朋　　　　　　　　　　　　　　　　　2024.4.29/ 南溪 / 廖金朋

246 紫条沟小皮伞 *Marasmius purpureostriatus* Hongo 1958

蘑菇目 Agaricales 小皮伞科 Marasmiaceae

菌盖直径 1~2.5cm，钟形至半球形，中部下凹呈脐形；顶端有一小突起，由盖顶部放射状形成紫褐色或浅紫褐色沟条，后期盖面色变浅。菌褶近离生，污白色至乳白色，稀疏，不等长。菌柄 4~11×0.2~0.3cm，圆柱形，上部污白色，向基部渐呈褐色，表面有微细绒毛，基部常有白色粗毛，空心。菌肉薄，污白色。孢子 22.5~30×5~7μm，长棒状，光滑，无色。

夏秋季生于阔叶林中枯枝落叶上。国内分布于东北、华北、东南等地区。

2024.4.9/ 桂溪村 / 周兴永

247 蒜头状小皮伞 *Marasmius scorodonius*（Fr.）Fr.1836

蘑菇目 Agaricales　小皮伞科 Marasmiaceae

菌盖直径 1~3cm，阔凸出形，后近平展，边缘内卷，后波浪状；淡红至淡黄、褐色，后褪色；表面干燥，光滑，有放射状皱纹。菌褶贴生或近离生，密集，狭窄，常分叉，淡黄色至苍白色。菌柄 1.5~6×0.1~0.3cm，圆形或扁圆形，顶端淡黄白色，基部暗褐色，干燥，光滑，易碎，葱或蒜味。孢子 7~10×3~5μm，椭圆形，光滑。孢子印白色。

夏秋散生或群生于林中柴片、树皮、蕨类烂叶、针叶上。可食用。国内分布于福建等地。

2024.4.9/ 西溪岬 / 罗华兴

248 干小皮伞 *Marasmius siccus*（Schwein.）Fr.1822

蘑菇目 Agaricales　小皮伞科 Marasmiaceae

菌盖钟形至凸镜形，中央有乳状突起，直径 1~2cm；表面黄红色或红褐色，有辐射状沟纹。菌褶直生或离生，白色。菌柄 5~7×0.1~0.15cm，暗红褐色，上部色浅，基部有白色菌丝体。菌肉极薄，白色。孢子 18~22×4~5μm，倒披针形，光滑。

生于林中落枝叶上。国内分布于山西、甘肃、福建等地。

2024.3.19/ 三畲村 / 罗华兴

2024.3.19/ 三畲村 / 廖金朋

249 薄小皮伞 *Marasmius tenuissimus* (Jungh.) Singer 1976

蘑菇目 Agaricales　小皮伞科 Marasmiaceae

　　菌盖直径 1~1.5cm，不规则凸镜形至钟形；中部橙色，边缘橙白色；表面光滑，干燥，具有明显的条纹。菌褶附生，具横脉，稀疏，相互交织近网状，白色。菌柄无或不明显。担子 17~22 × 5.1~6.5μm，棒状。孢子 8.8~11 × 4.2~5.6μm，椭圆形至纺锤形，光滑，壁薄。

　　散生于藤本植物枯枝上。国内分布于东南地区。

2024.6.20/ 丰田村 / 廖金朋　　　　　　　　　　　　　　2024.6.20/ 丰田村 / 廖金朋

250 维纳提小皮伞 *Marasmius venatifolius* J.S.Oliveira 2020

蘑菇目 Agaricales　小皮伞科 Marasmiaceae

　　菌盖直径 1.78~3.2cm，通常凸扁形，有时钟形，具沟纹或稍具沟纹；中心平坦，浅凹陷或稍具脐状突起；中心为暗橙棕色至紫棕色或几乎黑色，变为赭色至橙色。菌褶离生或近离生，不等长，规则或大多强烈交错或有脉纹；不透明，光滑，淡奶油色，边缘平整。菌柄 1.9~7.2×0.07~0.17cm，中生，圆柱形，等粗，坚韧；基部有奶油色至橙黄色、具刚毛的基生菌丝。担子 23~36×4~8μm，棒状，透明，薄壁，非淀粉质。孢子 (5.3~)6~9(~10) × 3.5~5.3(~7)μm，倒卵形、椭圆形至近椭圆形、泪滴形，光滑，透明，薄壁，非淀粉质。

　　散生或群生在双子叶树的腐烂树叶或小树枝上。

2024.4.6/百丈纱瀑布 / 陈安生　　　　　　　　　　　　2024.4.6/百丈纱瀑布 / 廖金朋

251 胶孔菌（种 1）*Favolaschia* sp.1

蘑菇目 Agaricales　小菇科 Mycenaceae

（参考东京胶孔菌 *Favolaschia tonkinensis* (Pat.) Kuntze 1898 ）

　　菌盖胶质，贝形至扇形，凹凸不平，胶黏，直径 1.5~2.2cm，白色，老后污白色、米色、浅枯叶色至浅黄褐色，表面湿润近透明，往往透视可见下面的菌管和网状；菌肉较薄，污白色，后为浅枯叶色。子实层体管状，白色；管孔近圆形。菌柄无或呈柄基。担子 30~40×6~8μm。孢子 8~12×7~10μm，宽椭圆形至近球形，光滑，无色。

　　生于阔叶林中倒木上。国内分布于广西、海南等地。

2024.10.6/ 上坪村 / 罗华兴

2024.10.6/ 上坪村 / 廖金朋

252 赤小菇 *Cruentomycena kedrovayae* R.H.Petersen,Kovalenko & O.Morozova 2008

蘑菇目 Agaricales　小菇科 Mycenaceae

　　菌盖直径 0.5~0.9cm，轻微中凸，成熟后中部稍凹，表面具纵向条纹，鲜红色至红褐色，边缘波浪状。菌褶弯生至延生，薄，深褐红色。菌柄 0.8~1.3×0.05~0.08cm，圆柱形，细长，硬，与菌盖同色，中空。孢子 7.8~9.3×3.6~4.5μm，椭圆形，无色，光滑。担子拟棒状，具 4 个担子小梗。囊体 20~22×6~7μm。

　　散生或群生于阔叶林地。国内分布于浙江、福建等地。

2023.8.27/ 龙头村 / 廖金朋

2023.8.27/ 龙头村 / 廖金朋

253 黏滑赤小菇 *Cruentomycena viscidocruenta*(Cleland) R.H. Petersen & Kovalenko 2008

蘑菇目 Agaricales　小菇科 Mycenaceae

　　菌盖宽 0.4~1.1(~1.4)cm，平展至浅凸，中央下凹或有脐状突起，新鲜时黏滑至胶黏，干燥时漆光至无光泽，深红色、血红色，具微小皱纹，边缘向外轻微圆齿状，具深条纹，干燥后红黑色。菌褶稍疏，干燥时深朱砂色至淡灰紫红色，具极微小的细齿。菌柄 0.6~2.5×0.04~0.1cm，圆柱形，等粗，黏滑至胶黏，血红色，中空，伤后可能流出些许血红色汁液。担子 20~25×6~8μm，棒状，具锁状联合，薄壁，4 孢。孢子 (6.5~)8~10×(2.5~)3~4.5μm，细长的梨形，淀粉质，薄壁，透明。

　　夏秋季群生于温带、亚热带和热带的阔叶林中枯枝落叶层上。*Cruentomycena viscidocruenta* 是赤小菇属的模式种，模式产地在澳大利亚。国内分布于湖南、广西。

2023.12.10/ 龙头村 / 廖金朋

2023.12.10/ 龙头村 / 廖金朋

254 沟纹小菇 *Mycena abramsii*（Murrill）Murrill 1916

蘑菇目 Agaricales　小菇科 Mycenaceae

2024.4.11/ 天斗山 / 罗华兴

2024.4.11/ 天斗山 / 廖金朋

　　菌盖直径 1.3~4.5cm，圆锥形、抛物面形，中央钝圆突起；灰褐色、褐色，老后浅灰褐色、灰色；表面具粉霜，干，具透明状条纹，形成浅沟槽，边缘不平整。菌褶直生至稍弯生，白色至灰白色，与菌柄连接处呈锯齿状。菌柄 2.5~9.2×0.1~0.25cm，圆柱形，中空，脆骨质，灰白色，向下渐深至灰褐色、暗褐色，干；上部白色粉末状，下部近光滑，基部被白色菌丝体。菌肉白色，薄，易碎。担子 25~36×8~12μm，棒状，具 4 小梗。孢子 (6.8)7.5~10(11.7)×(3.7)4.4~5.2(5.6)μm，长椭圆形或圆柱形。具锁状联合。

　　夏秋季单生、散生于樟子松、落叶松等针叶林中枯枝落叶层上。国外分布于欧洲、北美洲、亚洲。国内分布于山西、内蒙古、福建等地。

255 弯生小菇 *Mycena adnexa* T.Bau & Q.Na 2021

蘑菇目 Agaricales 小菇科 Mycenaceae

菌盖直径 0.15~0.5cm，凸镜形、钟形，幼时中央乳头状突起，后钝圆；白色或乳白色，幼时中央稍带淡土黄色；表面具淀粉状颗粒，湿时黏，具半透明状条纹，形成浅沟槽；边缘不平整，呈波浪状。菌褶弯生至稍延生，窄，与菌柄连接处呈锯齿状，白色。菌柄 0.4~1.6×0.1~0.15cm，圆柱形，中空，脆骨质，白色，表面密被淀粉粒，基部圆头状，具少量白色细小绒毛。菌肉白色，薄，易碎。气味与味道淀粉味。担子 23~30×6~9μm，棒状，具 2(4) 小梗。孢子 (6)6.8~8.1(9.6)×(3.2)3.5~4.5(5.3)μm，长椭圆形。具锁状联合。

夏秋季散生、群生于壳斗科、银杏、马尾松、火炬松、云杉等针阔混交林中腐木或枯枝上。国内分布于河南、云南、福建等地。

2024.4.13/ 双虹桥 / 罗华兴

2024.4.13/ 双虹桥 / 罗华兴

256 香小菇 *Mycena adonis*（Bull.）Gray 1821

蘑菇目 Agaricales 小菇科 Mycenaceae

菌盖直径 0.5~1.5cm，近圆锥形，中部呈乳头状突起，老后逐渐平展，近光滑无毛；粉鲑肉色、粉红色或鲜红色，老时渐褪色，有时呈淡白色；边缘具浅沟或半透明条纹状。菌褶直生至延生，淡粉色至白色。菌柄 3.5~5×0.15~0.2cm，圆柱形，空心，脆，上部为淡粉色或粉红色，向下渐为白色，近透明，水浸状；表面具有微小的纤维状毛。菌肉薄，近白色至带菌盖颜色。孢子 7~9×3.5~5μm，椭圆形，内含多个油滴或微小颗粒，薄壁，芽孔明显，无色，淀粉质。

生于针阔混交林中腐木上。国内分布于东北、东南地区。

2024.2.19/ 桂溪村 / 廖金朋

257 迪斯科小菇（近缘种）*Mycena* aff. *Discobasis* Métrod 1949

蘑菇目 Agaricales　小菇科 Mycenaceae

　　菌盖直径 0.6~1.6cm，初圆锥形至钟形，很快凸起至平凸，直至中央凹陷，有半透明条纹；表面近黏稠，湿润，光滑，盖上乳白色至淡灰白色，有时中心变为深棕色。菌褶 35~42 片，上升到水平，有 1~3 个不同长度的小菌褶，紧密或中等宽度，白色。菌柄 1.3~2.2×0.2~0.26cm，中生，圆柱形，中空，有绒毛，颜色稍浅，干燥，粗糙。担子 20~26×6~11μm，锁骨状，4 孢，很少 2 孢，透明。孢子 (6.9)7.3~9.1(10.4)×(4.6)4.8~6(6.2)μm，椭球状，光滑，透明，淀粉样蛋白。

　　模式产地在马达加斯加。

2024.4.2/ 柯山村 / 罗华兴

2024.4.2/ 柯山村 / 罗华兴

258 弯柄小菇 *Mycena arcangeliana* Bres.1904

蘑菇目 Agaricales　小菇科 Mycenaceae

　　菌盖直径 1~5cm，幼时呈圆锥形，后变为钟形且有一个宽的脐，老时扁平；颜色从白色到较深的灰棕色不等，有时带有橄榄色或黄色色调，半透明的表面有皱纹，喜湿，干燥后色变淡。菌褶密集贴生，部分与菌柄相连，白色，老变粉红色，边缘锯齿状。菌肉味道温和，但有强烈的碘仿气味。菌柄 2~4×0.1~0.2cm，圆柱形；顶端白色，而基部覆盖着白色的毛，光滑。无菌环。担子 7~8×4.5~5μm，4 孢。孢子形状像苹果籽，具淀粉质。孢子印白色。

　　夏末至秋季小群生长在枯死的落叶木上，偏爱山毛榉和白蜡树，较少记录生长在针叶树、欧洲蕨和日本虎杖上。

2024.4.15/ 双虹桥 / 罗华兴

259 黄缘小菇 *Mycena aurantiomarginata*（Fr.）Quél.1872

蘑菇目 Agaricales　小菇科 Mycenaceae

菌盖直径 1~2.5cm，圆锥形至抛物形，生长中变为凸面至平面；灰棕色，橄榄褐色至相当深的棕色，边缘橙色至橙黄色；有或没有脐，浅沟状，半透明条纹，无毛，湿润时具水纹。菌褶狭窄贴生，附着在菌柄上，具短齿下延，浅黄灰色至灰米色，边缘亮橙色至浅橙黄色。菌柄 3.5~8 × 0.1~0.2cm，圆柱形，等粗，直或弯曲，坚实，中空；幼时完全被粉霜，除了顶端外逐渐变光滑；顶端白色至黄色，向下黄棕色至深棕色或基部附近也呈橙黄色，有时带有淡黄色或橙色色调；基部密被黄色至橙色纤维。气味甜美、果味，味道为粉质或微弱的茴香气味。

通常夏季至深秋生长在松、云杉、冷杉等针叶林中，也会出现在一些落叶林中。

2024.3.2/ 三岬山 / 廖金朋

2024.3.2/ 三岬山 / 廖金朋

260 黄鳞小菇 *Mycena auricoma* Har.Takah.1999

蘑菇目 Agaricales　小菇科 Mycenaceae

菌盖直径 1~3cm，半球形至平展，黄色至褐黄色，边缘色较浅。菌褶米色至淡黄色。菌柄 2~3 × 0.1~0.3cm，圆柱形，白色至米色，空心。菌肉薄。孢子 5~7 × 3~4μm，椭圆形至宽椭圆形，光滑，无色，淀粉质。

夏秋季生于林下腐木上。国内分布于华中、东南地区。

2023.10.14/ 龙头村 / 廖金朋

261 橘色凹小菇 *Mycena citrinomarginata* Gillet 1876

蘑菇目 Agaricales　小菇科 Mycenaceae

菌盖直径 0.7~1.6cm，幼时中央圆锥状至钝突起，后半球形或钟形；柠檬黄色、黄绿色，幼时带有褐色，表面呈粉霜状，干；具不明显透明状条纹，形成浅沟槽，边缘微不平整，呈波浪状。菌褶直生，褶面黄白色至淡黄色，边缘淡黄色，与菌柄连接处呈锯齿状。菌柄 2.9~6.6×0.05~0.15cm，圆柱形，中空，脆骨质；深橄榄黄色、黄绿色，向下渐深至暗褐色，上部表面被白色细小绒毛，基部密被白色菌丝体。菌肉白色至灰白色，薄，易碎。担子 28~41×7~12μm，棒状，内含油滴，薄壁，具 4 小梗。孢子 (9.7)10.6~11.9(13)×4.4~5.5μm，长椭圆形至圆柱形，内含油滴，无色，光滑，薄壁，淀粉质。具锁状联合。

夏秋季单生、散生于落叶松林中枯枝落叶层上。国内分布于内蒙古、山西、福建等地。

2024.2.5/ 丰田村 / 廖金朋

262 橙黄小菇 *Mycena crocata*(Schrader)P.Kummer 1871

蘑菇目 Agaricales　小菇科 Mycenaceae

子实体高 12.5cm，菌盖直径 2.5cm。菌盖圆锥形，逐渐变为凸镜形或凸出形；表面光滑，中部浅橙褐色，向边缘逐渐变为灰色或白色。菌褶白色。菌柄光滑，顶端浅黄色，向基部逐渐变为橙色或橙红色。子实体所有部位切开后流出橙红色汁液。孢子印白色。

群生于林地中山毛榉的落叶层。不可食用。分布于欧洲、亚洲北部。

2024.1.11/ 柯山村 / 廖金朋

2024.3.10/ 西溪岬 / 罗华兴

263 黄白雅典娜小菇 *Mycena flavoalba*(Fr.)Quél.1872

蘑菇目 Agaricales　小菇科 Mycenaceae

菌盖直径 0.4~2.1cm，圆锥形、凸镜形，中央具钝圆突起，后渐平展且中央稍下凹；淡黄色、黄白色，边缘渐浅至乳白色；表面光滑，具透明状条纹，形成浅沟槽，边缘不平整。菌褶白色，弯生，褶片间偶见 1 小褶片，与菌柄连接处呈锯齿状。菌柄 2.5~6.2×0.1~0.25cm，圆柱形，中空，脆骨质；透明状至白色，上部具粉霜，下部渐光滑，基部具少量白色绒毛。菌肉白色，薄，易碎。担子 22~30×5~7μm，棒状，内含无色油滴，薄壁，具 2(4) 小梗。孢子 (5.3)5.8~7.5(8.2)×(4.2)4.5~6.9(7.4)μm，宽椭圆形至近球形，内含油滴，无色，光滑，薄壁，非淀粉质。具锁状联合。

夏秋季单生、散生于草坪上。国内分布于浙江、安徽、福建等地。

2024.3.2/ 三岬山 / 廖金朋

264 灰小菇 （盔盖小菇） *Mycena galericulata*(Scop.)Gray 1821

蘑菇目 Agaricales　小菇科 Mycenaceae

菌盖直径 2~5cm，幼时钟形，成熟后逐渐平展，半透明状；表面具沟纹或明显的褶皱，幼时颜色较深，后呈铅灰色，中部色深，边缘近白色，偶尔稍开裂。菌褶直生至弯生，稍密，不等长，白色；幼时稍延生，有时分叉或在菌褶之间形成横脉。菌柄 4~8×0.2~0.5cm，圆柱形或扁平；幼时深灰色，成熟后呈灰色至灰白色；平滑，空心，软骨质，基部被白色毛状菌丝体。菌肉半透明，薄。孢子 9.5~12×7.5~9μm，宽椭圆形，光滑，无色，淀粉质。

初夏至秋季生于阔叶树或针叶树的树桩、腐木或枯枝上。国内分布于东北、内蒙古和华中等地区。

2024.1.17/ 上坪村 / 廖金朋

2024.4.11/ 天斗山 / 罗华兴

265 乳足小菇 *Mycena galopus*(Pers.)P.Kumm.1871

蘑菇目 Agaricales　小菇科 Mycenaceae

（参考乳足小菇原变种 *Mycena galopus* var. *galopus*(Pers.)P.Kumm.1871）

2024.4.9/ 西溪岬 / 廖金朋

菌盖直径 0.4~2.1cm，钟形、凸镜形，老后渐平展，幼时中央有钝圆突起；中央深褐色，渐浅至米褐色；初期微被粉霜，后近光滑，湿时黏，具半透明状条纹，形成浅沟槽，边缘不平整，呈波浪状。菌褶直生至稍弯生，窄，与菌柄连接处呈锯齿状，污白色、灰白色。菌柄 3.8~7.6×0.1~0.25cm，圆柱形，中空、脆骨质；灰褐色至褐色，上部表面微被粉霜，下部近光滑，伤后分泌白色乳汁，基部密被白色长纤维状绒毛。菌肉白色，薄，易碎。担子 28~37×6~11μm，棒状，内含无色油滴，薄壁，具 4 小梗。孢子 (7.5)9~10.6(11.1)×(4.1)4.4~4.8(5.2)μm，长椭圆形至圆柱形，内含油滴，无色，光滑，薄壁，淀粉质。具锁状联合。

夏秋季单生、散生于针阔混交林中腐木或苔藓层上。国内分布于四川、云南、福建等地。

2024.4.9/ 西溪岬 / 罗华兴

266 唯一小菇 *Mycena insignis* A.H.Sm.1941

蘑菇目 Agaricales　小菇科 Mycenaceae

菌盖宽 0.2~0.5cm，半球形至凸镜形，膜质至肉质，白色，中央浅灰褐色至灰褐色，微黏，边缘延伸，有条纹。菌肉与菌盖同色，极薄，无味道，无气味。菌褶白色，盖缘处每厘米 17~20 片，直生至极短延生，不等长，褶缘平滑。菌柄 0.7~3×0.1cm，中生，圆柱形，无色，透明，甚黏，有黏液，空心，纤维质，柄基杵状。担子 26~20×5~6μm，棒形，无色，多4 孢，少 2 孢，小梗长 2~4μm。孢子梨核形，7~8×3~3.5μm，光滑，无色，弱淀粉质。有锁状联合，但较细小，不明显。

群生于阔叶林中腐木上。模式产地在美国华盛顿。

2024.2.5/ 丰田村 / 廖金朋

267 铅灰色小菇 *Mycena leptocephala*(Pers.)Gillet 1876

蘑菇目 Agaricales　小菇科 Mycenaceae

2024.1.25/ 丰田村 / 廖金朋

2024.1.25/ 丰田村 / 廖金朋

　　菌盖直径 0.5~1.3cm，圆锥形至钟形，中央钝圆突起，老后稍平展；淡灰褐色、淡米褐色，中央黑褐色，边缘灰色；幼时偶见粉霜，后光滑，具透明条纹，形成浅沟槽，边缘平整。菌褶弯生至稍延生，窄，与菌柄连接处呈锯齿状，灰白色。菌柄 2.8~6.7×0.05~0.1cm，圆柱形，中空，脆骨质；灰色，向下至灰褐色，上部近光滑，下部被粉霜，基部根状，具白色长绒毛。菌肉污白色，薄，易碎。气味淡淀粉味。担子 24~36×7~9μm，棒状，内含无色油滴，薄壁，具 2(4) 小梗。孢子 (6.8)7.1~9.6(9.9)×(3.3)3.9~4.8(5.9)μm，长椭圆形至圆柱形，内含油滴，无色，光滑，薄壁，淀粉质。具锁状联合。

　　夏秋季单生、散生于榆树、杨树、栎树等阔叶林中腐木上。国内分布于内蒙古、湖南、福建等地。

268 红斑小菇 *Mycena maculata* P.Karst.1890

蘑菇目 Agaricales　小菇科 Mycenaceae

2024.2.13/ 丰田村 / 廖金朋

2024.3.8/ 天宝岩主峰 / 廖金朋

　　菌盖 0.9~2.8cm，幼时凸镜形或抛物面状，老后平展，中央钝圆突起，幼时尖突起；米褐色、浅褐色至暗褐色，中央带红褐色，老后有红褐色斑；半透明状条纹距边缘 1/2 处形成浅沟槽，湿时黏。菌褶直生或与菌柄连接处有凹痕，白色至灰白色，老后褐色；褶片间具横脉，老后褶面形成红褐色斑。菌柄 4.6~9.2×0.1~0.3cm，圆柱形，等粗，中空，光滑；上部污白色，向下渐深至深褐色，并带有红褐色，基部具丰富白色菌丝体。菌肉白色，薄。味道稍苦涩。担子 24~35×6~7μm，棒状，无色，薄壁，具 2~4 小梗。孢子 (6.5)7.5~8.5(9.7)×(3.8)4.1~5(5.8)μm，椭圆形，无色，光滑，薄壁，淀粉质。具锁状联合。

　　夏秋季丛生于针叶林中腐木上。国内分布于内蒙古、西藏、福建等地。

269 蒙特卡洛小菇 *Mycena monticola* A.H. Sm.1939

蘑菇目 Agaricales　小菇科 Mycenaceae

　　菌盖直径 1~3cm，圆锥形至钝钟形，后变为扁平或具脐状突起，幼体时边缘紧贴菌柄，老时边缘常上翘呈波浪状；中央为紫红色，光滑，湿润时半透明有条纹，后稍具沟纹。菌褶贴生，上升，后变为水平并稍延生具齿，较密，宽约0.3cm。菌柄 4~7×0.1~0.35cm，基部之上等粗，中空；新鲜时珊瑚粉色，向上变为污褐色，下部深褐色。菌肉脆、肉色。担子 26~30×7~8μm，4 孢，无色，棒状。孢子 7~10×4~5μm，椭圆形或一端稍尖，非淀粉质。

　　簇生在海拔 1000 米以上的针叶林中，特别是有松树的森林。模式产地在美国俄勒冈州。

2024.3.8/ 天宝岩主峰 / 廖金朋

2024.3.8/ 天宝岩主峰 / 廖金朋

270 黄白小菇 *Mycena niveipes*(Murrill)Murrill 1916

蘑菇目 Agaricales　小菇科 Mycenaceae

　　菌盖直径为 1.5~7cm，呈广锥形、广钟形、凸形，新鲜时湿润，光滑；颜色从淡灰褐色到近白色，有时中心略微较暗；边缘一开始隐约有纹路，后变明显，老化时可能裂开。菌褶附着在菌柄上，呈牙状，紧密排列或近距离排列，白色或淡灰色。菌柄 4~10×0.2~0.7cm，脆弱，中空；初期覆盖微小的白色纤维，但成熟后常变光滑；初期呈银灰色，后变白色；在底部可能因时间或触摸而略微变棕色；基部的菌丝白色。菌肉薄而不实，呈苍白或灰色。气味通常强烈地或微弱地类似漂白剂，味道酸性且不愉快。

　　单生、群生在落叶乔木的腐朽原木、树桩和树干上，尤其是橡木、榉木和枫木。在一些地区被当作野生食用菌。分布于亚洲、大洋洲、欧洲和北美地区。

2024.2.5/ 丰田村 / 廖金朋

2024.2.5/ 丰田村 / 廖金朋

271 夜光小菇 *Mycena noctilucens* Corner 1954

蘑菇目 Agaricales　小菇科 Mycenaceae

菌盖 1.3~1.6cm，凸形、圆形，或具脐状突起，边缘稍上翘，波浪状；干燥，被短柔毛至具丝状，中部浅棕色至米色带粉红色，边缘黄褐色。菌褶贴生至弧形下延，稍疏至疏，两列菌褶片，有网纹，浅棕色至橙灰色或粉红。菌柄 1.2~1.8×0.1cm，中生或稍偏生，等粗或近棒状，中空；深棕至黄褐色，带有深棕色毛。整体发出黄绿色光。菌肉厚 0.2cm，黄褐色。担子 20.8~29.6×6.4~9.6μm，近棒状至棒状，透明至灰黄色，非淀粉质，薄壁，4孢。孢子 (6.4)7.2~8.4(9.6)×(5.2)5.6~7.2(7.6)μm，椭圆形至宽椭圆形，光滑，透明至淡黄色，淀粉质、厚壁。具锁状联合。

单生在腐朽的木头上。分布于马来西亚、新加坡、所罗门群岛等地。

2024.6.29/ 柯山村 / 廖金朋

272 皮尔森小菇 *Mycenapearsoniana* Dennisex Singer 1959

蘑菇目 Agaricales　小菇科 Mycenaceae

2024.4.13/ 双虹桥 / 廖金朋

2024.4.13/ 双虹桥 / 廖金朋

菌盖 0.9~1.8cm，幼时半球形或凸镜形（中央具钝圆突起），渐平展，偶稍下凹；淡紫色、粉紫色至紫色、紫褐色，边缘渐浅至灰紫色、灰白色；边缘稍呈锯齿状，具透明状条纹，呈浅沟槽，水浸状。菌褶弯生至稍延生，淡紫色至紫色，与菌柄连接处具小齿，具横脉。菌柄 4.3~6.5×0.1~0.2cm，圆柱形，中空，脆骨质；灰紫色、深紫色，基部或带有紫褐色；光滑，上部微被粉霜，易消失，基部稍膨大且具少量白绒毛，偶见根状。菌肉淡灰紫色，薄，具强烈的胡萝卜味。担子 22~30×6~9μm，棒状，具 4 小梗。孢子 (6)6.6~8.5(9.6)×(3.6)4~4.6(4.9)μm，椭圆形至长椭圆形。具锁状联合。

夏秋季单生或散生于针叶林中枯枝落叶层上。国内分布于黑龙江、西藏、福建等地。

273 铅色小菇 *Mycena plumbea* P.Karst.1879

蘑菇目 Agaricales　小菇科 Mycenaceae

菌盖 1~3cm，幼时呈锥形或钝钟形，后来凸起，有一个宽大的驼峰；幼时灰色，后为铅灰色，最后为灰褐色，最初也可能为蓝黑色，随后为灰色至灰蓝色，中心较暗，边缘较浅；幼时光滑，湿润，几乎半透明，随着时间的变化而起皱，边缘出现裂缝。菌褶小叶起初白色，后与菌盖颜色相同；中等密度，有 23~28 个小叶，锋利度较浅。菌柄 4~15×0.2~0.3cm，细长，脆弱，几乎与菌盖的颜色相同或更苍白，空心。菌肉灰色、薄、硬、脆。孢子 9~11×5~6.5μm，椭球状，淀粉质。

夏季和秋季单独或群生于冷杉和云杉等针叶林中。不可食用。

2024.6.18/ 上坪村 / 廖金朋

274 洁小菇 *Mycena pura*(Pers.)P.Kumm.1871

蘑菇目 Agaricales　小菇科 Mycenaceae

2024.4.11/ 天斗山 / 罗华兴

2024.4.11/ 天斗山 / 廖金朋

菌盖直径 2~5.5cm，初期扁半球形或钟形，后渐平展，中央常凸起，边缘稍呈锯齿状；淡紫色至紫红色或深紫色；具透明状条纹，水浸状。菌褶直生至稍弯生，较密，不等长，淡紫色，通常具横脉。菌柄 3~7×0.3~0.7cm，近圆柱形，基部稍膨大且具绒毛，与菌盖同色或稍淡，光滑；幼时内实，老后中空。菌肉薄，淡粉紫色。孢子 5.5~10×3~5μm，椭圆形至圆柱形，无色，光滑，壁薄，淀粉质，具油滴。

夏秋季丛生、群生或单生于林中地上、苔藓丛中或腐枝层上。有毒。国内分布于西南、东北、东南等地区。

275 紫褐小菇 *Mycena purpureofusca*(Peck)Sacc.1887

蘑菇目 Agaricales 小菇科 Mycenaceae

菌盖直径 0.6~3.2cm，半球形或钟形，幼时中央钝突起；淡紫色至紫褐色，中央褐色，边缘渐浅至污白色；幼时表面具淀粉粒，后近光滑，干；具不明显透明状条纹，形成浅沟槽，边缘呈波浪状。菌褶直生，与菌柄连接处呈锯齿状，白色，边缘深紫色或紫褐色。菌柄 3.5~8.5×0.15~0.25cm，圆柱形，中空，脆骨质；紫色、紫褐色，基部有时暗褐色并密被白色细小绒毛。菌肉污白色至淡紫色，薄，易碎，淡胡萝卜味。担子 25~34×8~11μm，棒状，内含透明状油滴，薄壁，具4小梗。孢子 (6.9)9.2~11.8×(5.7)6.5~7.9μm，宽椭圆形，无色，光滑，薄壁，淀粉质。

夏秋季单生、散生于红松、落叶松等针叶林枯枝落叶层上。国外分布于欧洲、亚洲等国。国内分布于内蒙古、吉林等地。

2023.10.31/ 上坪村 / 廖金朋

276 赭边小菇 *Mycena rubromarginata*(Fr.) P.Kumm.1871

蘑菇目 Agaricales 小菇科 Mycenaceae

菌盖 1~3cm，圆锥形至抛物面形，生长中变扁平，无毛；有沟纹，半透明有条纹，灰色至灰棕色，浅棕色至深棕色，中心较深，边缘常浅。菌褶贴生，15~22 片达菌柄，上升；背面有脉纹，白色至灰白色，有时带有粉红色，老时更偏向棕色。菌柄 1~6×0.1~0.2cm，等粗至下部稍变宽，圆柱形，直或弯曲，中空；有粉霜至细被微柔毛，大部分变光滑，与菌盖同色，基部密被白色纤丝。担子 28~34×8~12μm，棒状，4孢，小梗长 8μm。孢子 9.2~13.4×6~9.4μm，宽梨形至近球形，光滑，淀粉质。具锁状联合。

夏季至秋季生于针叶树和落叶树的倒下树枝和腐朽木上，也生于针叶树树桩以及活着的落叶树（被苔藓覆盖的）树皮上。高山地区常见于柳树上。

2024.3.16/ 丰田村 / 廖金朋

2024.4.13/ 双虹桥 / 罗华兴

277 球果小菇 *Mycena strobilinoidea* Peck 1893

蘑菇目 Agaricales　小菇科 Mycenaceae

菌盖直径 0.3~1.5cm，半球形或钟形，幼时中央圆锥状至钝突起；亮橘黄色、橙色至橙红色，边缘颜色稍深；初期偶见细小颗粒状粉末，后光滑；距边缘 1/2 处具透明状条纹，形成沟槽，边缘微呈波浪状。菌褶直生，与菌柄连接处具小齿，橙黄色，边缘橙红色。菌柄 2.1~5.8×0.05~0.15cm，圆柱形，中空、脆骨质；亮黄色、橙红色、橘红色，上部表面被白色细小颗粒物，老后光滑，基部密被橙红色绒毛。菌肉淡橘黄色，薄，易碎。担子 21~30×6~8μm，棒状。孢子 (6)6.8~9.1(9.7)×4.3~5.5μm。具锁状联合。

夏秋季单生、散生于针叶林中枯枝落叶层上。国外分布于欧洲、北美洲、亚洲等国。国内分布于四川、福建等地。

2023.10.31/ 上坪村 / 廖金朋　　2023.10.31/ 上坪村 / 廖金朋

278 浅黄小菇 *Mycena xantholeuca* Kühner 1938

蘑菇目 Agaricales　小菇科 Mycenaceae

2024.4.9/ 西溪岬 / 罗华兴　　2024.4.9/ 西溪岬 / 罗华兴　　2024.4.13/ 双虹桥 / 廖金朋

菌盖直径 0.5~3cm，圆锥形至凸钟形；几乎不具沟，边缘附近具半透明条纹，被粉霜，渐变为光滑；非常浅的灰白色、奶油色至微黄白色，边缘通常为纯白色或更黄。菌褶狭窄贴生，附着于菌柄上，具短齿下延；白色，在标本中变为淡黄粉色。菌柄 1~7×0.05~0.22cm，中空，等粗，直；下部弯曲，光滑，无毛；水白色至灰色，基部较暗；基部被纤维覆盖。新鲜时无气味，干燥时记录为碘仿气味。

单生、群生在落叶乔木的原木、树桩和树干上，尤其是榉木、橡木和桦木上。

279 高山扇菇 *Panellus alpinus* Q.Y.Zhang, F.Wu & Y.C.Dai 2022

蘑菇目 Agaricales 小菇科 Mycenaceae

2024.1.27/ 天斗山 / 廖金朋

2024.1.27/ 天斗山 / 廖金朋

　　菌盖直径 0.15~0.4cm，扇形、半圆形或椭圆形；表面新鲜时白色至奶油色，干燥时呈白色，不透明；凸面至平面，有粉状物；边缘弯曲，全缘。菌褶与菌盖表面同色，孔状，每个担子果约有 80~150 个孔；成熟孔每毫米 4~6 个，圆形或延长至椭圆形；管长达 0.02cm。菌柄短、侧生，基部直径 0.04~0.1cm，与菌盖表面同色，渐细至稍肿胀的基部，表面有粉状物。菌肉薄。孢子 (4.5~)4.8~6(~6.5) × (2.7~)2.8~3.6μm，长椭圆形，尖端渐尖，透明，薄壁，光滑，有一些小油滴。

　　生长在枯死竹上。模式产地在中国西藏波密县。

280 小孢扇菇 *Panellus microspermus* Q.Y.Zhang,Q.Chen & Yuan Yuan2023

蘑菇目 Agaricales 小菇科 Mycenaceae

2023.8.12/ 龙头村 / 廖金朋

2023.8.12/ 龙头村 / 廖金朋

　　菌盖 0.5~1.5 × 0.3~0.9cm，肾形至扇形，新鲜和干燥时菌盖表面呈灰色至灰棕色，不透明，凸起到平面，有粉状粉霜；干燥时边缘内弯，全缘。菌褶贴生，从菌盖基部辐射生长，胶状，表面有白色粉状结壳。菌柄侧生或退化，基部 0.05~0.2 × 0.1~0.3cm，与菌盖表面同色或颜色更深，突然膨大进入菌盖，基部有一小盘，表面有粉霜。菌肉浅灰棕色，薄，胶状。子实层与菌肉同色，片状。担子 18~22 × 4~5μm，棒状，薄壁，光滑，4 孢，小梗长 3~5μm。孢子 (2.2~)2.5~3.2(~3.5) × 1.5~2(~2.1)μm，椭圆形，在小尖处变细，透明，薄壁，光滑。

　　群生在倒下的被子植物树枝上。模式产地是中国贵州宽阔水自然保护区。

281 小网孔菇（小扇菇 小网孔扇菇）*Panellus pusillus*(Pers ex Lév.)Burds.& O.K.Mill.1975

蘑菇目 Agaricales 小菇科 Mycenaceae

菌盖直径0.8~3cm，扇形、平展，边缘稍内卷，呈半圆形或肾形，边缘轮廓不规则形，有时呈撕裂或呈波状，干，有细绒毛或棉毛；成熟时具褶皱、龟裂纹或麦皮状小鳞片，棕色至淡黄棕色，有时褪色至污白色。菌褶直生，密，常分叉；褶间有横脉，白色至淡黄棕色、淡黄色、浅褐色、浅土黄色、橙白色或黄褐色至褐色等。菌柄侧生，短，基部渐细，淡肉桂色。菌肉幼时为肉质，老后为革质。孢子4~6×2~2.5μm，椭圆形，光滑，无色，淀粉质。

春季至秋季群生于阔叶树树桩、树干及枯枝上。可药用。多见于我国南方地区。

2023.8.22/ 天斗山 / 廖金朋

282 裂口扇菇 *Panellus ringens*(Fr.)Romagn.1945

蘑菇目 Agaricales 小菇科 Mycenaceae

2024.1.27/ 双虹桥 / 廖金朋

菌盖直径0.3~1.1cm，扇形、近圆形或肾形；幼时肉质后膜质，淡紫色、紫褐色或红褐色；幼时菌盖边缘内卷后渐平展，沿菌褶形成辐射状沟纹（潮湿时明显），被奶油色至浅黄色微细绒毛。菌褶直生，棕黄色至红褐色，从着生点放射而出，中密至稍密，宽0.05~0.15cm，不等长。菌柄0.1~0.2×0.1cm，极短（或无），侧生，与菌盖同色或稍浅，被细密米黄色至浅黄色绒毛，实心。菌肉薄，棕黄色至黄褐色，味道苦。担子11~18×2~3μm，棒状或窄棒状，无色或浅黄色，具4(2)小梗，薄壁，周围偶见黏液。孢子5.2~7.3×1.7~2μm，椭圆形，腊肠形，光滑，无色，淀粉质。孢子印白色。具锁状联合。

群生于阔叶林中枯枝上。分布于北美洲、亚洲等，国内分布于吉林、福建等地。

283 鳞皮扇菇 *Panellus stipticus* (Bull.) P.Karst.1879

蘑菇目 Agaricales　小菇科 Mycenaceae

　　菌盖宽 1~3cm，扇形；浅土黄色、橙白色或黄褐色至褐色等；幼时为肉质，老后为革质，平展，边缘稍内卷，呈半圆形或肾形；边缘轮廓不规则形，有时呈撕裂或波状，干，有细绒毛或绵毛；成熟时具褶皱、龟裂纹或麸状小鳞片，棕色至淡黄棕色，有时褪色至污白色。菌褶直生，密，常分叉；褶间有横脉，白色至淡黄棕色。菌柄侧生，短，基部渐细，淡肉桂色。菌肉白色、淡黄色或稍褐色。孢子 4~6 × 2~2.5μm，椭圆形，光滑，无色，淀粉质。

　　春至秋季群生于阔叶树树桩、树干及枯枝上。有毒，可药用。中国各区均有分布。

2023.8.22/ 天斗山 / 罗华兴　　　　　　　　　　　　　　2023.8.22/ 天斗山 / 罗华兴

284 玫瑰脂小菇 *Resinomycena rhododendri* (Peck) Redhead & Singer 1981

蘑菇目 Agaricales　小菇科 Mycenaceae

(参考脂小菇属 *Resinomycena* Redhead & Singer 1981)

2023.10.31/ 上坪村 / 罗华兴　　　　　　　　　　　　　2023.10.31/ 上坪村 / 罗华兴

　　担子体亚脐菇型或小皮伞型；菌盖半球形，白色或污白色，偶浅褐色，表面被粉霜或具黏液层。菌褶直生或稍延生，白色或污白色。菌柄中生或偏生，圆柱形，表面被粉状或具黏液层。菌肉薄，白色。孢子椭圆形、圆柱形或纺锤形；无色，光滑，薄壁，淀粉质。褶缘囊状体多样，圆柱形、棒状、泡囊形或不规则，具油脂状内含物。侧生囊状体常缺失。菌褶菌髓糊精质。菌盖表皮平伏型或栅栏型，末端细胞具分枝或呈珊瑚状。具锁状联合或无。

　　夏秋季生于温带和亚热带针叶林或阔叶林中腐木、活立木或枯枝落叶层上。模式产地在美国。国内分布于西南、东南地区。

285 朱阳辛黏柄小菇 *Roridomyces pseudoirritans* A.A.Kiyashko 2020

蘑菇目 Agaricales　小菇科 Mycenaceae

　　菌盖直径约 0.78cm，初凸起，后平凸，中心凹或近脐状；有放射状半透明纵条纹，边缘反卷，具细齿，膜质；干燥，中央呈天鹅绒状，浅灰橙色，边缘变黄白色，或具模糊的红棕色斑点。菌褶弧形下延，或有斑点，稍有侵蚀。菌柄 2.8×0.15cm，圆柱形，向顶端稍渐细；有光泽，光滑，稍透明，顶端白色，向基部渐变为棕橙色，覆盖厚玻璃质黏性鞘。菌肉较薄。担子 12.9~17.6(~19.8)×4.5~6μm，4 孢，近棒状，薄壁。孢子 5.7~7.4(~8.1)×3~3.9(~4.2)μm，椭圆形至长椭圆形，少近圆柱形，具小尖，光滑，透明，具淀粉质反应。

　　群生或簇生在阔叶树和思茅松的山地混交林腐木上。模式产地是越南多乐省朱阳辛国家公园。

2024.4.6/ 南溪 / 罗华兴

2024.4.6/ 南溪 / 罗华兴

286 黏柄小菇 *Roridomyces roridus*(Fr.)Rexer 1994

蘑菇目 Agaricales　小菇科 Mycenaceae

　　菌盖直径 1~3.5cm，半球形至钟形，不黏，灰褐色或污黄色，有时近白色，有明显的条纹。菌褶直生或延生，白色，稀疏。菌柄 4~8×0.2~0.5cm，表面胶黏，灰白色。菌肉薄，白色。孢子 8.5~10.5×4.5~5.5μm，椭圆形，光滑，无色，淀粉质。

　　夏季丛生于针阔混交林内阔叶树腐木上或草地上。国内分布于东北、东南地区。

2023.10.31/ 上坪村 / 廖金朋

287 短柄干脐菇 *Xeromphalina brevipes* T.Bau & L.N.Liu 2018

蘑菇目 Agaricales 小菇科 Mycenaceae

菌盖直径 0.1~0.6cm，幼时半球形或钟形，后平展；淡黄色至淡黄褐色，中部颜色较深；边缘水浸状，具条纹。菌褶延生，淡黄色。菌柄 0.20~0.50×0.05~0.12cm，偏生，圆柱形，黄褐色，中空；被绒毛，纤维质，基部被黄色菌丝体。菌肉白色或淡黄色。担子 28~39×7~9μm，棒状，具 4(2) 小梗，长 2~4μm。拟担子 15~34×4~8μm，棒状。孢子 4.9~5.8×1.9~2.1μm，圆柱形，无色，光滑，薄壁，内含油滴，淀粉质。除孢子外，其他组织非淀粉质。具锁状联合。

夏季群生于被苔藓的腐木上。国内分布于安徽、福建等地。

2024.1.10/ 上坪村 / 罗华兴　　2024.1.10/ 上坪村 / 罗华兴

288 酷纽干脐菇 *Xeromphalina cornui*(Quél.) J.Favre 1936

蘑菇目 Agaricales 小菇科 Mycenaceae

2024.4.11/ 天斗山 / 罗华兴　　2024.4.11/ 天斗山 / 罗华兴

菌盖直径 0.8~1.5(2)cm，橙色，淡黄色，肉黄色，放射状纤维状，有凹槽。菌褶下延，宽，中间有短褶，淡黄色，橙黄色，幼时边缘金黄色，有中间和横向薄片。菌柄淡黄色，基部红褐色。菌肉淡黄色至深红棕色，薄。无气味，味道苦涩。孢子 5~6×3~4μm。孢子印白色。

夏至秋季生长在靠近松树的混交林中，特别是在埋藏枯木、树干、树枝或树桩上长苔藓或潮湿处。

289 炭褶菌 （种 1）*Anthracophyllum* sp.1

蘑菇目 Agaricales　类脐菇科 Omphalotaceae

2023.8.24/ 三畲村 / 罗华兴　　　　　　　2023.7.27/ 龙头村 / 廖金朋　　　　　　2023.7.27/ 龙头村 / 廖金朋

　　菌盖 0.6~3.5×0.5~3cm，近肾形、半圆形、扇形或椭圆形；有放射状沟纹，肉褐色至茶褐色或红茶褐色，有时具有浅色的边缘。菌褶稀疏，狭窄，共有 9~13 片完全菌褶及部分不完全菌褶，从着生基部呈辐射状排列生出；与菌盖同色至带灰色、灰褐色至暗褐色，个别有分叉。菌柄缺或极小，侧面着生。菌肉薄，较韧，褐色至带淡黄绿色。孢子 6.5~9×4~5μm，椭圆形，近无色至淡褐色。

　　夏秋季群生于阔叶树的枯枝上。国内分布于东南地区。

290 双色拟金钱菌 （近缘种）*Collybiopsis* aff. *dichroa*(Berk.& M.A.Curtis)R.H.Petersen 2021

蘑菇目 Agaricales　类脐菇科 Omphalotaceae

（参考双色拟金钱菌 *Collybiopsis dichroa*(Berk.& M.A.Curtis)R.H.Petersen 2021 ）

　　菌盖直径 1.3~3.7cm，初凸镜形，边缘稍内卷，成熟后渐平展；边缘具明显皱褶状长条纹，初深棕色至红棕色，成熟后颜色较浅，呈浅红棕色至土黄色。菌褶弯生，白色至浅黄色，边缘光滑。菌柄 1.5~3.5×0.2~0.5cm，近圆柱形，基部渐粗，柔韧，上部与菌盖同色，下部颜色较深，呈橄榄褐色至褐色，表面具短绒毛，中空。菌肉较薄，白色。担子 20.5~27×4.2~6.6μm，棒状至圆柱形。孢子 9.8~11.8×3.2~4.4μm，椭圆形至近梭形，光滑。孢子印白色至奶油色。

　　群生于阔叶林中的树桩上。

2024.3.7/ 柯山村 / 廖金朋　　　　　　　　　　　　　　2024.3.16/ 丰田村 / 廖金朋

291 双型拟金钱菌 *Collybiopsis biformis*(Peck) R.H. Petersen 2021

蘑菇目 Agaricales 类脐菇科 Omphalotaceae

菌盖直径 2~4cm，凸形，脐状至微凹盘状；干燥，边缘光滑，红棕色至暗红色。菌褶贴生，薄，稍疏至接近，白色至粉红色。菌柄 2.3~3.3×0.6~0.9cm，红棕色，等粗，基部稍宽，侧面压缩并纵向开槽，直，覆盖有白色绒毛。担子 11.9~15.1×3~4.3μm，棒状，4孢。孢子 (3.5~)3.8~6.8(~7)×(1.7~)1.8~2.7(~3)μm，泪滴状，无淀粉质反应，光滑。具锁状联合。

生长在橡树林中的砾石土壤上。

2023.10.10/ 柯山村 / 廖金朋　　2023.10.10/ 柯山村 / 廖金朋

292 克莱维拟金钱菌 *Collybiopsis clavicystidiata* J.S.Kim & Y.W.Lim 2022

蘑菇目 Agaricales 类脐菇科 Omphalotaceae

2024.6.18/ 上坪村 / 廖金朋

菌盖 0.6~4.5cm，凸起到半球形，随着时间推后变为平凸到扁平，边缘上翘；表面光滑，无光泽，湿时透明，中心为灰橙色至褐色，边缘为白色，随着生长变化颜色转浅。菌褶贴生，稍稀疏，白色。菌柄 1.5~2.6×0.12~0.16cm，圆柱形，被绒毛，白色至红灰色。担子 18.3~30×4.1~8.8μm，4孢，狭棒状，狭坛形，常弯曲。孢子 6.7~9.4×3.1~4.6μm，长圆形至圆柱形，光滑，无色透明。具锁状联合。

夏季单生或散生在针叶树的死木碎片上。模式产地在韩国全罗南道。分布于韩国、中国等。

293 群生拟金钱菌 *Collybiopsis confluens*(Pers.) R.H.Petersen 2021

蘑菇目 Agaricales 类脐菇科 Omphalotaceae

菌盖直径 0.8~1.7cm，半球形至近平展，中部稍凸，浅土黄色至深土黄色，光滑。菌褶浅黄色，近离生，不等长。菌柄 1.5~3.65×0.2~0.4cm，细长，棍棒状，浅褐色，中空，基部具白色绒毛。侧生囊状体 25.6~30.5×4~5.4μm，棒状，顶端尖。盖皮菌丝分叉，直径 4.3~4.7μm。

国内分布于甘肃、内蒙古、湖南等地。

2024.4.13/ 双虹桥 / 廖金朋

294 双色拟金钱菌 *Collybiopsis dichroa*(Berk.& M.A.Curtis)R.H.Petersen 2021

蘑菇目 Agaricales 类脐菇科 Omphalotaceae

2024.4.13/ 双虹桥 / 罗华兴

菌盖直径 1.3~3.7cm，初凸镜形，边缘稍内卷，成熟后渐平展；边缘具明显皱褶状长条纹，初深棕色至红棕色，成熟后颜色较浅，呈浅红棕色至土黄色。菌褶弯生，白色至浅黄色，边缘光滑。菌柄 1.5~3.5×0.2~0.5cm，近圆柱形，基部渐粗，柔韧，上部与菌盖同色，下部颜色较深，呈橄榄褐色至褐色，表面具短绒毛，中空。菌肉较薄，白色，无特殊气味，味道柔和。担子 20.5~27×4.2~6.6μm，棒状至圆柱形。孢子 9.8~11.8×3.2~4.4μm，椭圆形至近梭形，光滑。孢子印白色至奶油色。

群生于阔叶林中的树桩上。

295 茂繁拟金钱菌 *Collybiopsis luxurians*(Peck) R.H. Petersen 2021

蘑菇目 Agaricales　类脐菇科 Omphalotaceae

菌盖直径 3~11cm，幼时凸形，边缘内弯，后变为宽钟形或扁平；干燥或发黏，无毛；幼时深红棕色，褪色为粉红色、棕褐色；通常有条纹状。菌褶窄贴生附着于菌柄，紧密，短褶频繁；幼时白色，很快变暗为浅粉红色、棕褐色。菌柄 4~7×0.4~1.5cm，在略微膨大的基部上方大致相等，上部白色，下部浅黄色至褐色；通常在基部附有白色基生菌丝体或根状菌索。菌肉白色至浅粉红色、棕褐色，伤不变色。略带芳香或苦味。孢子 7~11×3~4.5μm，长扁桃形，光滑，透明，无淀粉质反应。孢子印白色至乳白色。具锁状联合。

夏季和秋季群生或紧密簇生于木屑中，或草坪上（可能从死亡的、埋藏的根部生长），很少直接从原木和树桩上生长。分布于北美洲、亚洲。

2024.6.25/ 西溪岬 / 廖金朋　　　　2024.6.25/ 西溪岬 / 廖金朋

296 多纹拟金钱菌 *Collybiopsis polygramma*（Mont.）R.H.Petersen 2021

蘑菇目 Agaricales　类脐菇科 Omphalotaceae

菌盖直径约为 2~5cm，由中间凸起的半圆形，变为扁平化的圆形山形；表面在幼时或潮湿时由红棕色变为黄棕色，中间深色；边缘柔软，幼时表面光滑，但随着它的生长，根据皱纹的形状，整个菌盖会形成径向不规则的条纹，老时边缘呈波浪状；干燥后，它会变成淡淡的稻草状颜色，线条消失，看起来很粗糙。菌柄约 4~9cm，等粗，白色，有垂直的细条纹，上面附着细粉。菌肉薄。孢子 7~9×3.5~5μm，椭圆形，表面光滑透明。孢子印白色。

夏季簇生于枯死的树干、树枝、硬木树桩上。分布于韩国、中国等。

2024.5.27/ 三畲村 / 廖金朋

297 绒毛柄拟金钱菌 *Collybiopsis vellerea* J.S. Kim & Y.W. Lim 2022

蘑菇目 Agaricales 类脐菇科 Omphalotaceae

菌盖直径 1.8~4.5cm，半球形至凸形，老时近脐状，边缘隆起；表面光滑，暗淡，具吸水性，中心为橙白色至灰橙色，逐渐向边缘变浅。菌褶密集至稍密集，分叉，白色。菌柄 1.5~5.5×0.3~0.5cm，圆柱形，细绒毛状，浅橙色至红灰色，基部颜色变深。担子 16.2~24.8×3.3~5.3μm，4孢，（狭长）棒状，通常弯曲或缢缩。孢子 5.2~7×2.5~3.8μm，长圆形至近圆柱形，光滑，透明。具锁状联合。

夏季至秋季，散生或群生于针叶落叶层上。模式产地在韩国。

2023.7.23/ 西溪岬 / 廖金朋

298 绒足拟金钱菌 *Collybiopsis villosipes*（Cleland）R.H. Petersen 2021

蘑菇目 Agaricales 类脐菇科 Omphalotaceae

菌盖直径 1.5~3cm，凸起，展开后近平面，有时中央凹陷呈脐状；边缘内卷，后变下弯，盖外半圈有条纹状褶皱，成熟时有时撕裂或被侵蚀；表面光滑，具吸湿性，深褐色褪至暗褐色。菌褶延生或离生，紧密，中宽；最初为灰褐色，变为暗浅褐色至浅黄色。菌柄 2~5×0.1~0.3cm，纤细，柔韧，直或弯曲，圆形，扁平至具凹槽，大致等粗；新湿时中褐色，具短柔毛，毛有时贴伏；干燥时，顶端暗黄色，基部灰褐色，具明显短柔毛；无菌幕。菌肉苍白，很薄。孢子 6~8.5×3.5~4μm，椭圆形，光滑，非淀粉质。孢子印白色。

深秋到仲冬群生或簇生于针叶树下腐殖土上，偶在木屑中生长。

2024.6.18/ 南溪 / 廖金朋

2024.6.18/ 南溪 / 廖金朋

299 强葱味裸脚伞 *Gymnopus alliifoetidissimus* T.H. Li & J.P.Li 2020

蘑菇目 Agaricales　类脐菇科 Omphalotaceae

　　菌盖宽 0.4~1.8cm，凸形至平凸形，展开为近平展或平凹形；中央稍凹陷，具吸湿性，无毛；从边缘至半径的 2/3 处有条纹，近平展时几乎至中央，整体白色，有时在菌盖中央周围有橙色至棕橙色调。菌褶离生至窄贴生，线形至腹状；新鲜时白色，干燥时白色至淡橙色。菌柄长 0.6~1.3cm，顶端直径 0.05~0.3cm，基部直径 0.05~0.1cm，中生，圆柱形或扁平，中空。菌肉薄，白色。气味有强烈的蒜味。担子 20~28.5 × 5~6.5μm，棒状，4 孢，无色透明。孢子 6~7 × 3~4μm，椭圆形至近泪滴形，光滑，无色透明，薄壁。具锁状联合。

　　群生在阔叶林的腐烂小树枝或小枝条上。腐生菌。

2023.9.17/ 南溪 / 廖金朋　　　　　　　　　　　　　　　　　　2024.6.4/ 南溪 / 罗华兴

300 点地梅裸脚伞 （安络小皮伞　点地梅小皮伞）*Gymnopus androsaceus* (L.)J.L.Mata & R.H.Petersen 2004

蘑菇目 Agaricales　类脐菇科 Omphalotaceae

2024.4.6/ 南溪 / 廖金朋　　　　　　　　　　　　　　　　　　2024.4.9/ 西溪岬 / 廖金朋

　　菌盖直径 0.5~1.5cm，半球形、凸镜形至平展，中部稍下陷至脐状；具放射状沟纹，浅褐色、黄褐色、灰褐色至暗褐色，光滑。菌褶直生，密至稍稀，不等长，窄，污白色至浅杏黄褐色，后期变暗。菌柄 2.5~6.5 × 0.3~1cm，光滑；黑褐色或稍浅，上部浅红褐色，下部近黑色，有时基部有浅黄色绒毛状物，常具黑褐色至黑色的细长菌索，菌索直径 0.05~0.1cm。菌肉薄，奶油色。孢子 5~8.5 × 3~4.5μm，长椭圆形，无色，光滑，非淀粉质。

　　初夏至秋季生于较阴暗潮湿环境的植物残体，特别是枯树枝层上，雨后常大量发生。可药用。国内分布于东北、华中和东南地区。

301 金黄裸脚伞 *Gymnopus aquosus*(Bull.)Antonín & Noordel.1997

蘑菇目 Agaricales　类脐菇科 Omphalotaceae

　　菌盖直径 0.4~4cm，幼时凸镜形，成熟后渐平展；金黄色，中部颜色较深，表面光滑，边缘水渍状。菌褶直生至近延生，稍密，浅黄色，不等长，褶缘近平滑。菌柄 3~11×1~3cm，圆柱形，中生，微弯曲，同菌盖色。菌肉浅黄色，伤不变色。孢子 5.5~7×3~4μm，椭圆形，光滑，淡黄色至无色，非淀粉质。

　　夏季簇生于针阔混交林中地上。国内分布于东北、东南地区。

2024.4.6/ 南溪 / 廖金朋

2024.4.6/ 南溪 / 罗华兴

302 芸苔裸脚伞 *Gymnopus brassicolens* (Romagn.)Antonín & Noordel.1997

蘑菇目 Agaricales　类脐菇科 Omphalotaceae

　　菌盖直径 1~3cm，幼时钟形，成熟时凸镜形至平展；中部亮黄色至橙黄色，边缘颜色较淡，表面光滑。菌褶直生至附生，密集，白色。菌柄长 1.5~3.5cm，中生，圆柱形，顶部亮黄色，越往下颜色越深，为褐色至黑褐色，表面光滑。孢子 4~6.5×2.5~3.5μm，椭圆形，光滑。

　　群生于阔叶林中的落叶层上。国内分布于江西、福建等地。

2023.7.23/ 西溪岬 / 廖金朋

303 乳脂裸脚伞 *Gymnopus cremeostipitatus* Antonín, Ryoo & Ka 2014

蘑菇目 Agaricales　类脐菇科 Omphalotaceae

菌盖直径 0.1~0.3(0.5)cm，半球形，后变为凸形或平的；中央浅褐色，边缘米白色至灰白色；有时具条纹和沟纹，稍具吸湿性。菌褶宽贴生，稀疏，淡米色，边缘同色。菌柄 0.5~2.5(3.0)×0.02~0.05cm，丝状，半透明，脆弱；具细毛，与菌褶同色，顶端为米白色，其他部分为淡米色。菌肉薄，膜质。担子 19~22×6~6.5μm，棒状，4孢。孢子 (6.25)6.5~8×(2.5)2.75~3(3.5)μm，泪滴形、梭状椭圆形，光滑，无色透明，薄壁。具锁状联合。

生长在山茶属植物的叶子上。模式产地是韩国莞岛植物园。

2024.3.8/ 天宝岩主峰 / 廖金朋　　2024.3.8/ 天宝岩主峰 / 廖金朋

304 小裸脚伞 *Gymnopus diminutus*(Berk. & Broome)A.W.Wilson, Desjardin & E.Horak 2004

蘑菇目 Agaricales　类脐菇科 Omphalotaceae

菌盖直径 0.25~0.6cm，半球形至宽凸形；光滑至具粉霜，干燥，具吸湿性，边缘直或稍内弯，全缘；整体呈淡橙白色。菌肉薄，气味和味道不明显。菌褶贴生，较密（34片），有两列小菌褶；蜡质，全缘，狭窄。菌柄 0.4~1.6×0.05~1cm，中生，等粗；基部有一小菌托，实心，光滑至具粉霜，非胶质。担子 20.5~23×4~5μm，棒状，4孢；小担子棒状，具锁状联合。孢子 4.8~6.4×2.8~4μm，侧面观为椭圆形，正面观为扁桃形，光滑，无色，非淀粉质。

2023.9.2/ 共裕村 / 廖金朋

305 臭味裸脚伞 *Gymnopus dysodes* (Halling) Halling 1997

蘑菇目 Agaricales　类脐菇科 Omphalotaceae

2024.6.18/ 上坪村 / 罗华兴

菌盖直径 0.6~6cm，凸起，边缘下弯，后变平凸至平面，边缘平直或上翘；湿润，无毛，光滑；幼时暗红棕色，后褪为肉桂棕色。菌褶延生至贴生，稀疏，中等薄，浅葡萄色、浅黄色，边缘整齐。菌柄1.5~4×0.2~0.5cm，等粗或基部稍膨大，圆柱形至扁平；幼时坚韧，老时易碎；表面起初整体有细粉霜，后顶端近光滑，葡萄色、浅黄色；内部起初充实，后中空。菌肉，白色。气味刺鼻，像洋葱或大蒜。味道像洋葱。担子 14~27.8×5.6~7μm，棒状，4 小梗。孢子7.8~8.4(~9)×3.5~4.2μm，侧面观泪滴形至狭杏仁形，正面或背面观倒卵形，光滑，非淀粉质。孢子印白色，储存后变为奶油色。具锁状联合。

群生或簇生在木屑中。分布于美国、中国等地。

306 类脐菇裸脚伞 *Gymnopus omphalinoides* J.P. Li, T.H. Li & Yu Li 2022

蘑菇目 Agaricales　类脐菇科 Omphalotaceae

菌盖直径 0.1~0.4cm，薄膜状，幼时呈半球形，逐渐变为凸形、平凸形或平坦，通常在中心处有一个小凹陷，边缘有时呈波浪状；表面光滑，从橙色到棕色不等，逐渐变淡。菌褶贴生，宽，新鲜时白色，有时在某些地方带有灰红色或棕色的色调，边缘整齐或分裂。菌柄长 1~3cm，中生，圆柱形等；幼时带有密集的基部菌丝，老化后消失，中空，纤维状，颜色从暗白到灰红，顶端为白色或橙红色，基部变为深棕色。孢子 (3.5~)4~5.5(~6)×2.5~3(~3.5)μm，椭圆形或杏仁形。

群生或散生在阔叶林的根部和树桩周围。腐生菌。国内分布于广东、贵州、云南等地。

2024.125/ 丰田村 / 廖金朋

2024.6.18/ 南溪 / 廖金朋

307 淡柄裸脚伞 *Gymnopus pallipes* J.P. Li & Chun Y. Deng 2021

蘑菇目 Agaricales 类脐菇科 Omphalotaceae

2023.8.22/ 天斗山 / 廖金朋   2024.3.8/ 天宝岩主峰 / 廖金朋

担子果小皮伞状。菌盖直径 0.55~1.85cm，膜质，幼嫩时为半球形，后凸形或中心稍凹陷，变为平凸至近平展，菌盘处凹陷至脐状；中央凹陷有小乳头，干燥，具吸湿性，边缘稍具半透明条纹，老时具沟纹。菌褶贴生，稀疏，有时连接到假菌环；白色，很快变浅黄、浅棕色至棕色。菌柄长 1~2.2cm，顶端直径 0.05~0.25cm，基部粗 0.05~0.15cm，着生于中央且生于基物上；有根状菌索存在，与菌柄同色，有光泽，丝状，简单，匍匐。担子 20~31.5 × 5.5~6.5μm，4 孢，棒状，圆柱形。孢子 5~7 × 3~3.5μm，椭圆形至长圆形。具锁状联合。

群生在阔叶林的死小树枝或树枝上。腐生菌。

308 多纹裸脚伞 *Gymnopus polygrammus* (Mont.) J.L.Mata 2003

蘑菇目 Agaricales 类脐菇科 Omphalotaceae

菌盖直径 1.5~2cm，中凸至平凸；表面光滑，具明显放射状条纹，黄褐色，边缘上翘，波浪状。菌褶直生至离生，宽，与菌盖同色。菌柄 1.3~4 × 0.2~0.3cm，中生，扁平状，纤维质，黄褐色。孢子 5.2~6 × 3~4μm，椭圆形，光滑，无色。

群生或近丛生于阔叶林地。国内分布于浙江、福建等地。

2024.4.15/ 听涛亭 / 罗华兴   2023.8.17/ 听涛亭 / 罗华兴

309 隔膜裸脚伞 *Gymnopus sepiiconicus*(Corner) A.W. Wilson, Desjardin & E. Horak 2004

蘑菇目 Agaricales　类脐菇科 Omphalotaceae

菌盖直径 1.5~2cm，宽凸至平凸，边缘下弯，直或上翘且波状，红棕色。菌肉非常薄，与表面同色。菌褶贴生至近下延，上升，接近密集。菌柄 3~5×0.3cm，中生，下部等粗或少有逐渐向下变窄。担子 19~22×6~7μm。孢子 5.5~6×3.5~3.8μm，长椭圆形，光滑，无色透明。

生长在混合林中的陈旧落叶和部分腐烂的叶子上。模式产地在韩国。

2024.3.21/ 天斗山 / 罗华兴

2024.4.15/ 双虹桥 / 廖金朋

310 亚硫裸脚伞 *Gymnopus subsulphureus*(Peck) Murrill 1916

蘑菇目 Agaricales　类脐菇科 Omphalotaceae

菌盖直径 1~4cm，凸形，变为平凸形；光秃，湿润，浅至亮黄色，干燥时明显褪色为米色或淡黄色，通常会经历一个双色阶段。菌褶窄贴生至菌柄，非常密集，黄色至淡黄色。菌柄 2~10×0.7cm，大致等粗，有一个小的基部球茎，干燥至油腻，中空，基部连接着粉红色的根状菌索。菌肉薄，白色至淡黄色。孢子 5~6.5×2.5~3.5μm，光滑，椭圆形，非淀粉质。孢子印白色。

春季单生、散生或群生于林地。腐生菌。

2024.4.13/ 双虹桥 / 廖金朋

2024.4.15/ 听涛亭 / 廖金朋

311 天宝岩裸脚伞 *Gymnopus tianbaoyanensis* J.P.Li,Chang−Tian Li & Y.Li 2024

蘑菇目 Agaricales 类脐菇科 Omphalotaceae

　　菌盖直径 1~2.8cm，肉质，幼时呈半球形至凸镜形，成熟后为平凸至扁平；干燥，水浸状，边缘有径向沟纹，整体呈灰橙色，有时中央加深为锈棕色，靠近边缘颜色较淡，橙白色或接近白色。菌褶稍密，宽度可达 0.1cm，离生或窄直生，呈白色。菌柄长 1.4~7cm，中生，圆柱形；顶部膨大且略微压扁，基部通常渐细，纤维状；表面覆有细密的白色粉霜，上部呈白色至灰橙色，颜色向顶端逐渐变浅，向基部逐渐变深至近黑色。气味独特，类似腐烂的卷心菜。

　　丛生于亚热带阔叶与针叶混交林下。腐生菌。模式产地是中国福建天宝岩国家级自然保护区。本新种发表于 2024 年 9 月。

2023.9.24/ 听涛亭 / 罗华兴

2024.4.28/ 双虹桥 / 罗华兴

2023.9.24/ 双虹桥 / 廖金朋

312 多色裸脚伞 *Gymnopus variicolor* Antonin,Ryoo,Ka & Tomsovsky 2016

蘑菇目 Agaricales 类脐菇科 Omphalotaceae

　　菌盖直径 1~5cm，中凸至平凸；表面光滑，有放射状条纹，红棕色或红褐色，边缘内卷，波浪状。菌褶直生至离生，宽，灰棕色或灰褐色。菌柄 3~8×0.25~0.5cm，中生，圆柱形；表面被细微绒毛，污白色，向基部颜色略深。孢子 4~5.6×2.8~3.6μm，椭圆形，无色，光滑。

　　单生或群生于阔叶林地。国内分布于浙江、福建等地。

2023.8.22/ 天斗山 / 廖金朋

2023.8.22/ 天斗山 / 陈安生

313 香菇 （香蕈 香信 冬菰 花菇 香菰）*Lentinula edodes*（Berk.）Pegler 1976

蘑菇目 Agaricales 类脐菇科 Omphalotaceae

菌盖直径 5~12cm，呈扁半球形至平展；浅褐色、深褐色至深肉桂色；具深色鳞片，边缘处鳞片色浅或污白色；具毛状物或絮状物，干燥后的子实体有菊花状或龟甲状裂纹；边缘初时内卷，后平展；早期菌盖边缘与菌柄间有淡褐色绵毛状的内菌幕，菌盖展开后，部分菌幕残留于菌缘。菌褶弯生，密，不等长，白色。菌

2023.12.12/ 丰田村 / 廖金朋

2024.8.27/ 共裕村 / 刘庆才

柄 3~10 × 0.5~3cm，中生或偏生，常向一侧弯曲，实心，坚韧，纤维质。菌环窄，易消失，菌环以下有纤毛状鳞片。菌肉厚或较厚，白色，柔软而有韧性。孢子 4.5~7 × 3~4μm，椭圆形至卵圆形，光滑，无色。

秋冬季散生、单生于阔叶树倒木上。著名食用菌。国内分布于东北、华中、东南等地区。

314 波利微皮伞 *Marasmiellus bonii* Segedin 1995

蘑菇目 Agaricales 类脐菇科 Omphalotaceae

菌盖直径 0.4~1cm，具胶质质地，纯白色，被绒毛，干燥，沿菌褶轮廓呈放射状凹槽；边缘稍内弯，随着时间变化干燥后从赭色变为乌贼墨色。菌褶白色，厚实且呈褶皱状，间隔较大，小菌褶 1~2 列。菌柄 0.8~1.5 × 0.2cm，偏中生，顶端白色，从黄褐色和乌贼墨色渐变至基部黑色，干燥，直径均匀。担子 30~35 × 11~13μm，宽棒状，基部具锁状联合，2、3 或 4 孢，小梗短而粗。孢子 10~13 × 6~9μm，椭圆形，泪滴状，侧面观背面隆起，无色，光滑、薄壁、非淀粉质。

生长在潮湿区域的老枯叶上。模式产地在新西兰南部。

2024.4.9/ 西溪岬 / 廖金朋

315 荫生微皮伞 *Marasmiellus opacus*(Berk.& M.A.Curtis)Singer 1951

蘑菇目 Agaricales　类脐菇科 Omphalotaceae

　　菌盖直径 0.3~1.5cm ，中凸至平凸，成熟后中部微凹，表面干燥，具轻微褶皱，浅黄色至近白色，中部浅褐色，边缘微卷。菌褶直生，稀，污白色。菌柄 6.0×0.05~0.15cm，脆，等粗，表面干燥，被微绒毛，浅黄色。菌肉薄，脆。孢子 6~11×3~4.5μm，椭圆形，无色，光滑。

　　夏季群生于针叶林地或阔叶林地大杜鹃、东部铁杉和橡树的小枝和木棒上，偶尔也见于落叶和叶柄上。模式产地在美国东部和西南部。

2024.3.8/ 天宝岩主峰 / 廖金朋

2024.3.8/ 天宝岩主峰 / 廖金朋

316 微皮伞（种 1）*Marasmiellus* sp.1

蘑菇目 Agaricales　类脐菇科 Omphalotaceae

（参考纯白微皮伞 *Marasmiellus candidus* (Bolton) Singer 1951 ）

　　子实体小型。菌盖直径 0.5~1.5cm，初半球形，后渐平展，中部稍下凹；表面具条状沟纹，黄白色至淡黄色，边缘稍内卷。菌褶延生，较稀，不等长，污白色至淡粉色。菌柄 0.5~1.5×0.1~0.2cm，圆柱形，弯曲，黄白色，表面被粉状颗粒，实心。孢子 12~15×4~5.5μm，披针形至长椭圆形，光滑。

　　夏秋季生于枯枝或腐木上。国内分布于江西、福建等地。

2023.8.19/ 九龙村 / 廖金朋

2023.8.31/ 共裕村 / 廖金朋

317 乳酪粉金钱菌 （乳酪金钱菌　乳酪小皮伞） *Rhodocollybia butyracea* (Bull.)Lennox 1979

蘑菇目 Agaricales　类脐菇科 Omphalotaceae

　　菌盖直径 3~7cm，初半球形，后平展或上卷，中央稍突；表面常常水浸状，通常暗红褐色、褐色、土黄色或污白色，中央颜色较深，边缘颜色渐浅至土黄色。菌褶直生至近离生，极密，黄白色至污白色，不等长，边缘锯齿状。菌柄 4~8×0.3~0.8cm，圆柱形，基部膨大，淡黄色至土黄色，干时暗褐色，基部有黄白色至淡黄色细毛，空心，具纵向条纹。菌肉中部厚，边缘薄。孢子 5~7.5×3~4.5μm，椭圆形，光滑，无色，非淀粉质。

　　夏秋季单生或群生于针叶林和针阔混交林中地上。可食用。国内分布于东北、华中、青藏等地区。

2023.10.25/ 上坪村 / 罗华兴

2024.3.2/ 三岬山 / 廖金朋

318 黄蜜环菌 *Armillaria cepistipes* Velen.1920

蘑菇目 Agaricales　泡头菌科 Physalacriaceae

　　菌盖直径 2~10cm，凸镜形至平展形，黄色，通常边缘颜色较浅，表面具黑色鳞片。菌柄 7~10×0.6~1cm，圆柱形至棒状，基部鳞茎状。菌环上位，纤维状，白色。菌肉薄，白色。担子 29~45×8.5~11μm，棒状，4孢。孢子 7~9×4.5~6.5μm，椭圆形。

　　生于阔叶林中的腐木上。可食用。

2023.12.17/ 龙头村 / 廖金朋

2023.12.17/ 龙头村 / 廖金朋

319 粗糙小干蘑 （金黄鳞盖伞） *Cyptotrama asprata* (Berk.) Redhead & Ginns 1980

蘑菇目 Agaricales　泡头菌科 Physalacriaceae

2024.4.6/ 南溪 / 廖金朋

2024.4.13/ 双虹桥 / 罗华兴

　　菌盖直径 2~3cm，半球形至扁平；橘红色、黄色至淡黄色，被橘红色至橙色锥状鳞片，边缘内卷。菌褶近直生，不等长，白色。菌柄 2~4×0.25~0.4cm，圆柱形；近白色至米色，被黄色至淡黄色鳞片。菌肉薄，污白色至淡黄色。孢子 7~9×5~6.5μm，近杏仁形，光滑，无色，非淀粉质。

　　夏秋季生于腐木上。国内分布于东南、华中地区。

320 光盖金襂伞 *Cyptotrama glabra* Zhu L. Yang & J. Qin 2016

蘑菇目 Agaricales　泡头菌科 Physalacriaceae

　　菌盖直径 3~7cm，初期半球形，后期近平展；表面有皱纹，光滑，幼时灰褐色，成熟后黄褐色至金黄色，中部颜色较深。菌褶宽达 1.2cm，弯生至近延生，较稀疏，奶油色至淡橘黄色。菌柄 3~5×0.3~0.8cm，表面近光滑，奶油色至淡橘黄色，基部盘状膨大。菌肉白色至奶油色，伤不变色。担子 35~40×7~8.5μm，棒状，4孢。孢子 9.5~11×4.5~6μm，长椭圆形，薄壁，光滑，无色，非淀粉质。锁状联合阙如。

　　夏秋季生于亚热带阔叶林中腐木上。腐生菌。国内分布于云南、福建等地。

2023.9.17/ 龙头村 / 廖金朋

2024.4.20/ 龙头村 / 罗华兴

321 金针菇（淡色冬菇）*Flammulina rossica* Redhead & R.H.Petersen 1999

蘑菇目 Agaricales　泡头菌科 Physalacriaceae

菌盖直径 1.5~5cm，扁平至平展；白色、米色至淡黄色，中央色较深，湿时稍黏。菌褶弯生，白色至米色。菌柄 1.5~4×0.2~0.5cm，顶部黄褐色，下部暗褐色至近黑色，被绒毛，不胶黏。菌肉薄，白色。孢子 7.5~11×4~4.5μm，椭圆形至长椭圆形，光滑，无色至微黄色，非淀粉质。

夏秋季生于高山柳腐木上。可食用。国内分布于青藏、东南地区。

2023.11.21/ 丰田村 / 罗华兴　　　　　　　　　　　　　　　2023.11.21/ 丰田村 / 罗华兴

322 朴菇（冬菇　金针菇　构菌　毛柄金钱菌　冻菌）*Flammulina velutipes*(Curtis)Singer 1951

蘑菇目 Agaricales　泡头菌科 Physalacriaceae

菌盖直径 1.5~7cm，幼时扁平球形，后扁平至平展；淡黄褐色至黄褐色，中央色较深，边缘乳黄色并有细条纹，湿时稍黏。菌褶弯生，稍密，不等长，白色至米色。菌柄 3~7×0.2~1cm，圆柱形；顶部黄褐色，下部暗褐色至近黑色；被绒毛，不胶黏，纤维质；内部松软，后空心，下部延伸似假根并紧紧靠在一起。菌肉中央厚，边缘薄，白色，柔软。孢子 8~12×3.5~4.5μm，椭圆形至长椭圆形，光滑，无色或淡黄色，非淀粉质。

早春和晚秋至初冬，在阔叶林腐木桩上或根部丛生，其假根着生于土中腐木上。可食用，著名栽培食用菌，商品名为金针菇，有白色和褐色品种。分布于中国大部分地区。

2024.3.30/ 丰田村 / 廖金朋　　　　　　　　　　　　　　　2024.3.30/ 丰田村 / 廖金朋

323 黏小奥德蘑 （白环黏奥德蘑） *Mucidula mucida*(Schrad.)Pat.1887

蘑菇目 Agaricales　泡头菌科 Physalacriaceae

　　菌盖宽 4.3~7.3(12.4)cm，近半球形至凸形，渐展开；光滑，无毛，黏滑且有光泽，浅奶油色至赭色。菌褶平展至稍凹，有些疏离，中等厚度且边缘平整，白色。菌柄 4.7~7.4(15.5)×0.6~1.3(2.1)cm，常与菌盖等长，基部赭灰色，基部菌丝浅粉色。菌环白色。有淡淡的水果气味。担子 49~89×10~19μm，圆柱形棒状至棒状，常向顶端稍缢缩，4 孢，或 2 孢，少 1 孢。孢子 (16.1)19.3 ± 1.61(22.6)×(14.4)16.2 ± 0.96(19.1)μm，近球形至宽椭圆形，光滑，壁厚，非淀粉质。孢子印白色。具锁状联合。

　　群生或少簇生在温带山地混交林中的辽东栎树上，与华山松、黑杨和槭树等共生。分布于俄罗斯亚洲部分、中国。

2024.3.21/ 天斗山 / 廖金朋

2024.3.10/ 西溪岬 / 罗华兴

324 卵孢小奥德蘑 *Oudemansiella raphanipes*(Berk.) Pegler & T.W.K. Young 1987

蘑菇目 Agaricales　泡头菌科 Physalacriaceae

　　菌盖直径 1~12cm，中凸至平凸，成熟后中部轻微凹；表面潮湿，光滑，灰褐色或黄褐色，边缘具辐射状条纹。菌褶直生至弯生，稀，具有小菌褶，白色。菌柄 20~30×0.2~1cm，近圆柱形，基部略宽，污白色至浅灰色。菌肉白色至污白色，受伤后不变色。孢子 14~18×10~13μm，椭圆形，无色。

　　群生于混交林地腐木上。可食用。可栽培。国内分布于浙江、福建等地。

2024.3.2/ 三岬山 / 廖金朋

2024.3.2/ 三岬山 / 廖金朋

2024.3.2/ 三岬山 / 陈鹏飞

325 拟黏小奥德蘑 *Oudemansiella submucida* Corner 1994

蘑菇目 Agaricales　泡头菌科 Physalacriaceae

2023.9.2/ 听涛亭 / 罗华兴　　　　　　　　　　2023.9.2/ 听涛亭 / 廖金朋

　　菌盖直径 2~7cm，扁平至平展；污白色，中部色稍深，胶黏。菌褶厚而稀。菌柄 2~8×0.2~0.8cm，圆柱形，近白色至米色，被白色绒毛，基部膨大，无假根。菌环中上位，膜质。菌肉肉质，白色。孢子 18~24×16~21μm，近球形至宽椭圆形。

　　夏秋季生于亚热带林中。可食用。国内分布于东南、华中等地区。

326 云南小奥德蘑 *Oudemansiella yunnanensis* Zhu L.Yang & M.Zang 1993

蘑菇目 Agaricales　泡头菌科 Physalacriaceae

　　菌盖直径 3~7cm，扁半球形至扁平；灰色、灰褐色至黄褐色，有时近白色，胶黏。菌褶厚而稀。菌柄 2~5×0.3~0.8cm，中生至偏生，上部白色，下部淡褐色，基部稍膨大。菌环上位，易消失。菌肉白色。孢子 24~38×23~33μm，球形、近球形，光滑，无色。

　　夏秋季生于亚热带高山、亚高山林中腐木上。可食用。国内分布于青藏、东南等地区。

2023.11.22/ 天斗山 / 廖金朋　　　　2023.12.30/ 龙头村 / 罗华兴　　　　2023.12.30/ 龙头村 / 罗华兴

327 杉生根皮伞 *Rhizomarasmius cunninghamietorum* Chun Y.Deng,J.P. Li & Gafforov 2023

蘑菇目 Agaricales　泡头菌科 Physalacriaceae

担子果群生，具小脆柄菇型、小皮伞型或杯伞型。菌盖直径 0.9~3.6cm，幼时凸至平凸，随着时间变化扩展为近平展，中心钝或稍凹陷，常起皱，稍黏；湿润时半透明，近边缘有辐射状条纹或沟纹。菌褶贴生，下延，叉状，稍稀疏，白色，带浅棕色至红棕色色调，宽达 0.3cm。菌柄 0.6~2.3×0.1~0.3cm，中生，着生于基物上，中空；被粉霜，上部圆柱形，基部渐细，顶端浅白色，下部为橙白色至深棕色，基部黑色。担子 21~35×4.5~6μm，4 孢，棒状，透明。孢子 (3.5)5~6.5(7)×3~4μm，椭圆形、扁桃形，薄壁，透明，光滑。具锁状联合。

通常生长在杉木的死树干上。

2024.4.9/ 上坪村 / 罗华兴

328 可食松果菌 *Strobilurus esculentus*（Wulfen）Singer 1962

蘑菇目 Agaricales　泡头菌科 Physalacriaceae

菌盖直径 0.8~2cm，凸起，后期变平；光滑，中心有一个隆起，颜色为棕色，褪色为淡黄色，菌盖边缘比中心浅。菌褶贴生，密集，呈白色或灰色。菌柄 3~5×0.1~0.3cm，细长，顶部较浅，底部较深，底部可见毛茸茸的细丝。菌肉肉质白色，坚硬。有轻微刺鼻气味。孢子长椭圆形。孢子印白色。

春秋季，有时在夏季降温后群生于针叶云杉林潮湿区域腐烂的云杉枯枝或附着在云杉球果上。

2024.1.10/ 上坪村 / 罗华兴

2024.1.10/ 上坪村 / 罗华兴

329 绒松果伞 *Strobilurus tenacellus*（Pers.）Singer 1962

蘑菇目 Agaricales 泡头菌科 Physalacriaceae

2024.1.17/ 上坪村 / 樊跃旭

2023.12.30/ 上坪村 / 罗华兴

菌盖直径 1~2.5cm，扁半球形至扁平，中部稍凸；暗赭褐色至灰红褐色，顶部有时色浅，表面干，平滑。菌褶直生又弯生，密，白色或灰白色。菌柄 3~8×0.1~0.2cm，柱形，上部白色，向下渐变黄褐色，平滑，有细小鳞片，基附白色毛。菌肉白色，有香气。孢子 4.5~6.5×2~2.5μm，无色，光滑，近柱状。

夏秋季生于松林地上或松果枯枝叶腐物上。可食用。国内分布于华中、东南地区。

330 中华干蘑 *Xerula sinopudens* R.H.Petersen & Nagas.2006

蘑菇目 Agaricales 泡头菌科 Physalacriaceae

菌盖直径 1~4.5cm，扁半球形至凸镜形，中央突起；淡灰色、淡褐色至黄褐色，密被灰褐色至褐色硬毛。菌褶弯生至直生，白色至米色，较稀。菌柄 3~10×0.3~0.5cm，圆柱形，被褐色硬毛。菌肉薄，白色至灰白色。孢子10.5~13.5×9.5~12.5μm，近球形至宽椭圆形，光滑，无色。

夏季生于热带和亚热带林中地上。可食用。国内分布于东南、华中等地区。

2024.4.6/ 南溪 / 陈安生

2024.4.15/ 听涛亭 / 罗华兴

2024.4.15/ 听涛亭 / 廖金朋

331 地生亚侧耳 （密褶亚侧耳）*Hohenbuehelia geogenia* (DC.)Singer 1951

蘑菇目 Agaricales　侧耳科 Pleurotaceae

　　菌盖宽 3~10cm，花瓣状、扇形至匙形，初期淡肉桂色至肉桂色，后期淡肉桂色至浅黄褐色；边缘光滑、波浪状，中下部具白色至灰白色细小绒毛。菌肉白色，有蘑菇香味。菌褶白色，延生，白色至米色。菌柄长 1~2×0.5~1.5cm，圆柱形，与盖表同色，具白色至灰白色细小绒毛。孢子 5.5~6.5×3.5~4μm，椭圆形，非淀粉质。

　　群生于植物园、公园草地上或地上的腐木上。文献记载食药兼用。

2024.7.31/ 南溪 / 廖金朋　　　　　　　　　　2024.7.31/ 南溪 / 廖金朋

332 勺形亚侧耳 *Hohenbuehelia petaloides*(Bull.)Schulzer 1866

蘑菇目 Agaricales　侧耳科 Pleurotaceae

　　菌盖直径 3~10cm，花瓣状、扇形、匙形或勺形；表面初期淡肉桂色至肉桂色，后期淡肉桂色至浅黄褐色。菌褶延生，窄，密，白色至奶油色。菌柄 1~2×0.5~1.5cm，与盖表同色或稍淡，具白色至灰白色细绒毛。菌肉白色，伤不变色，有蘑菇香味。担子 15~26×5~6μm，棒状，4孢。孢子 6~8×4~5μm，椭圆形，光滑，非淀粉质，无色。锁状联合常见。

　　夏秋季群生于亚高山带针阔混交林中腐殖质丰富处或草地上。腐生菌。可食用。国内分布于云南、福建等地。

2024.6.18/ 共裕村 / 廖金朋　　　　　　　　　2024.6.18/ 共裕村 / 廖金朋

333 糙皮侧耳 （小白侧耳）*Pleurotus ostreatus*(Jacq.)P.Kumm.1871

蘑菇目 Agaricales　侧耳科 Pleurotaceae

　　菌盖直径 5~21cm，白色至灰白色，青灰色，有条纹，水浸状，扁半球形后平展，有后沿。菌褶延生，在柄上交织，稍密至稍稀，白色。菌柄 l~3×l~2cm，侧生，短或无，内实，白色，基部常有绒毛。菌肉白色，厚。孢子 7~10(ll)×2.5~3.5μm，近圆柱形，光滑，无色。孢子印白色。

　　冬春季在阔叶树腐木上覆瓦状丛生。木腐菌，侵害木质部分形成丝片状白色腐朽。可食用，味道鲜美。极易进行人工栽培，是重要栽培食用菌之一。分布于中国大多数地区。

2024.1.25/ 丰田村 / 廖金朋

2024.1.25/ 丰田村 / 廖金朋

334 肺形侧耳 *Pleurotus pulmonarius*(Fr.)Quél.1872

蘑菇目 Agaricales　侧耳科 Pleurotaceae

　　菌盖直径 3~8cm，幼时半球形，后渐平展呈倒卵形、贝壳形、肾形或近扇形；灰白色至浅灰色，边缘锐，常开裂，浅黄色至黄褐色。菌褶延生至菌柄处，不等长，乳白色。菌柄 1~3×0.5~1.5cm，侧生或偏生，基部有绒毛，实心，或无柄。菌肉乳白色，肉质，偏硬。孢子 7.5~11.5×3.5~5.5μm，椭圆形或长椭圆形，无色，光滑。

　　春至秋季单生或散生于阔叶林中枯木、倒木、腐木或树桩上。食药兼用。国内分布于西北、华中、东南等地区。

2024.4.11/ 天斗山 / 罗华兴

2024.2.5/ 三畲村 / 廖金朋

335 灰光柄菇 *Pluteus cervinus*(Schaeff.)P.Kumm.1871

蘑菇目 Agaricales 光柄菇科 Pluteaceae

2024.3.8/ 天宝岩主峰 / 廖金朋

菌盖直径 4~10cm，初期半球形至凸镜形，后渐平展或平坦；中部黏，湿润，中央烟褐色、深褐色或焦茶色，贴生絮状绒毛，成熟时菌褶边缘呈波形浅裂状。菌褶离生，稠密，初期白色，后期呈浅葡萄酒色至粉褐色。菌柄 4~11×0.5~1.5cm，圆柱形，基部稍膨大呈球根状，白色，有深色或黑褐色长纤毛，纤维质。菌肉灰白色带淡红色，厚实。孢子 5.5~8×4.5~8μm，近球形、宽椭圆形或卵圆形，光滑，粉红色，非淀粉质。

单生或群生于各种落叶树腐木上，少生于针叶树腐木上。可食用，但味道较差。国内分布于东北、西北、东南等地区。

336 黄盖光柄菇 *Pluteus chrysophlebius*(Berk. & M.A. Curtis) Sacc. 1887

蘑菇目 Agaricales 光柄菇科 Pluteaceae

菌盖直径 1~2.5cm，幼时宽圆锥形，逐渐变为宽凸形至扁平，有时中央有隆起；湿润，光滑，亮黄色后为暗黄色或棕黄色。菌褶离生，紧密，有短菌褶，初为白色，后为粉红色。菌柄 2~5×0.1~0.3cm，等粗，脆弱，光滑，淡黄色，基部菌丝白色。菌肉不结实，淡黄色。近漂白剂味或无。孢子 5~7×4.5~6μm，近球形至宽椭圆形或近泪滴形，光滑，非淀粉质。孢子印粉红色。

春末至初秋单独或成群生长在榆树树桩和原木上，也有少量长在针叶树上，引起白色腐朽。不可食用。广泛分布于北美地区。

2024.4.6/ 百丈纱瀑布 / 罗华兴

2024.4.6/ 百丈纱瀑布 / 廖金朋

337 毛腿假湿柄伞 *Pseudohydropus floccipes*(Fr.) Vizzini & Consiglio 2022

蘑菇目 Agaricales　皮孔菌科 Porotheleaceae

菌盖直径 0.7~2.3cm，幼时呈圆锥形至钟形，成熟时凸形、宽凸形至近平展，有些有钝的脐突，边缘锐，表面光滑；幼时为棕色至灰棕色，成熟时为浅灰棕色至棕米色，大多边缘颜色较浅，中心或朝向中心颜色较深。菌褶离生，稀疏，白色。菌柄 (1.8~)2~5.5(~6) × 0.09~0.2cm，圆柱形，等粗或稍向顶端或基部渐细，表面光滑，白色至浅灰色，有些基部有白色毛状物。菌肉薄，与表面同色。担子 25.5~32 × 6~7μm，棒状，4 孢。孢子 5.6~7.8 × 5.5~7.5μm，球形至近球形，透明，非淀粉质，光滑。

春秋季单独或群生在落叶树和针叶树的树桩和树干的树皮上。

2024.4.13/ 双虹桥 / 罗华兴　　　　2024.4.13/ 双虹桥 / 廖金朋

338 假小鬼伞（白小鬼伞　白假鬼伞）*Coprinellus disseminatus* (Pers.) J.E.Lange 1938

蘑菇目 Agaricales　小脆柄菇科 Psathyrellaceae

菌盖直径 0.5~1cm，初期卵形至钟形，后期平展；淡褐色至黄褐色，被白色至褐色颗粒状至絮状鳞片，边缘具长条纹。菌褶初期白色，后转为褐色至近黑色，成熟时不自溶或仅缓慢自溶。菌柄 2~4 × 0.1~0.2cm，白色至灰白色。菌环无。菌肉近白色，薄。孢子 6.5~9.5 × 4~6μm，椭圆形至卵形，光滑，淡灰褐色，顶端具芽孔。

夏秋季生于路边、林中的腐木或草地上。有文献记载幼时可食用，但老时有毒，加之个体很小，故建议不食。分布于中国大部分地区。

2023.12.10/ 龙头村 / 廖金朋　　　　2023.12.10/ 龙头村 / 廖金朋

339 家园小鬼伞 （家生小鬼伞）*Coprinellus domesticus*(Bolton)Vilgalys et al 2001

蘑菇目 Agaricales　小脆柄菇科 Psathyrellaceae

　　子实体高 15cm，菌盖直径 7.5cm。初时卵圆形，逐渐展开为圆锥形；表面具褶皱或浅沟纹，赭色或米黄色至棕褐色，幼时被有白色至褐色的粉末状小鳞片。菌褶幼时浅白色，逐渐变为黑色。菌柄白色，光滑，基部常膨大，常生长在锈橙色 " 毛毯 " 即菌丝束上。孢子印黑色。

　　单生或群生于林地阔叶林原木或枯枝上，罕生于建筑木材上。不可食用。分布于北美洲、欧洲、亚洲北部。

2024.1.17/ 上坪村 / 廖金朋　　　　　　　　　　2024.1.17/ 上坪村 / 廖金朋

340 黄鳞小鬼伞 *Coprinellus ellisii*(P.D.Orton)Redhead,Vilgalys & Moncalvo 2001

蘑菇目 Agaricales　小脆柄菇科 Psathyrellaceae

2024.5.5/ 龙头村 / 周雄

　　菌盖直径 2.5cm，早期呈椭圆形，后为钟形，完全展开之前会自溶；表皮有沟纹，延伸至菌盖中央，灰褐色，中央为赭色，有少量易消失的白色粉状菌幕残余。菌褶非常密集，起初为白色，后变灰色，最后为黑色；菌褶边缘与褶面同色，会自溶。菌柄 5×0.1~0.3cm，圆柱形，有细微茸毛，颜色为白色；基部稍膨大，有一个小而明显的"假菌托"状区域，基部有黄色菌丝形成的茂密茸毛。菌肉白色。担子 14.5~19.5×5.8~7.5μm，4 孢，从棒状到具柄棒状。孢子 (6.21)6.53~7.65(7.99)×(3.56)3.73~4.26(4.64)μm，正面观近椭圆形，基部圆形，成熟时为灰黑色。

　　生长在山毛榉林、白蜡树、鹅耳枥和老橡树林下地上死树干上。分布于埃塞俄比亚、中国等。

341 海斯森小鬼伞 *Coprinellus hiascens*(Fr.)Redhead,Vilgalys& Moncalvo 2001

蘑菇目 Agaricales　小脆柄菇科 Psathyrellaceae

　　菌盖 1~4cm，展开时从圆锥形凸起到平凸，几乎到中心有凹槽；在菌蕾阶段呈褐色，但很快整体变灰，中心呈褐色；至少在幼时，有非常细微的白色菌幕物质斑点；随着菌褶溶解，边缘变得破烂。菌褶附着在菌柄上或与之分离，紧密或近乎疏远，颜色浅，变为黑色，然后溶解。菌柄 4~10×0.1~0.4cm，等粗，光滑至有非常细微的毛或颗粒，白色，中空。菌肉，白色至灰色。担子 4 孢，被短担子包围。孢子 7.5~12×4~6μm，椭圆形至卵形，光滑。孢子印黑色。

　　夏季和秋季密集簇生在土壤上或草丛中。腐生菌。

2024.3.30/ 丰田村 / 廖金朋

342 辐毛小鬼伞 *Coprinellus radians*(Desm.) Vilgalys,Hopple & Jacq. Johnson 2001

蘑菇目 Agaricales　小脆柄菇科 Psathyrellaceae

　　菌盖直径 2~3cm，初期半球形至卵圆形，后渐平展且盖缘上卷；表面黄橙色，具明显淡黄褐色毛状小鳞片和条纹，中部呈赭褐色至橄榄灰色，边缘色浅。菌褶弯生至离生，稀，不等长；幼时白色，后期自外缘开始渐变为黑褐色，自溶为墨汁状液体。菌柄 2~7×0.1~0.5cm，圆柱形，向下渐粗，质脆且易碎，基部至基物表面上常被覆白色绒毛状菌丝，中空。菌肉薄，淡灰褐色。孢子 9~12×5~8μm，椭圆形，灰褐色至暗棕褐色，光滑，具芽孔。

　　春至秋季单生或丛生于林中树桩或腐木上。可药用。国内分布于西北、东北、东南等地区。

2024.2.5/ 三畲村 / 廖金朋

2024.2.5/ 三畲村 / 廖金朋

343 庭院小鬼伞 *Coprinellus xanthothrix*(Romagn.) Vilgalys, Hopple & Jacq. Johnson 2001

蘑菇目 Agaricales　小脆柄菇科 Psathyrellaceae

　　担子果很小。菌盖直径 0.8~2.5cm, 初期扁半球形, 后期平展; 表面褐色、浅棕灰色, 中部近栗色, 覆白色颗粒状鳞片, 具辐射状长条纹。菌褶离生, 较稀, 窄, 不等长, 灰褐色。菌柄 3~7.5 × 0.1~0.3cm, 纤细, 圆柱形, 白色, 表面光滑, 中空, 脆。菌肉白色, 很薄。孢子 8~13 × 6~10μm, 宽椭圆形, 光滑, 黑褐色。

　　春季至秋季单生或群生在林中地上。据载可食用。

2024.3.7/ 上坪村 / 廖金朋　　　　　　　　　　　　　　　　　　2024.3.7/ 上坪村 / 廖金朋

344 美丽拟鬼伞 *Coprinopsis bellula*(Uljé) P. Roux & Eyssart.2011

蘑菇目 Agaricales　小脆柄菇科 Psathyrellaceae

　　担子体微型至小型。菌盖幼时椭圆形或钟形, 成熟半球形至平展, 老化后菌褶边缘常内卷; 表面具沟纹, 奶油色至浅灰色, 顶部颜色稍深可至浅赭石色; 具丰富菌幕, 被粉末鳞, 边缘具丝膜状菌幕残余, 奶油色至浅灰色。菌褶离生, 稍密, 不等长, 初浅灰色后至棕红色, 成熟后未见自溶现象。菌柄中空, 奶白色, 基部颜色稍深, 浅棕色, 表面被米黄色絮状鳞片。菌肉极薄, 半透明状。担子二型, 棒状或中部缢缩, 具 2 小梗, 周具 3~5 拟担子, 无色。孢子 9.8~12.2 × 5.4~7.3μm, 正面观对称或不对称的椭圆形、钟形。具锁状联合。

2023.12.10/ 龙头村 / 廖金朋　　　　　　　　　　　　2023.12.10/ 龙头村 / 廖金朋

345 白绒拟鬼伞 *Coprinopsis lagopus*(Fr.)Redhead et al.2001

蘑菇目 Agaricales　小脆柄菇科 Psathyrellaceae

　　菌盖直径 2~4cm，初期卵形至钟形，后期平展；表面被灰色至近白色的颗粒状至锥状鳞片，淡灰色、灰色至灰褐色；边缘有长条纹，老时撕裂。菌褶初期白色，后期转为褐色或黑色，成熟时自溶。菌柄 5~10×0.2~0.5cm，中空，白色，被同色细小鳞片。无菌环。菌肉薄，近白色。担子 20~30×8~12μm，棒状，4 孢。孢子 10~13×6~8.5μm，椭圆形至卵形，顶端具平截芽孔，光滑，黑褐色。锁状联合常见。

　　夏秋季生于路边或林中地上。腐生菌。有毒。国内分布于云南、福建等地。

2023.12.7/ 上坪村 / 廖金朋　　　　　　　　　　　　　　　　2023.12.7/ 上坪村 / 廖金朋

346 绒毛垂齿伞 *Lacrymaria velutina* (Pers.)Konrad & Maubl.1925

蘑菇目 Agaricales　小脆柄菇科 Psathyrellaceae

　　菌盖直径 3~8cm，幼时凸起，后变为宽凸形、宽钟形或近平展；干燥，新鲜具细的贴伏纤毛，后有时变光秃，灰棕色至中黄褐色，褪色为暗褐色；幼时有白色局部菌幕残余。菌褶窄地连接至菌柄，紧密或拥挤，短菌褶常见；初浅色，后深棕色；成熟时具斑点；边缘白色。菌柄 4~10×0.4~1cm，等粗，具纤毛或近秃；上部白色，下部淡褐色；中空，基部菌丝白色。菌环易碎。菌肉白色至褐色。担子具 4 个小梗。孢子 8~12×5~7μm，椭圆形至近扁桃形，粗糙、中度疣状。孢子印棕色至黑色。

　　夏秋季单独、成丛生长或簇生在草坪、路边和砾石土壤中，通常靠近新近死亡的阔叶树，有时出现在树林中。腐生菌。在北美广泛分布。

2024.3.19/ 三畲村 / 廖金朋　　　　　　　　　　　　　　　　2024.3.30/ 丰田村 / 廖金朋

347 黄盖小脆柄菇（白黄小脆柄菇）*Psathyrella candolleana* (Fr.) Maire 1937

蘑菇目 Agaricales　小脆柄菇科 Psathyrellaceae

　　菌盖直径 2~7cm，幼时圆锥形，渐变为钟形，老熟后平展；初期边缘悬挂花边状菌幕残片，黄白色、淡黄色至浅褐色；具透明状条纹，成熟后边缘开裂，水浸状。菌褶密，直生，淡褐色至深紫褐色，边缘齿状。菌柄 4~7×0.3~0.5cm，圆柱形，基部略膨大，幼时实心，成熟后空心，丝光质，表面具白色纤毛。菌肉薄，污白色至灰棕色。孢子 6.5~8.2×3.5~5.1μm，椭圆形至长椭圆形，光滑，淡棕褐色。

　　夏秋季簇生于林中地上、田野、路旁等，罕生于腐朽的木桩上。可食用。国内分布于北方、华中等地区。

2023.10.17/ 九龙村 / 廖金朋

2024.4.29/ 听涛亭 / 廖金朋

348 微孢小脆柄菇 *Psathyrella microsporoides* Heykoop & G.Moreno 2002

蘑菇目 Agaricales　小脆柄菇科 Psathyrellaceae

　　菌盖钟形至凸起，浅米色至褐色，然后趋于灰色，略带紫罗兰色；边缘略有条纹，角质层有绒毛残留物。菌褶穿插着各种薄片，颜色为赭褐色，带有淡红色的反射；边缘更清晰且有细锯齿状。菌柄圆柱形，基部扩大，羽绒浅白色，顶端有毛，颜色发白，呈赭色。没有明显的气味和味道。担子相当矮小和短，4 孢。孢子 6.5~8×4.5~6μm，椭圆形，光滑，厚壁。

2023.10.10/ 柯山村 / 廖金朋

2023.10.10/ 柯山村 / 廖金朋

349 赭褐小脆柄菇 （小脆柄菇） *Psathyrella pennata* (Fr.) A. Pearson & Dennis 1948

蘑菇目 Agaricales　小脆柄菇科 Psathyrellaceae

　　菌盖直径 (1.5)3~6cm，钝圆锥形至凸形，然后变为宽凸形至平展；具喜湿性，新鲜时为巧克力色至深褐色，变为近木褐色，褪色为暗肉桂米色或浅灰色；最初覆盖着白色丝状菌幕斑块，鳞片贴生或稍反卷，有细条纹。菌褶贴生，紧缩至拥挤，狭窄，淡褐色变为深黄棕色、紫褐色，边缘平整且为白色。菌柄 3~7×0.2~0.5cm，等粗，管状，质硬如软骨，脆弱，白色，变为淡褐色；具纤毛至具鳞片，直至短暂的环带（少有膜质环存在），接近光滑。担子4孢。孢子 7~9×3.5~4.5μm，椭圆形，光滑，有油滴。孢子印暗紫褐色。

　　夏末至秋季生长在火烧地的土壤上。不可食用。

2023.10.17/ 九龙村 / 罗华兴　　　　　　　　　　　　　　　2023.10.17/ 九龙村 / 罗华兴

350 丸形小脆柄菇 （珠芽小脆柄菇） *Psathyrella piluliformis* (Bull.) P.D.Orton 1969

蘑菇目 Agaricales　小脆柄菇科 Psathyrellaceae

　　菌盖直径 2~5cm，幼时半球形，渐变为钟形至平展；边缘具细条纹，水浸状，初期淡黄褐色，后黄褐色；边缘具纤毛状菌幕残留物。菌褶密，直生，灰褐色。菌柄 2.5~8×0.3~0.6cm，圆柱形，基部略膨大，空心，质地脆；上部赭棕色，基部深棕色。菌肉薄，气味温和清淡，湿时棕色，干后淡褐色。孢子 4.5~6.5×3~4μm，椭圆形至长椭圆形，光滑，淡棕色。

　　夏秋季簇生于阔叶林中树木基部或地上。可食用。国内分布于东北和华中等地区。

2023.12.12/ 丰田村 / 廖金朋

351 近丸形小脆柄菇 *Psathyrella piluliformoides* T.Bau & J.Q.Yan 2021

蘑菇目 Agaricales　小脆柄菇科 Psathyrellaceae

菌盖 5.0~6.0cm，平展，具喜湿性，中心为棕色，边缘为浅色，光滑，边缘处条纹不明显。菌褶宽约 0.4cm，非常紧密，浅咖啡色，边缘较浅且平整。菌柄 0.55×0.5cm，圆柱形，向基部稍变粗，脆弱，中空；顶端为白色，基部稍带棕色，有白色易消失的鳞片。在菌柄顶端 1/3 处有菌环。菌肉薄且脆弱，中心处厚约 0.2cm，与菌盖颜色相同。担子 15~18×4.9~6.1μm，棒状，透明，4 孢或 2 孢。孢子 5.6~6.3×3.1~4.4μm，椭圆形至长椭圆形，侧面观一侧扁平，非淀粉质，光滑，萌发孔明显。具锁状联合。

单生或散生于腐木上、苔藓层。

2023.12.12/ 丰田村 / 廖金朋

352 灰褐小脆柄菇 *Psathyrella spadiceogrisea* (Schaeff.) Maire 1937

蘑菇目 Agaricales　小脆柄菇科 Psathyrellaceae

菌盖直径 2~5cm，初期半球形至凸镜形，后渐平展；边缘具半透明条纹，红棕色至灰棕色，水浸状。菌褶直生，密，初期灰白色，渐变为淡棕色。菌柄 4~7×0.3~0.5cm，圆柱形；上部污白色，向下渐变为浅棕色。菌肉薄，污白色至淡棕色，味清淡。孢子 7.4~9.5×4.2~5.5μm，椭圆形至长椭圆形，光滑，橘棕色。

夏季散生于阔叶林中地上。国内分布于东南、华中和东北等地区。

2024.3.19/ 三畲村 / 廖金朋

353 亚凤仙刺毛鬼伞 *Tulosesus subimpatiens*（M.Lange & A.H.Sm.）D. Wächt. & A.Melzer 2020

蘑菇目 Agaricales　小脆柄菇科 Psathyrellaceae

　　菌盖高达 2.3cm，直径 1.8cm；闭合时，直径为 4cm；膨大后，卵形至椭圆形，然后钟形至展开；暗红褐色，黄褐色，中央革褐色至肉桂色，边缘较浅；边缘有脊状，常潮解。菌褶自由至狭附，中等间距，白色后黑色，略带潮解。菌柄 (2.5)4~10 × 0.1~0.3cm，等粗，被短柔毛，白色至灰白色。担子 18~43 × 9~10μm，4 孢。孢子 10.3~12.3 × 6.3~7.6μm，卵形至椭圆形，光滑。

　　夏秋两季经常出现在黏土、腐烂的垃圾或掩埋的木质碎片上。腐生菌。不可食用。

2024.2.5/ 丰田村 / 廖金朋

2024.2.5/ 丰田村 / 廖金朋

354 杯伞（荷叶蘑　灰杯菌）*Pseudoclitocybe cyathiformis*（Bull.）Singer 1956

蘑菇目 Agaricales　假杯伞科 Pseudoclitocybaceae

　　菌盖直径 4~7cm，扁平至平展，中心下陷成浅漏斗形；表面有时水浸状，灰褐色至褐灰色，光滑，有辐射状隐生纹理，边缘稍内卷。菌褶直生或稍延生，稍稀，污白色至蛋壳色。菌柄 4~8 × 0.5~0.8cm，近圆柱形，中空，淡灰色或淡褐色，有污白色纤毛构成近网纹。菌肉较薄，淡奶油色或淡灰色。担子 30~40 × 8~10μm，棒状，4 孢。孢子 8~10 × 5.5~6.5μm，宽椭圆形至椭圆形，光滑，淀粉质，无色。锁状联合阙如。

　　夏秋季生于温带或亚热带亚高山带针阔混交林中地上或腐木上。腐生菌。可食用。国内分布于云南、福建等地。

2023.12.10/ 龙头村 / 廖金朋

2023.12.10/ 龙头村 / 廖金朋

355 木羽囊菌 *Pterulicium xylogenum* (Berk. & Broome) Corner 1950

蘑菇目 Agaricales 羽瑚菌科 Pterulaceae

担子果高 1~3cm，常比较密集簇生，直立，单根或 1~2 次分枝，末端锥形；白色，干时变肉褐色；下部被白霜状物，基物上有一层极薄的、呈粉末状的垫状物，该垫易与基物分开。双型菌丝系统，生殖菌丝粗 2.5~3.5µm，微黄色，其末端细胞常膨大成囊状体，有时有的囊状体上被结晶体，分枝，有隔膜和锁状联合。担子 30~36×9~12µm，宽棒形，4 孢。孢子 5~12×5~6(~7)µm，椭圆形，光滑，淡黄色，内有多个油球。

单生或群生于竹托上。国内分布于广东、云南、福建等地。

2024.6.15/ 柯山村 / 罗华兴

356 裂褶菌（白树花 白花 鸡毛菌）*Schizophyllum commune* Fr.1815

蘑菇目 Agaricales 裂褶菌科 Schizophyllaceae

子实体小型。菌盖直径 0.6~4.2cm，扇形、肾形，白色至灰白色，被绒毛或粗毛，具多数裂瓣。菌褶直生，窄，从基部辐射而出，白色或灰白色，沿边缘纵裂而反卷。菌柄短或无。菌肉薄，白色。孢子 5~7×2~3.5µm，椭圆形、腊肠形，光滑，无色，非淀粉质。孢子印白色或淡肉色。

生于阔叶树和针叶树的枯枝腐木上。食药兼用。

2024.1.10/ 丰田村 / 廖金朋

2024.3.10/ 西溪岬 / 张淑丽

357 田头菇（春生田头菇 早生白菇）*Agrocybe praecox*(Pers.)Fayod 1889

蘑菇目 Agaricales　球盖菇科 Strophariaceae

　　菌盖直径 2~8cm，初圆锥形，后扁半球形至扁平状具突起，后渐伸展至扁平状，有时稍突起；表面水浸状，湿时呈赭色至淡黄褐色、淡褐灰色；边缘幼时内卷，后渐平展，有时呈白色，湿时黏，光滑，或具皱纹或龟裂，幼时常有菌幕残片。菌褶直生至近弯生，较密，不等长，初浅褐色后深褐色，具同色或颜色较浅的细小齿状边缘。菌柄 3~10×0.3~1.2cm，白色、浅黄褐色或淡褐色，基部稍膨大并且具白色菌索。菌环上位，白色，膜质，易脱落。菌肉白色至淡黄色，较薄。孢子 8~13×6.5~8μm，卵圆形至椭圆形，具明显芽孔，光滑，蜜黄色。

　　春季散生或群生于稀疏的林中地上或田野、路边草地上。可食用。分布于中国大部分地区。

2024.4.6/ 百丈纱瀑布 / 廖金朋

2024.4.6/ 百丈纱瀑布 / 廖金朋

358 虎皮田头菇 *Agrocybe retigera*(Speg.) Singer 1951

蘑菇目 Agaricales　球盖菇科 Strophariaceae

　　菌盖 1~4cm，最初凸形，变为宽凸形或近平展。菌褶连接到菌柄上，紧密或几乎离生；短菌褶常见，最初白色，变为褐色并最终为棕色。菌柄 4~6×0.3~0.5cm，在膨大部分之上等粗，光滑无毛，白色，变为中空，基部菌丝白色。担子 35~38×7~9μm，近棒状，4 孢。孢子 12~15×7~9μm，或多或少呈椭圆形，光滑，壁厚。菌肉白色，伤不变色。

　　全年单生、散生或群生在草地（草坪、田野）和沙质地区，特别夏季易见。模式产地在阿根廷。分布于北美洲、加勒比地区、中美洲和南美洲。

2023.12.10/ 龙头村 / 廖金朋

2023.12.10/ 龙头村 / 廖金朋

359 皱盖田头菇 *Agrocybe rivulosa* Nauta 2003

蘑菇目 Agaricales　球盖菇科 Strophariaceae

菌盖直径 4~10cm，半球形逐渐变为宽凸形或扁平形，淡赭色的表面会形成放射状的皱纹从而得名。菌褶贴生，最初为乳灰色，随着孢子成熟变为灰棕色。菌柄 5~10×1~1.5cm，中空，向顶端略微变细，白色，随着生长进程变为淡乳黄色。菌环薄，下垂。孢子 11.5~12×7~8μm，椭圆形，光滑，有明显的萌发孔。孢子印棕色。

6 月至 10 月群生或簇生在木片堆上或厚厚的花坛覆盖物上。腐生菌。可食用。国外分布于英国和爱尔兰等地。

2024.4.6/ 南溪 / 廖金朋

360 合欢黄囊菇 *Deconica baylisiana*(E. Horak) J.A. Cooper 2014

蘑菇目 Agaricales　球盖菇科 Strophariaceae

2023.9.20/ 龙头村 / 廖金朋

菌盖直径 0.6~1.4cm，半球形或梨形，棒状；边缘总是呈领状收缩菌柄，并被白色的菌幕残余纤丝覆盖，光滑，稍有黏性，不具吸湿性。菌褶贴生或近生，不规则地吻合，有腔隙，或多或少呈放射状排列；暗褐色，菌褶边缘同色。菌柄 1~3.5×0.1~0.2cm，圆柱形或向基部渐细，橙色或红棕色，被菌幕的丝状纤丝覆盖，干燥，随着时间变化中空，基部没有假根。担子 28~34×7~10μm，4 孢。孢子 10~12×7~9μm，椭圆形，光滑，有明显的萌发孔，两侧对称。锁状联合众多。

生长在苔藓和草地中的土壤上。

361 簇生垂幕菇 （丛生垂幕菇）*Hypholoma fasciculare*(Huds.)P.Kumm.1871

蘑菇目 Agaricales　球盖菇科 Strophariaceae

　　菌盖直径 2~4cm，扁半球形至平展；表面光滑，常水浸状，硫黄色、橙黄色或黄褐色，边缘色较淡，常悬垂有菌幕残余。菌褶弯生，密，硫黄色至橄榄绿色。菌柄 3~5×0.3~0.5cm，硫黄色、橙黄色或污白色。菌肉浅黄色，受伤后不变色，味苦。担子 18~23×5~6μm，棒状，4孢。孢子 5.5~7×3.5~4.5μm，椭圆形，芽孔平截，光滑，浅黄褐色。锁状联合常见。

　　夏秋季生于林中腐木上。腐生菌。有毒，误食导致胃肠炎型中毒，有时引起呼吸循环衰竭型中毒。国内分布于云南、福建等地。

2023.12.12/ 丰田村 / 廖金朋　　　　2023.12.12/ 丰田村 / 廖金朋　　　　2024.1.25/ 丰田村 / 廖金朋

362 红垂幕菇 *Hypholoma sublateritium*(Fr.) Quél.1872

蘑菇目 Agaricales　球盖菇科 Strophariaceae

　　菌盖直径 1~9cm，初半球形至凸形，后为宽凸形至平展，熟后盖缘稍内卷或上卷，不黏至带湿气，浅茶褐色或红褐色。菌褶弯生至稍直生，中等至稍密，易脱离，幅稍宽，不等长；初期黄白色，后深紫褐色。菌柄 3~10×0.4~0.8cm，纤维质，较韧；上部黄白色，水渍状白色，下部锈褐色，有条纹，伤变锈褐色；等粗或顶部稍粗，上部光滑至覆白色微毛，下部覆纤丝状鳞片。担子 (17.5~)22~25(~28)×(5~)6~7.5(~8)μm，具 4 个担子小梗，棒状，透明，壁薄。孢子 (5~)6~7(~8)×4~5μm，宽椭圆形，壁厚。孢子印暗葡萄紫色或灰紫褐色。

　　晚夏和秋季丛生或簇生于腐烂的阔叶树树皮、倒木、树桩或地腐木上。分布于亚洲、欧洲等，国内分布于黑龙江、福建等地。

2023.11.29/ 双虹桥 / 廖金朋　　　　　　　　　2023.11.29/ 双虹桥 / 廖金朋

363 微绿垂幕菇 *Hypholoma subviride*(Berk.&M.A.Curtis)Dennis 1961

蘑菇目 Agaricales　球盖菇科 Strophariaceae

　　菌盖直径 0.8~1.2cm，顶部凸至圆头扩展；光滑，盖缘皱褶或稍波状，灰黄绿色至橄榄硫黄色，盖缘赭黄色，顶部红褐色，非水渍状；菌幕残片易消失。菌褶稍直生至弯生，较密，幅稍宽，成熟后深橄榄绿紫褐色，褶缘绿黄色。菌柄较短，0.8~1.2(~2)×0.1~0.2(~0.3)cm，初期硫黄色，后期稍黄褐色，基部具圆盘状黄白色绒毛，等粗，纤维质，具纤丝状光泽。菌肉硫黄色，顶厚边渐薄。担子 (14~)19~24×5.5~6.5μm，具 4 个担子小梗，或呈浅绿黄褐色，壁薄，棒状，下部稍细。孢子 (6~)7~8×3.5~4μm，稍椭圆形至长椭圆形，光滑，壁厚。孢子印暗紫褐色。

　　丛生于阔叶树伐木、腐木桩上。国外分布于北美洲。国内分布于吉林、福建等地。

2024.3.21/ 天斗山 / 罗华兴

2024.4.2/ 柯山村 / 廖金朋

364 库恩菇（毛柄库恩菌　多变库恩菇）*Kuehneromyces mutabilis*(Schaeff.)Singer&A.H.Sm.1946

蘑菇目 Agaricales　球盖菇科 Strophariaceae

　　菌盖直径 2~5cm，扁半球形至扁平，中央凸起；表面蜜黄色、黄色至褐黄色，被淡黄色易脱落的鳞片。菌褶奶油色至淡褐色。菌柄 3~7×0.3~0.6cm，近圆柱形，淡黄色至褐色，被淡褐色鳞片；菌环易破碎；菌肉薄，淡黄色。担子 22~28×6~8μm，棒状，4 孢。孢子 6~8×4~5.5μm，椭圆形至近杏仁形，有芽孔，光滑，淡褐色。锁状联合常见。

　　夏秋季生于林中腐木上。腐生菌。可食用。国外分布于北美洲、日本。国内分布于山西、云南、福建等地。

2023.9.17/ 龙头村 / 廖金朋

2024.5.28/ 天斗山 / 罗华兴

2024.5.28/ 天斗山 / 廖金朋

365 多脂鳞伞 *Pholiota adiposa*(Batsch)P.Kumm.1871

蘑菇目 Agaricales　球盖菇科 Strophariaceae

　　子实体中到大型。菌盖直径 5~12cm，初半球形，后凸镜形至近平展；橙黄色至黄褐色，黏至胶黏，被棕褐色丛毛，边缘初内卷，常挂有纤毛状菌幕残片。菌褶弯生至近直生，密，黄色至锈黄色。菌柄 4~11×0.6~1.3cm，圆柱形，表面黏，与菌盖同色。孢子 6~7.5×3~4.5μm，卵圆形至椭圆形，薄壁，光滑，锈褐色。

　　春末至秋季群生、丛生于阔叶树倒木上。可食用。国内分布于湖南、福建等地。

2024.3.21/三岬山/陈鹏飞　　　　　2024.3.21/三岬山/樊跃旭　　　　　2024.4.6/南溪/陈安生

366 棕褐鳞伞 *Pholiota brunnescens* A.H.Sm. & Hesler 1968

蘑菇目 Agaricales　球盖菇科 Strophariaceae

　　菌盖直径 2~7cm，凸起到平展或边缘上翘呈波浪状；栗褐色至橙褐色或暗黄棕色，老时或褪为暗橙色，边缘常较浅；湿润时黏滑，边缘内卷呈凸形，展开后变平或保留一个低的脐状突起。菌褶离生或近贴生，宽达 0.8cm，紧密至拥挤；有几层短褶，最初为白色，变为浅灰棕色至暗灰棕色或黄褐色。菌柄 1.5~6(9)×(0.4)0.5~1cm，等粗，实心后变空心，顶端有粉霜且淡色，下部有丝状鳞片状菌幕残余物呈柠檬黄色，表面老时或被触碰处染成黄褐色。菌肉厚软，暗褐色。担子 18~21×6~7μm，4 孢，瓶形，无色。孢子 6~7.5×4~5μm，椭圆形至卵形，光滑，厚壁至稍厚壁。孢子印暗褐色。

　　簇生或群生于被烧过的土壤上，偶尔也在被烧过的木头上。

2024.3.7/柯山村/廖金朋

367 烧地鳞伞 （烧迹环锈伞 烧地环锈伞） *Pholiota carbonaria* (Fr.) Singer 1951

蘑菇目 Agaricales　球盖菇科 Strophariaceae

2024.3.7/ 柯山村 / 廖金朋

菌盖直径 2~4cm，扁半球形至凸镜形，后近平展，少数中部下陷，黄褐色至茶褐色，中部赤褐色，具黄褐色或锈色的小鳞片，易脱落，湿时黏；边缘初期内卷，附有菌幕残片。菌褶直生，褶幅窄，较密，污白黄色至褐色。菌柄 2~5.5×0.3~0.5cm，中生，等粗，较菌盖颜色浅，下部浅黄色，后期具黄褐色纤毛状反卷鳞片，内部松软至中空。菌环呈丝膜状，后期消失。菌肉黄白色，近表皮处带褐色，厚。担子 18~22×6~7.5μm，棍棒状，具 4 个孢子小梗。孢子 6.5~8.5×3.5~4.5μm，椭圆形至卵圆形，孢壁光滑，非淀粉质。孢子印锈褐色。具锁状联合。

群生于林中火烧处物体上。有毒。分布于欧洲、美洲。国内分布于西藏、宁夏、福建等地。

368 栗褐鳞伞 *Pholiota castanea* A.H.Sm. & Hesler 1968

蘑菇目 Agaricales　球盖菇科 Strophariaceae

菌盖宽 3~5cm，凸形，老时有时凹陷，无毛，黏滑，栗褐色至深褐色，幼时较浅，边缘平整。菌褶凹生，紧密至拥挤，相当宽，幼时白色，最终黄褐色、橄榄色或稍深，边缘稍被侵蚀。菌柄 4~6×0.4~0.6cm，向下渐细，浅色然后变暗淡，具纤毛，实心或稍中空。菌幕蛛丝状，黄色，易消失。菌肉薄，坚实，白色。担子 18~24(27)×5~6μm，4 孢。孢子 6~7.5(8)×3.5~4μm，正面观长圆形至椭圆形，侧面观长圆形至略呈豆形，光滑，壁厚。

生长在腐木和土壤上。

2024.2.17/ 柯山村 / 罗华兴

369 乔森鳞伞 *Pholiota chocenensis* Holec & M.Kolařík 2013

蘑菇目 Agaricales　球盖菇科 Strophariaceae

菌盖直径 1.5~5cm，幼时半球形，然后凸形至扁平；边缘内弯，光滑，湿润时胶状，干燥时稍有光泽；幼时中心赭石锈色，边缘黄色并有白色菌幕残余物，熟时橙色带锈褐色。菌褶贴生，密集，均匀至稍呈棒状，黄色，边缘较浅。菌柄 3~11×0.3~0.9cm，圆柱形，中上部或稍宽，基部近球形，老时中空。环带蛛网状，易消失。气味为萝卜味。担子 16~20×6~7μm，宽，圆柱形，有渐细的柄和轻微的中部缢缩，4孢，少为2孢。孢子 6.4~8×4.4~4.8μm，通常正侧面观均为卵形，光滑，黄赭色至黄棕色，相当厚，有萌发孔。具锁状联合。

群生在草本植物中或松属的落叶松针间的土壤上。分布于捷克、意大利等地。

2023.10.4/ 上坪村 / 廖金朋

370 普通鳞伞 *Pholiota communis*(Cleland & Cheel) Grgur.1997

蘑菇目 Agaricales　球盖菇科 Strophariaceae

菌盖橙褐色，直径最大达 7.5cm，幼时形状为凸面状，随着时间变化逐渐变平；有棕色扁平鳞片，幼时黏，后变干；起初呈明亮的黄色，但颜色会逐渐变成暗淡的棕褐色。菌柄下半部有棕色的鳞片。菌肉没有任何味道。孢子 8.5×5.5μm，呈椭圆形状。孢子印咖啡色。

4 月至 7 月群生或丛生于桉树和松树林的枯枝落叶上，部分会在树干上生长。分布于澳大利亚、中国等地。

2023.10.31/ 上坪村 / 廖金朋

371 胶状鳞伞 *Pholiota gummosa*(Lasch)Singer 1951

蘑菇目 Agaricales　球盖菇科 Strophariaceae

　　菌盖直径 2~5cm，初期半球形，后期呈凸镜；初期具乳头状突起，渐变钝或稍下陷；边缘初期内卷，后渐平展或呈不规则波状；初期稍呈浅绿色，后期渐变为浅柠檬色，中部呈浅红色至浅红褐色；初期黏，后期干；表面具浅褐色平伏鳞片，后期常消失。菌褶直生至稍延生，窄，浅黄色，后期渐变为浅黄褐色。菌柄 3~8 × 0.3~0.7cm，等粗，有时弯曲至扭曲，初期浅黄色至柠檬色，下部渐变为锈色，表面具块状菌幕残留物。菌肉薄，黄色。孢子 5.5~7 × 3.5~4μm，椭圆形，光滑，黄褐色。

　　春秋季生于林中地上或木上。国内分布于东北、东南地区。

2024.3.8/ 天宝岩主峰 / 廖金朋　　　　　　　　　　　　　　2024.3.16/ 丰田村 / 廖金朋

372 柠檬鳞伞 *Pholiota limonella*(Peck)Sacc.1887

蘑菇目 Agaricales　球盖菇科 Strophariaceae

　　菌盖直径 2.5~5cm，凸镜形或近平展，有时具中突；柠檬黄色，具散生的浅红色或黄褐色鳞片，黏。菌褶直生至稍弯生，近白色，渐变为铁锈色，窄，密。菌柄 3~7 × 0.3~0.5cm，等粗，灰白色或浅黄色，具散生反卷的黄色鳞片，菌环以上光滑。菌幕形成丛毛状易消失的黄色菌环。菌肉薄，黄色。担子具 4 个小梗，棒状，壁薄。孢子 6.5~8(8.6) × 4.5~5.2μm，正面卵圆形至椭圆形，侧面钝豆形至钝不等边形，光滑，芽孔明显，顶端稍平截，壁厚。

2024.3.7/ 柯山村 / 罗华兴　　　　　　　　　　　　　　2024.3.7/ 柯山村 / 廖金朋

373 小孢鳞伞 （滑子菇）*Pholiota microspora*(Berk.)Sacc.1887

蘑菇目 Agaricales　球盖菇科 Strophariaceae

子实体小到中型。菌盖直径 4~8cm，初半球形，后凸镜形至近平展；橙黄色至黄褐色，胶黏，边缘初内卷，常挂有纤毛状菌幕残片。菌褶弯生至近直生，浅黄色至锈黄色。菌柄 3~6×0.5~1.2cm，圆柱形，表面黏，淡黄色。孢子 4~6×2.5~3μm，卵圆形至椭圆形，薄壁，光滑，黄褐色。

夏秋季生于阔叶树倒木上。可食用。国内分布于江西、福建等地。

2024.3.7/ 柯山村 / 罗华兴

2024.3.7/ 柯山村 / 廖金朋

374 多环鳞伞 *Pholiota multicingulata* E.Horak 1983

蘑菇目 Agaricales　球盖菇科 Strophariaceae

2023.9.2/ 双虹桥 / 廖金朋

2023.10.31/ 上坪村 / 廖金朋

菌盖直径 1.7~3.4cm，幼时凸形，具微脐状突起，成熟时变为平凸形；湿润时表面黏滑，有宽的贴生鳞片组成的同心环；颜色多变，幼时为焦赭色，成熟时为砖红色，中心为红橙色；边缘在成熟时从内弯变为平展。菌褶贴生，规则，灰白色至灰色，紧密，有 4 层短褶。菌柄 3.2×0.4cm，中生，圆柱形，多环带，菌幕下方有棕色纤毛带，发育良好，中空，基部有假根。幼时存在部分菌幕。担子 21.98~28.26×8.47~9.42μm，棒状或圆柱棒状，4 小梗。孢子 6.3~8.5×4.8~5.9μm，光滑，厚壁，椭圆形，萌发孔极小且不明显。具锁状联合。

5 月至 9 月群生于竹子落叶和腐烂的木屑上。分布于印度、新西兰、澳大利亚、韩国等地。

375 光帽鳞伞（小孢鳞伞　滑菇　滑子蘑）*Pholiota nameko*（T.Ito）S.lto & S.lmai 1933

蘑菇目 Agaricales　球盖菇科 Strophariaceae

　　菌盖直径 2~8cm，初期扁半球形，后期平展，覆有一层胶黏液，光滑；初期红褐色，后期黄褐色至浅黄褐色，中部色深；边缘薄，具条纹，初期内卷，具胶质状菌幕残片。菌褶直生，稠密，褶幅宽，边缘波状，初灰色，后锈色。菌柄 2~8 × 0.3~1.3cm，圆柱形，等粗或向上稍细，环上污白色带淡褐色，具丝状纤维；环下同盖色，光滑，黏，实心或稍空心。菌环上位，膜质，薄，胶黏，易脱落。菌肉中厚边薄，致密，初淡黄色至黄色，后肉桂色。孢子 5~6 × 3~4μm，椭圆形至卵圆形，光滑，芽孔微小，薄壁，锈褐色。

　　夏秋季丛生或群生于阔叶树倒木或伐桩上。可食用。栽培商品名为滑菇。国内分布于东北、华中、东南等地区。

2024.3.17/ 丰田村 / 廖金朋　　　　　　　　　　　　　　　　2024.3.2/ 勾墩坪 / 廖金朋

376 尖鳞伞 *Pholiota squarrosoides*（Peck）Sacc.1887

蘑菇目 Agaricales　球盖菇科 Strophariaceae

2023.8.6/ 柯山村 / 廖金朋　　　　　　　　　　　　　　　　2023.8.6/ 柯山村 / 廖金朋

　　菌盖直径 3~8cm，初扁半球形，渐突起呈半球形，后平展，或中部稍凹，边缘下弯，湿润时黏；浅土黄色至黄褐色，具肉桂色至栗褐色直立尖头的鳞片；鳞片干，中部密，向边缘渐稀或无；边缘初期内卷且常附菌幕残片。菌褶直生，初淡黄色，后肉桂色，边缘呈细锯齿状。菌柄 5~12 × 0.5~1.2cm，干，常弯曲，与菌盖近同色；环上白色、近光滑，环下具栗褐色或浅朽叶色棉绒状纤毛鳞片；菌环上位，淡褐色，绵毛状，膜质，易脱落。菌肉厚，白色稍带黄色。孢子 4~5 × 2~3.5μm，椭圆形，光滑，黄褐色。

　　夏秋季散生或丛生于阔叶树腐木或木桩上。可食用。国内分布于北方、华中等地区。

377 淡蓝球盖菇 *Stropharia caerulea* Kreisel 1979

蘑菇目 Agaricales 球盖菇科 Strophariaceae

　　菌盖直径 2~7.5cm，锥形至扁平，常有一个低而宽的脐状突起，从淡蓝绿色到淡黄蓝绿色不等，边缘周围通常有一个白色区域，该区域总是带有蓝绿色调；潮湿时，具黏性，干燥时光滑且有光泽。菌褶最初为淡紫褐色，随着孢子成熟颜色会变深为褐色，它们与菌柄贴生或波状连接。菌柄 3~7×0.5~1cm，有短暂菌环状物，菌柄上方光滑，下方呈纤维状和鳞片状。担子 24~40×7~12μm，狭棒状，4 孢。孢子 8~9×4~5.5μm，椭圆形至长圆形或卵圆形。孢子印为棕色或紫黑色。

　　7 月至 11 月单生或群生在草地、路边、树篱、花园的碱性土壤中，或者木片覆盖物中。腐生菌。分布于欧洲和北美。

2023.12.7/ 上坪村 / 廖金朋　　　　　　　　2023.12.7/ 上坪村 / 廖金朋

378 小铜绿球盖菇 *Stropharia microaeruginosa* J.Z.Xu 2024

蘑菇目 Agaricales 球盖菇科 Strophariaceae

　　菌盖 2.7~3.8cm，初凸起，熟时菌盖边缘上翘，表面光滑、黏滑至胶质状，边缘常有菌幕残余物；幼时中心呈蓝灰色，向边缘变浅，后期呈灰绿色且朝边缘更淡；幼时具辐射状条纹。菌褶延生至近延生，较密集，灰色，具 1~3 层小菌褶。菌柄 5.1~7.5× 0.37~0.60cm，与菌盖同色且向上变浅，基部有白色鳞片，菌柄上部或有易消失的菌环，基部稍膨大且具白色假根。担子 (16.4)17.9~21.0~23.9(27.0)×(5.2)5.9~7.3~9.0(9.9)μm，2~4 孢，棒状。孢子 (5.4)6.2~7.3~8.2(8.8)×(3.7)4.0~4.3~4.9(5.0)μm，椭圆形。具锁状联合。

　　散生于海拔 1100m 以毛竹和针叶林为主的混交林缘，着生在箬竹林下苔藓层覆盖的箬竹腐枝上。模式产地是中国福建天宝岩国家级自然保护区。本新种发表于 2024 年 9 月。

2023.10.31/ 上坪村 / 廖金朋　　　　　　　　2023.10.31/ 上坪村 / 廖金朋

379 近皱环球盖菇 *Stropharia subrugosoannulata* J.Z.Xu 2024

蘑菇目 Agaricales　球盖菇科 Strophariaceae

2023.10.21/ 龙吴村 / 廖金朋　　　　　　　　　　　　　　　　2023.10.21/ 龙吴村 / 罗华兴

　　菌盖直径 2.5~6.0cm，平凹或近扁平，中央有无凹陷不定，呈红铜色至暗红色，中央覆盖着灰橙色鳞片，边缘带有菌幕残余物。菌褶延生至附着生，较密集，呈朱红色至赤陶色，具 1~3 层小菌褶。菌柄 2.5~4.8×0.6~1.0 cm，上部或有易消失的菌环，基部稍膨大且具白色假根；表面具纵向条纹，呈浅棕色且覆盖有白色三角形鳞片。孢子 (5.3)5.8~6.3~6.8(7.0)×(3.2)3.4~3.7~4.0(4.1)μm，椭圆至近卵形，具明显芽孔。担子 (10.6)13.8~16.8~19.4(19.9)×(4.1)5.6~6.8~7.7(8.7)μm，2~4 孢，棒状，小梗长达 2.6μm。具锁状联合。

　　簇生于海拔 700m 毛竹林下的土壤上。模式产地是中国福建天宝岩国家级自然保护区。本新种发表于 2024 年 9 月。

380 淡紫假小孢伞 *Pseudobaeospora lilacina* X.D.Yu & S.Y.Wu 2017

蘑菇目 Agaricales　口蘑科 Tricholomataceae

　　子实体小型。菌盖直径 1~3cm，平展到稍凸，边缘稍内卷，水浸状；表面浅紫红色，中央颜色稍深，老后淡黄色、淡黄褐色。菌褶直生，不等长，淡紫色。菌柄 2~3×0.2~0.5cm，圆柱形，基部略膨大，中生，有时弯曲，具条纹，浅黄褐色，被粉末状到絮状鳞片。菌肉薄，白色或略带菌盖色。孢子 3~5×2.5~3.5μm，宽椭圆形至椭圆形，无色，表面粗糙，具明显的脐状附属物。本种与紫晶蜡蘑形态较相似，不同点在于本种孢子光滑。

　　单生或散生于裸露地面或草地上。

2024.6.18/ 共裕村 / 廖金朋

381 黄褐口蘑 *Tricholoma fulvum*(DC.)Bigeard & H.Guill.1909

蘑菇目 Agaricales　口蘑科 Tricholomataceae

　　菌盖直径 3~7cm，初期半球形，后扁半球形至近平展，有时中部稍突，棕褐色，中部色深，湿时黏，具纤毛状鳞片，边缘内卷。菌褶弯生，稍密，黄色至暗黄色。菌柄 3~4×0.5~1cm，黄褐色，上部色浅，向下颜色渐深，基部稍膨大具白色菌索。菌肉黄白色。孢子 6.2~7.7×5~5.5μm，近球形，光滑，无色，非淀粉质。

　　秋季单生或群生于林中地上。可食用。国内分布于东北、华中、东南等地区。

2024.2.21/ 龙头村 / 廖金朋　　　　　　　　　　2024.2.21/ 龙头村 / 樊跃旭

382 黄绿口蘑 *Tricholoma sejunctum*(Sowerby)Quél.1872

蘑菇目 Agaricales　口蘑科 Tricholomataceae

2023.12.10/ 龙头村 / 廖金朋

　　菌盖直径 3~9cm，初期近圆锥形至凸镜形，后期渐平展，中部突起；表面湿润时稍黏，黄色或浅黄绿色，中部色深；表面具暗绿色纤毛状物，边缘平滑或波状，有时具菌幕残留物。菌褶直生至弯生，稠密，较宽，不等长，初期白色至灰粉色，后期近菌盖边缘呈浅黄色。菌柄 5~12×0.8~2.5cm，等粗，有时基部膨大，上部白色，向下渐变浅黄色，基部或粉红色，内部实心至松软，上部表面具粉状物，下部具细小纤毛状物。菌肉稍厚，白色，近表皮处呈浅黄色，稍带苦味。孢子 6.5~7.5×4.5~6μm，近球形至宽椭圆形，光滑，无色，非淀粉质。

　　秋季群生于针阔混交林中地上。国内分布于东北、华中等地区。

383 冬生假脐菇 *Tubaria hiemalis* Romagn.ex Bon 1973

蘑菇目 Agaricales　假脐菇科 Tubariaceae

　　菌盖宽度约 2.5cm，具湿生性质，红棕色至浅赭色，凸半球形然后展开，边缘有条纹，表面具糠秕状，干燥。菌褶贴生，相当疏远，淡赭色至肉桂色，然后是红棕色，边缘较淡。菌柄约 3.5×0.4cm，与菌盖同色或更浅。菌肉红棕色，伤不变色，质地呈纤维状。味道宜人，气味微弱。孢子印赭褐色。

　　1~6 月生长在树林、花园或公园中掩埋有木屑或木材碎片上的地面。腐生菌。模式产地在法国。

2024.3.2/ 吴家凹 / 廖金朋

2024.3.10/ 西溪岬 / 罗华兴

384 紫红假脐菇 *Tubaria vinicolor*(Peck)Ammirati,Matheny & Vellinga 2007

蘑菇目 Agaricales　假脐菇科 Tubariaceae

　　菌褶贴生至近下延或稍下延，宽达 0.6cm，中等厚度，相邻菌褶间有 3~9 个短褶，幼时粉红色，赤褐色或更暗的红色和红棕色，边缘白色，边缘有细缘毛。菌柄 2.8~7× 0.25~0.5cm，基部宽 0.55~0.7cm，圆柱形至狭棒状，直或弯曲，有菌幕，淡粉红色至暗紫色，伤变红，成熟菌柄上菌幕脱离处残留一些纤维，不形成菌环。气味温和或有涩味。

　　担子 24~30 × 6.5~7.5μm，4 孢或 2 孢。孢子 7~9 × 4~5.6(6)μm，腹面观稍宽椭圆形，侧面观为肾形或狭椭圆形，光滑，无顶端萌发孔，厚壁，小尖光滑。孢子印褐色至橙棕色。具锁状联合。

2023.9.9/ 龙头村 / 廖金朋

　　秋、冬、春季单生、群生或簇生在覆盖着土壤和腐烂木材的草丛中，以及枇杷树树桩周围。分布于美国、中国等地。

385 波状拟褶尾菌 （皱波拟沟褶菌）*Plicaturopsis crispa* (Persoon) D.A.Reid 1964

淀粉伏革菌目 Amylocorticiales   淀粉伏革菌科 Amylocorticiaceae

子实体厚度 0.5cm，菌盖直径 2.5cm。子实体小、薄、具毛或细绒毛，菌盖初期近白色，后逐渐变为赭色至褐色，具不明显环纹，边缘波浪状或褶皱。下表面白色，折叠或者褶皱成明显的褶状脊。子实体新鲜时柔软有韧性，干后很快变脆，潮湿时可恢复。孢子印白色。全年可见，干湿转换明显，被作为全球应对气候变暖物种的例子。

常密集簇生于阔叶树，尤其是山毛榉和榛树枯树干或未掉落的枯枝上。木腐菌。不可食用。分布于北美洲、欧洲、中美洲、亚洲北部。

2023.10.25/ 上坪村 / 罗华兴

386 毛木耳 *Auricularia cornea* Ehrenb.1820

木耳目 Auriculariales   木耳科 Auriculariaceae

子实体一年生，直径可达 15cm，厚 0.05~0.15cm。新鲜时杯形、盘形或贝壳形，较厚，通常群生，有时单生，棕褐色至黑褐色，胶质，有弹性，质地稍硬，中部凹陷，边缘锐且通常上卷。干后收缩，变硬，角质，浸水后可恢复成新鲜时形态及质地。不育面中部常收缩成短柄状，与基质相连，被绒毛，暗灰色，分布较密。子实层表面平滑，深褐色至黑色。孢子 11.5~13.8 × 4.8~6cm，腊肠形，无色，薄壁，平滑。

冬春，甚至四季均可生长在多种阔叶树倒木和腐木上。可食用。可栽培。中国各区均有分布。

2024.4.29/ 桂溪村 / 周兴永

2024.5.25/ 三畲村 / 廖金朋

387 中华皱木耳 *Auricularia sinodelicata* Y.C. Dai & F.Wu 2021

木耳目 Auriculariales 木耳科 Auriculariaceae

　　菌盖盘状或耳状，新鲜时呈胶质，无柄或近有柄，浅黄褐色至红棕色或肉桂色至黄褐色，有时边缘有裂片，突出达 8cm，厚 0.1~ 0.25cm，呈红棕色至黑色，上表面疏生毛，有时有少许褶皱。子实层表面有明显的多孔网状。子实层下的毛基部稍肿胀，透明，厚壁，具宽或窄的分隔腔，顶端锐尖或钝圆。担子 30~45 × 4~5.5μm，棒状，横向 3 分隔，具油滴。孢子 30~80 × 6~9μm，具锁状联合的菌丝。
　　单生或丛生在掉落的被子植物树干上。

2024.3.30/ 三畲村 / 廖金朋

2024.3.12/ 南溪 / 廖金朋

388 短毛木耳 *Auricularia villosula* Malysheva 2014

木耳目 Auriculariales 木耳科 Auriculariaceae

　　担子果直径 3~6cm，浅圆盘形、扇形或耳朵形，边缘波状；上表面（不育面）褐色、琥珀褐色或黄褐色，有时淡褐色或污白色，被短的细柔毛；下表面（子实层体表面）平滑或有网状皱纹，淡褐色至灰褐色，有时淡褐色或污白色，干后稍变暗色。菌肉较薄，胶质，有弹性，干后角质、硬而脆。担子 50~65 × 5~7μm，具 3 个横隔。孢子 13.5~16 × 5.5~6.5μm，腊肠形，光滑，无色。锁状联合常见。
　　夏秋季生于亚热带和温带阔叶林中腐木上。腐生菌。可食用。国内分布于云南、福建等地。

2024.4.6/ 西溪 / 陈安生

389 胡桃纵隔担孔菌 *Elmerina caryae* (Schwein.) D.A.Reid 1992

木耳目 Auriculariales　木耳科 Auriculariaceae

　　子实体一年生，平伏，革质，长可达 18cm，宽可达 5cm，厚可达 0.2cm。孔口表面新鲜时浅灰色至灰色，干后灰褐色至褐色，无折光反应；近圆形，每毫米 6~8 个；边缘厚，全缘。不育边缘明显，奶油色至浅灰色，宽可达 0.2cm。菌肉灰褐色，厚可达 0.02cm。菌管与孔口表面同色，长可达 0.18cm。孢子 5~6×1.9~2.9μm，腊肠形，无色，薄壁，光滑，非淀粉质，不嗜蓝。

　　秋季生于阔叶树倒木和腐木上，造成木材白色腐朽。中国各区均有分布。

2024.3.26/ 南溪 / 廖金朋　　　　　　　　　　2024.3.26/ 南溪 / 罗华兴

390 分支榆孔菌 *Elmerina cladophora* (Berk.) Bres.1912

木耳目 Auriculariales　木耳科 Auriculariaceae

　　子实体一年生，无柄，新鲜时奶油色，韧革质，干后黑色，硬木栓质。菌盖半圆形，外伸可达 2cm，宽可达 3cm，中部厚可达 0.6cm；表面新鲜时奶油色，被粗毛，干后黄褐色，无环纹；边缘钝。孔口表面新鲜时奶油色，干后暗褐色；多角形至拉长成半褶形，每毫米 1 个；边缘厚，略呈撕裂状，具菌丝钉。菌肉奶油色，干后木栓质，厚可达 0.15cm。菌管干后硬脆质，长可达 0.45cm。孢子 8.5~12.7×4.5~6μm，椭圆形，无色，薄壁，光滑，非淀粉质，不嗜蓝。

　　秋季单生于阔叶树倒木和腐木上，造成木材白色腐朽。国内分布于东南地区。

2024.7.2/ 南溪 / 廖金朋　　　　　　　　　　2024.7.2/ 南溪 / 廖金朋

391 黑胶耳（黑耳）*Exidia glandulosa* (Bull.)Fr.1822

木耳目 Auriculariales 木耳科 Auriculariaceae

子实体黑色，胶质，扭曲；初期有如小瘤，很快扩展，并相互连接，基部小，往往沿树皮裂缝生长，干缩后紧贴于树皮表面，表面有细小的疣点。担子 13~15×9~11μm，卵形。孢子 12~14×3.5~4μm，无色，腊肠形。

冬至春夏间生于潮湿的杨、柳、赤杨叶等阔叶树的枯干上。可食用。国内分布于福建、宁夏、辽宁等地。

2024.1.27/ 天斗山 / 廖金朋

2024.3.19/ 三畬村 / 罗华兴

392 拟粉孢牛肝菌（种1）*Abtylopilus* sp.1

牛肝菌目 Boletales   牛肝菌科 Boletaceae

（参考疣柄拟粉孢牛肝菌 *Abtylopilus scabrosus* Yan C.Li & Zhu L.Yang）

子实体大型。菌盖直径 10~35cm，初期半球形，后凸镜形至近平展；表面干，红褐色至深褐色，具微绒毛；菌肉白色至灰白色。菌管近柄处凹陷，灰白色至灰粉色，管口小。菌柄 8~15×2~4cm，中生，圆柱形，向基部膨大，表面与菌盖同色或颜色稍深呈近黑褐色，密被细小腺点。孢子 8~11×3.5~4.5μm，椭圆形或近圆柱形，光滑。

拟粉孢牛肝菌属 *Abtylopilus* 为近年发表的牛肝菌新属，子实层体淡灰色至淡粉色，菌肉受伤后变红后变黑。

夏秋季散生于阔叶林中地上。国内分布于湖南、福建等地。

2023.10.10/ 柯山村 / 罗华兴

2023.10.10/ 柯山村 / 罗华兴

393 异味牛肝菌 *Acyanoboletus controversus* G.Wu & Zhu L.Yang 2023

牛肝菌目 Boletales　牛肝菌科 Boletaceae

菌盖直径 8cm，宽凸至近平展，表面灰橙色至棕橙色，近无毛至微绒毛状，幼时边缘内弯；菌肉厚 0.8cm，黄白色至淡黄色，受伤后不变色。菌褶凹陷，表面黄白色至淡黄色，受伤后不变色。菌管长达 0.8cm，与菌褶表面同色或稍深，受伤后不变色；孔口近圆形，直径小于 0.05cm。菌柄 5~7×1.2cm，近圆柱形，弯曲，坚实，实心；表面淡黄色、浅黄色至奶油黄色，有时触碰后颜色变深；几乎无毛至稍具粉霜。气味像煤气。生长在海拔 1200 米松属和壳斗科植物的混交林下土壤中。

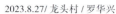

2023.8.27/ 龙头村 / 罗华兴

2023.8.27/ 龙头村 / 罗华兴

394 黑紫变黑牛肝菌 (黑紫黑孔牛肝菌) *Anthracoporus nigropurpureus* (Hongo)Y,C.Li & Zhu L. Yang 2021

牛肝菌目 Boletales　牛肝菌科 Boletaceae

菌盖直径 5~10cm，半球形至平展，黑褐色至紫黑色，干，具绒毛，常有细裂纹；菌肉白色至灰白色，伤后变粉红色至黑色。菌管直生至离生，灰白色至淡粉色；孔口灰黑色至紫灰色，伤后变粉红色。菌柄 5~9×1.2~2cm，圆柱形，表面与菌盖同色，具灰黑色腺点或网纹。孢子 8~10×4~5.5μm，光滑，长椭圆形，近无色至淡粉红色。

单生或散生于壳斗科等植物林中地上。有毒。国内分布于湖南、福建等地。

2023.8.24/ 三畲村 / 廖金朋

2024.6.21/ 丰田村 / 刘永生

395 复孔金牛肝菌 *Aureoboletus duplicatoporus*(M.Zang)G.Wu&Zhu L.Yang 2016

牛肝菌目 Boletales　牛肝菌科 Boletaceae

菌盖直径4~9cm，扁半球形至平展，表面湿时胶黏，红褐色至暗红色；菌肉污白色。子实层体管状，表面金黄色，菌管金黄色。菌柄5~8×0.5~1cm，胶黏，与盖同色或稍淡，无网纹。担子20~30×8~11μm，棒状，4孢。孢子9~14×4.5~6μm，长椭圆形至近梭形，光滑，橄榄褐色。锁状联合阙如。整体伤不变色。

夏秋季生于阔叶林或针阔混交林中地上。外生菌根菌。国内分布于东南和西南地区。

2023.8.31/ 柯山村 / 廖金朋

396 小橙黄金牛肝菌 *Aureoboletus miniatoaurantiacus*(C.S. Bi & Loh) Ming Zhang, N.K. Zeng & T.H. Li 2019

牛肝菌目 Boletales　牛肝菌科 Boletaceae

2023.7.4/ 九龙村 / 廖金朋

菌盖1.5~8cm，幼体半球形，逐渐变得平展，湿润时干或黏，表面被微绒毛或者粉，稍微皱起，橙黄色到黄红色，通常有薄并且稍微延长的边缘；菌肉厚0.5~1cm，白色到黄白色，在菌管边缘带有一点绿色调。菌管0.3~1cm，浅橙色到橙色；菌孔多边形，相对较大，在菌柄周围浅凹陷。菌柄3~8×0.4~1cm，中生，圆柱形或者棒状，向下略微增大，实心，光滑到明显的纵向条纹或者宽网状，潮湿时黏，与菌盖同色。菌柄菌肉与菌盖菌肉同色，基部菌丝体白色到黄白色，气味强烈，味道温和。整体伤不变色。

生长于热带或亚热带的壳斗科树林。模式产地在中国。国内分布于东南和西南地区。

397 萝卜味金牛肝菌 *Aureoboletus raphanaceus* Ming Zhang & T.H.Li 2019

牛肝菌目 Boletales　牛肝菌科 Boletaceae

2023.10.31/ 柯山村 / 罗华兴　　　　　　　　2023.10.31/ 柯山村 / 罗华兴

菌盖直径 3~8cm，初半球形，后渐平展，淡黄色至黄白色，附有淡灰绿色至淡褐色绒毛，干或湿时黏；菌肉白色，近皮层处淡粉红色，伤不变色。菌管近柄处凹陷，淡黄色至亮黄色；孔口小，多角形，伤不变色。菌柄 2~5×0.8~1.2cm，圆柱形，实心，与菌盖同色，表面具长条纹或粉霜。气味明显，为白萝卜味。

单生或散生于阔叶林中地上。模式产地在中国罗霄山脉。国内分布于西南、东南地区。

398 红盖金牛肝菌 *Aureoboletus rubellus* J.Y.Fang, G. Wu & K.Zhao 2019

牛肝菌目 Boletales　牛肝菌科 Boletaceae

菌盖 2.5~5cm，菌盖幼时半球形，随后扁平，边缘向下弯曲，表面干燥，密集覆盖着红棕色、橘棕色到暗红棕色的鳞片，菌肉 0.7~1cm，白色。子实层体孔状，菌孔近圆形到多边形，直径大约 0.05cm，白色，成熟后黄色；菌管 0.6~0.8cm。菌柄 3~4×0.4~1cm，中生，近圆柱形，基部略微膨大，表面干燥，被绒毛，红棕色到暗红棕色，菌肉白色，基部菌丝白色，气味不清楚。整体伤不变色。

生长在壳斗科与台湾松的共生林。模式产地在中国江西。国内分布于江西、福建等地。

2023.9.24/ 双虹桥 / 廖金朋　　　　　　　　2024.5.27/ 三畲村 / 廖金朋

399 东方褐盖金牛肝菌 *Aureoboletus sinobadius* Ming Zhang & T.H. Li 2018

牛肝菌目 Boletales　牛肝菌科 Boletaceae

　　菌盖 5~10cm，幼时半球形，熟时凸形至近平展，肉质，黏滑；具细微绒毛，稍具皱纹；红棕紫色，边缘薄且稍内弯；菌肉厚 0.7~1cm，幼时坚实且韧，后软。菌管深 0.8~1.5cm，绿黄色；孔小，每毫米 1~1.5 个，圆形至角形。菌柄 4~8×0.5~0.9cm，中生，圆柱形或棒状，等粗或向下略膨大，潮湿时滑黏，淡红色，具淡浅橙色纤维条纹；基部菌丝白色。菌肉黄白色，伤变灰红色，味道咸。担子 22~33×8~11μm，棒状，多 4 孢，或 2 孢。孢子 10~13(~14)×(4~)4.5~5(~5.5)μm，侧面观近梭形且不等边，顶端钝。

　　单生或散生在栲属与其他阔叶树混交的有腐殖质和落叶的地面上。国内分布于东南地区。

2023.8.24/ 丰田村 / 罗华兴　　　　　　　　　　　　　2023.8.24/ 丰田村 / 廖金朋

400 纤细金牛肝菌 *Aureoboletus tenuis* T.H. Li & Ming Zhang 2019

牛肝菌目 Boletales　牛肝菌科 Boletaceae

2023.10.14/ 龙头村 / 罗华兴　　　　　　　　　　　　2023.10.14/ 龙头村 / 廖金朋

　　菌盖直径 2~3.5cm，初半球形，后凸镜形至近平展；鲜时黏，具明显皱纹或不规则浅网纹，中部棕色至红棕色，渐变淡，由深橘黄色、橙色、橙黄色至淡黄色，初期内卷；菌肉厚 0.3~0.4cm，柔软，白色至淡黄白色，伤不变色或变淡粉红色。菌管长 0.8~1cm，淡黄色至淡黄绿色，伤不变色；孔口直径 0.08~0.1cm，圆形至多角形。菌柄 4~7×0.3~0.7cm，时有空心，淡红色至黄棕色，光滑，有时有不明显条纹，黏，基部菌丝体白色。孢子 11~12×4~5μm，椭圆形，光滑，薄壁。

　　夏秋季单生或散生于阔叶林中地上。国内分布于东南地区。

401 毛柄金牛肝菌 *Aureoboletus velutipes* Ming Zhang & T.H.Li 2019

牛肝菌目 Boletales　牛肝菌科 Boletaceae

2024.5.4/ 柯山村 / 罗华兴　　　　　　　　　　　　　　　　2024.5.4/ 柯山村 / 廖金朋

菌盖直径 2~4cm，初凸镜形，后渐平展，表面黄褐色至棕褐色，附有红褐色至栗褐色绒毛，干，常开裂；菌肉白色，伤后变淡紫红色。菌管近柄处凹陷，淡黄色至橄榄绿色；孔口多角形，与菌管同色，伤不变色。菌柄 3~4 × 0.5~1cm，圆柱形，表面与菌盖同色或稍淡，干，具绒毛或不规则网纹。孢子 10~13 × 5~6μm，长椭圆形，光滑，淡黄褐色。

402 梭孢南方牛肝菌 （纺锤孢南方牛肝菌）*Austroboletus fusisporus* (Kawam.ex Imazeki & Hongo) Wolfe 1980

牛肝菌目 Boletales　牛肝菌科 Boletaceae

2023.9.9/ 龙头村 / 罗华兴　　　　　　　2023.9.9/ 龙头村 / 罗华兴

菌盖直径 1.5~3.5cm，初近球形，后近圆锥形至平展，中央常突起，干或稍黏，灰褐色至黄褐色，有小鳞片，边缘明显延伸，有灰白色菌幕残片悬垂；菌肉白色，伤不变色。菌管长 0.3~0.9cm，初粉白色或灰粉色，渐变为淡紫红色至淡紫褐色，近柄处下凹至离生；孔口直径 0.15~0.2cm，多角形，与菌管同色。菌柄 3~8 × 0.3~0.5cm，圆柱形，湿时黏，与菌盖同色，具明显突起的纵向网纹，有褐色绒毛状鳞片，实心，受伤变红棕色到肉桂褐色，基部菌丝体白色。孢子 13~17.5 × 7~9μm，纺锤形，黄棕色至淡棕褐色。

夏秋季单生或散生于热带或亚热带的壳斗科树林和针阔混交林中地上。模式产地在日本。国内分布于华中、东南等地区。

403 黄肉条孢牛肝菌 *Boletellus aurocontextus* Hirot.Sato 2015

牛肝菌目 Boletales　牛肝菌科 Boletaceae

　　菌盖直径 7cm，凸镜形，表面有一层浅紫红色、平伏的鳞片，盖缘常内卷并包被子实层，成熟后鳞片撕裂；菌肉厚 1.2cm，鲜黄。子实层表面鲜黄至暗黄色。菌管柠檬黄色，高 1.5cm。菌柄 9×1.2~1.5cm，圆柱形，表面紫红色；菌肉鲜黄、基部金黄；基部菌丝近白色。孢子 17~24×8~11μm，表面具纵条状纹饰，深度约 1μm。伤后迅速变浅蓝或蓝。

　　夏秋季单生于松属植物林下。国内分布于海南、江西、福建等地。

2023.9.20/ 共裕村 / 罗华兴　　　　　　　　2023.9.20/ 共裕村 / 罗华兴

404 隐纹条孢牛肝菌 *Boletellus indistinctus* G. Wu, Fang Li & Zhu L.Yang 2016

牛肝菌目 Boletales　牛肝菌科 Boletaceae

2023.7.4/ 九龙村 / 廖金朋　　　　　　　　2023.8.24/ 丰田村 / 廖金朋

　　菌盖直径 5~11cm，初半球形，后凸镜形至近平展，橙红色、粉红色至玫红色，被绒毛；菌肉淡黄色，伤后变蓝。菌管近柄处凹陷，淡黄色至橄榄绿色；孔口与菌管同色，伤后变蓝。菌柄 4~13×1~2cm，圆柱形，表面粉红色至玫红色，被不明显网纹，基部菌丝白色。

　　夏秋季生于针阔混交林中地上。有毒。模式产地在中国。国内分布于西南、东南地区。

405 大果薄瓤牛肝菌 *Baorangia major* Raspé & Vadthanarat 2019

牛肝菌目 Boletales   牛肝菌科 Boletaceae

2024.8.11/ 九龙村 / 罗华兴

2024.8.11/ 九龙村 / 廖金朋

菌盖 (7~)16~22(~23)cm，最初半球形至凸形，变为凸形至平凸形，有时中心稍凹陷，灰红色至灰宝石红，罕为灰粉色；边缘内卷至反卷，稍突出；表面平整，干燥，无光泽，被微绒毛。子实层体管状，延生，菌管 0.2~0.5cm，黄色。菌柄 (4.8~)5.2~8.5(~15) × 1.5~3.3(~4.5)cm，中生，圆柱状至近棒状。气味略带果香。伤后变蓝。担子 36~42.2~55 × 8.5~9.3~11μm，具 4 孢，狭棒状，有时弯曲，透明。孢子 (6~)7.5~8.1~9(~10) × 4~4.6~5(~5.5)μm，椭圆形至卵形，薄壁，光滑。孢子印橄榄棕色。

夏季群生、簇生或单生于以石栎属、栲属植物为主的阔叶树森林土壤中。有毒。分布于泰国及中国的云南、福建等地。

406 薄瓤牛肝菌 *Baorangia pseudocalopus*（Hongo）G. Wu & Zhu L.Yang 2015

牛肝菌目 Boletales   牛肝菌科 Boletaceae

菌盖直径 5~13cm，半球形至平展，表面干燥，微绒质，灰红色至灰玫瑰红色，幼时边缘内卷；菌肉厚 1.3~1.8cm，淡黄色至浅黄色，受伤后缓慢变浅蓝色。子实层体延生至直生，淡黄色至浅黄色，受伤后迅速变青蓝色，厚 0.2~0.7cm。菌管淡黄色至浅黄色，受伤后缓慢变为淡蓝色至青蓝色；管口成熟时直径达 0.05~0.1cm，多角形至近圆形。菌柄 6~9 × 1.5~2.5cm，近柱形至倒棒状，上部或顶端常被有网纹；表面顶端淡黄色至黄色，其他部位灰红色与淡黄色间杂；菌柄基部菌丝白色；菌肉浅黄色至黄色，受伤缓慢变为淡蓝色。菌肉味道柔和。

夏秋季单生或散生于壳斗科和松科等植物的混交林下。模式产地在日本。分布于日本和中国。

2023.8.15/ 南溪 / 廖金朋

2023.8.17/ 听涛亭 / 罗华兴

407 紫牛肝菌 （紫褐牛肝菌　栗紫牛肝菌）*Boletus violaceofuscus* W.F.Chiu 1948

牛肝菌目 Boletales　牛肝菌科 Boletaceae

2023.8.15/ 龙头村 / 罗华兴　　　　　　　　　　　　　　　　2023.8.15/ 龙头村 / 罗华兴

　　菌盖直径 5~10cm，扁半球形至扁平；表面紫色、深紫色至紫褐色，边缘色较淡；菌肉白色，受伤后不变色。子实层体管状，表面及菌管污白色至橄榄黄色，受伤后不变色或稍变为淡褐色。菌柄 5~10×1~2.2cm，与菌盖近同色，但顶端往往近白色，表面被同色或污白色网纹；基部有白色菌丝。担子 30~40×10~12μm。孢子 10~14×5~6μm，长椭圆形至近梭形，光滑，橄榄褐色。锁状联合阙如。

　　夏秋季生于亚热带阔叶林或针阔混交林中地上。外生菌根菌。可食用。国内分布于东南、西南地区。

408 海南黄肉牛肝菌 *Butyriboletus hainanensis* N.K.Zeng et al.2016

牛肝菌目 Boletales　牛肝菌科 Boletaceae

　　菌盖直径 6~20cm，半球形至凸镜形；表面干燥、绒质，黄褐色至灰褐色，盖缘有时内卷；菌肉白色，受伤后迅速变蓝，后变为红色，最后逐渐变灰黑色。子实层体直生或稍弯生，黄色，伤后亦先变蓝再变红后变黑；菌管黄色，变色情况同子实层体。菌柄 6~13×1.5~3cm，中生，近柱状，中实，上部黄色，中下部棕红色；菌肉上部白色、基部棕红色，伤后变色情况与盖表菌肉相同；基部菌丝白色。孢子 7.5~10×4~5μm，梭形，光滑。

　　夏秋季散生于针阔混交林中地上。国内分布于海南、江西、福建等地。

2023.8.24/ 三畲村 / 罗华兴　　　　　　　　　　　　　　　　2023.8.24/ 三畲村 / 罗华兴

409 窄囊裘氏牛肝菌 *Chiua angusticystidiata* Y.C.Li & Zhu L.Yang 2016

牛肝菌目 Boletales　牛肝菌科 Boletaceae

菌盖直径 2.5~5cm，凸镜形至较平展，表面橄榄绿色至黄绿色，微绒质；菌肉厚 0.3~0.6cm，金黄色。子实层体稍弯生，表面粉白色。菌管粉白色，高 0.5~1.5cm。菌柄 3~6×0.6~1.3cm，圆柱形，中上部红色至紫红色，下部黄色；菌柄菌肉金黄色，基部铬黄色；基部菌丝黄色。孢子 10.5~12.5×4.5~5.5μm，近梭形，光滑。整体伤不变色。

夏秋季单生于壳斗科植物林中地上。食毒不明，慎食。国内分布于海南、江西、福建等地。

2023.8.12/ 龙头村 / 罗华兴　　　　　2023.8.12/ 龙头村 / 廖金朋　　　　　2023.8.24/ 丰田村 / 罗华兴

410 壳斗粉蓝牛肝菌 *Cyanoboletus fagaceophilus* G.Wu,Hai J. Li & Zhu L.Yang 2023

牛肝菌目 Boletales　　牛肝菌科 Boletaceae

2023.7.8/ 桂溪村 / 廖金朋　　　　　　　　　　　2023.7.8/ 桂溪村 / 廖金朋

菌盖 2~6.5cm，半球形到近球形，表面灰绿色，棕橘色，橘白色到玫瑰白色，微绒毛，干燥，有时边缘内曲；菌肉 1.1cm 厚，白色，受伤缓慢变淡蓝色。子实层体贴生到延生，表面灰黄色到橘黄色，蜂蜜黄到橄榄黄色，受伤变暗蓝色。菌管可达 0.6cm，与子实层体表面同色，受伤变暗蓝色。菌孔圆形到椭圆形，宽可达 0.05cm。菌柄 2~5×0.3~1.2cm，中生，偶偏生，坚硬，有时向下逐渐轻微膨大，与菌盖表面同色或更浅一点，覆盖有粉霜或者软毛鳞片；菌柄菌肉颜色与子实层体颜色和白色混合的颜色接近，受伤几乎不变色；基部菌丝白色。

生于壳斗科树林地上。模式产地在中国云南。国内分布于西南和东南地区。

411 绿盖黏小牛肝菌（白小牛舌菌）*Fistulinella olivaceoalba* T.H.G.Pham,Yan C.Li & O.V. Morozova 2018

牛肝菌目 Boletales　牛肝菌科 Boletaceae

2024.9.2/ 柯山村 / 廖金朋　　　　　　　　　　　　　　　　　　2024.9.2/ 柯山村 / 廖金朋

　　菌盖直径 1.5~5.0cm，半球形到凸形或近扁平形，灰白色至灰橄榄色，表面凹凸不平，黏滑；菌肉白色。子实层体管孔状，直生至稍微向下延生，管口至菌柄，厚 0.3~0.8cm，白色至乳白色，伤不变色；管孔圆形至角形，0.1~0.2cm，与子实层体同色。菌柄 4.0~9.0×0.3~0.7cm，圆柱形，白色，具稀疏灰色颗粒状鳞片，黏滑，基部稍大，有白色绒毛。孢子 11.5~16×4~5.5μm，纺锤状，近纺锤状，光滑。

　　生于常绿阔叶林地上。国内分布于福建、湖南、海南等地。

412 亚高山哈里牛肝菌 *Harrya subalpina* Yan C.Li &Zhu L.Yang 2016

牛肝菌目 Boletales　牛肝菌科 Boletaceae

2024.5.4/ 柯山村 / 廖金朋　　　　　　　　　　　　　　　　　　2024.5.4/ 柯山村 / 廖金朋

　　菌盖 3.5~6cm，呈近半球形至平凸形或扁平状，幼时为紫褐色、灰褐色，成熟或伤变为灰红色至灰红宝石色，中心色稍深。子实层体幼时贴生，熟时在菌柄顶端周围贴生至下凹；幼时白色至暗白色，熟时呈粉红色至粉色；菌孔 0.05~0.15×1.5cm，呈角形至近圆形。菌柄 3.5~7×1~1.6cm，近圆柱形至棒状，向下渐粗，白色至奶油色，基部呈亮黄色至铬黄色，着红色至粉色鳞片。担子 23~48×9~15μm，棒状，4孢。孢子 12.5~15×4.5~6μm，侧面观呈近纺锤形至近圆柱形。孢子印呈粉白色至红白色。

　　散生于以松科植物为主的亚高山森林的土壤上，或在以壳斗科和松科植物为主的混交林中。国内分布于中国西南、东南部。

413 血色庭院牛肝菌 *Hortiboletus rubellus* (Krombh.) Simonini, Vizzini & Gelardi 2015

牛肝菌目 Boletales   牛肝菌科 Boletaceae

菌盖直径 2~5cm，初半球形，后渐平展，深红色至酒红色，密布细小的绒毛，常开裂；菌肉白色至淡黄色，伤后变蓝。菌管近柄处凹陷，淡黄绿色至橄榄绿色；孔口圆形或多角形，淡黄色，伤后变蓝。菌柄 5~7×0.5~1cm，圆柱形，顶端柠檬黄色，向基部淡红色至酒红色，具网纹、纵条纹或腺点，实心。孢子 10~13×4~5μm，长椭圆形，光滑，淡黄色。

夏秋季单生或散生于阔叶林中地上。可食用。

2024.5.15/ 南溪 / 廖金朋

2024.5.15/ 南溪 / 廖金朋

414 密鳞厚瓢牛肝菌 *Hourangia densisquamata* N.K. Zeng, Yi Wang & Zhi Q.Liang 2020

牛肝菌目 Boletales   牛肝菌科 Boletaceae

2023.8.15/ 龙头村 / 罗华兴   2023.8.15/ 龙头村 / 罗华兴

菌盖 3.5~5.5cm，扁球形到平展，边缘弯曲，表面干燥，覆盖淡棕色到棕色的鳞片，菌盖菌肉 0.4~0.6cm，黄白色，受伤快速变蓝。子实层体管状，菌管多边形，0.05~0.15cm，黄色，受伤快速变蓝，随后缓慢变棕色，菌管长 0.4~0.7cm，黄色，受伤变蓝。菌柄 2~5×0.4~0.8cm，中生，近圆柱形，坚硬，表面干燥，覆盖有棕色鳞片和一层白色粉霜；菌柄菌肉灰色到淡棕色到棕色，菌柄菌肉有时受伤变红棕色；基部菌丝白色。

夏秋季单生或散生于壳斗科植物林中。模式产地在中国福建。

415 宽丝厚瓢牛肝菌 *Hourangia dilatata* N.K. Zeng, Yi Wang, S. Jiang & Zhi Q. Liang 2020

牛肝菌目 Boletales　牛肝菌科 Boletaceae

　　菌盖 1.5~2.5cm，凸起到平展，边缘弯曲，老时可能抬起，表面干燥，覆盖黄棕色，棕色到红棕色鳞片；菌盖菌肉厚大约 0.1cm，黄白色，受伤不变色或者轻微变蓝。子实层体管状，贴生到稍微延生；菌孔多边形 0.05~0.1cm，黄色，受伤轻微变蓝；菌管长 0.2~0.4cm，受伤轻微变蓝。菌柄 2.5~4×0.2~0.4cm，中生，近圆柱形，坚硬，表面干燥，覆盖有棕色到红棕的鳞片；菌柄菌肉白色，受伤轻微变蓝；基部菌丝白色。气味模糊。

　　生长在石柯属的树林中。模式产地在中国。国内分布于海南、福建等地。

2023.8.31/ 柯山村 / 廖金朋　　　　　　　　　　　　　　　　2023.8.31/ 柯山村 / 廖金朋

416 黑点厚瓢牛肝菌 （芝麻厚瓢牛肝菌）*Hourangia nigropunctata*（W.F.Chiu）Xue T .Zhu & Zhu L.Yang 2015

牛肝菌目 Boletales　牛肝菌科 Boletaceae

2023.8.15/ 南溪 / 廖金朋　　　　　　　　　　　　　　　　2023.8.24/ 丰田村 / 罗华兴

　　菌盖直径 3~7cm，半球形至扁半球形，幼时绒质，密被黄褐色鳞片，后龟裂成点状鳞片；菌肉奶油色，受伤后变淡蓝色，淡褐色。子实层体管状，幼时浅黄色，后赭色，受伤后变蓝色，暗褐色，厚度为菌盖菌肉的 3~5 倍；菌管与子实层体同色，受伤后变蓝色。菌柄 2~8×0.3~1.2cm，黄褐色；菌肉污白色至浅黄色，受伤后变褐红色、淡褐色。担子 27~40×9~11μm，棒状，4 孢。孢子 7.5~9×3.5~4μm，近梭形，光滑，褐黄色。锁状联合阙如。

　　夏秋季生于阔叶林或针阔混交林中地上。外生菌根菌。可能有毒，误食可能会导致胃肠炎型中毒。国内分布于云南、福建等地。

417 大盖兰茂牛肝菌 *Lanmaoa macrocarpa* N.K. Zeng, H. Chai & S.Jiang 2019

牛肝菌目 Boletales　牛肝菌科 Boletaceae

　　菌盖直径 10~13cm，幼时近半球形，后凸镜形至平展，表面干，棕红色；菌肉厚约 2.5cm，浅黄色，受伤迅速变为蓝色。子实层体弯生，表面黄色，受伤先迅速变为蓝色，后缓慢变为褐色；管口直径 0.1~0.2cm，角形；菌管长 1.5cm。菌柄 8~11×1.5~2cm，中生，近圆柱形，实心，表面干，棕红色，有时在顶端具网纹，基部菌丝浅黄色；菌肉黄色，受伤迅速变为蓝色。菌肉气味不明显。

　　生于格氏栲或鬐蓣锥林下。模式产地在中国海南。国内分布于东南地区。

2023.8.6/ 柯山村 / 廖金朋　　　　　　　　　　　　　　　　　2023.8.6/ 柯山村 / 廖金朋

418 拟栗色黏盖牛肝菌 *Mucilopilus paracastaneiceps* Yan C.Li & Zhu L.Yang 2021

牛肝菌目 Boletales　牛肝菌科 Boletaceae

　　菌盖直径 3~5cm，半球形至扁半球形，表面湿时胶黏，红褐色、肉褐色至淡褐色，边缘色较淡；菌肉白色至污白色，伤不变色。子实层体管状，表面淡粉色至粉紫色，受伤后不变色。菌柄 5~7×0.3~1cm，白色，有白色纵向网纹。担子 40~65×15~20μm，棒状，4 孢。孢子 12~14×5~6μm，光滑，黄色至褐黄色。锁状联合阙如。

　　夏秋季生于阔叶林或针阔混交林中地上。外生菌根菌。国内分布于云南、福建等地。

2024.5.8/ 龙头村 / 廖金朋　　　　　　　　　　　　　　　　　2024.5.8/ 龙头村 / 廖金朋

419 褐红盖新牛肝菌 *Neoboletus brunneorubrocarpus* G.Wu,Hai J. Li & Zhu L. Yang 2023

牛肝菌目 Boletales　牛肝菌科 Boletaceae

2023.8.7/龙头村/廖金朋　　　　　2023.8.15/龙头村/廖金朋　　　　　2023.8.7/龙头村/廖金朋

　　菌盖直径 9cm，半球形，微凸到平展，表面红棕色，棕红色到暗棕色，灰橘色到红金色，光滑，经常反光；菌盖菌肉厚可达 2cm，亮黄色到黄色，受伤快速变暗蓝色。子实层体贴生到弯生，表面红棕色到棕红色，红橘色到灰橘色，受伤快速变暗蓝色；菌孔不规则到多边形，0.05cm。菌柄 7×1.5cm，中生，近圆柱形或者向下轻微膨大，坚硬，表面颜色亮黄色到亮橘色，覆盖有点状鳞片，有时候纵纹与菌盖同色，受伤快速变暗蓝色；菌柄菌肉与菌盖菌肉同色，但是伤后缓慢变暗蓝色；基部菌丝浅棕色到棕黄色。

　　生于壳斗科树林地上。模式产地在中国。国内分布于西南、东南地区。

420 多斑新牛肝菌（密鳞新牛肝菌）*Neoboletus multipunctatus* N.K.Zeng et al.2019

牛肝菌目 Boletales　牛肝菌科 Boletaceae

2023.8.12 西溪岬/罗华兴　　　　　　　　　2023.8.12/西溪岬/廖金朋

　　菌盖直径 5~7cm，凸镜形，上覆明显的绒毛，红褐色、褐色至黑褐色；菌肉嫩黄色，厚 1~1.5cm，伤后立即变深蓝色。子实层体直生，幼嫩时表面紫红色、红棕色，成熟后颜色变浅，伤后迅速变为蓝黑色；菌管高 0.5~0.7cm，黄绿色，伤后迅速变为深蓝色。菌柄 7~9×1~1.8cm，近柱状，本底金黄色，中上部密被红棕色点状鳞片，内部中实，中上部菌肉嫩黄，伤后迅速变为深蓝色，下部锈红色；基部菌丝黄色。孢子 8.5~11×4~5μm，近梭形，光滑。

　　夏秋季散生于壳斗科植物林中地上。国内分布于海南、江西、福建等地。

421 泌阳褶孔牛肝菌 *Phylloporus biyangensis* Yang Wang, Bo Zhang & Yu Li 2023

牛肝菌目 Boletales　牛肝菌科 Boletaceae

　　菌盖直径 7.2~11.9cm，近平展至中心稍凹陷，幼时边缘内卷，表面干燥，被绒毛，有时裂成鳞片状，红棕色；菌肉黄色，伤不变色。菌褶延生，片状，宽 0.06~0.08cm，稍稀疏，交织，绿黄色，受伤时变蓝或颜色不变；菌褶小齿常见，与菌褶同色。菌柄 3.8~4.7×0.6~1.3cm，中生，近圆柱形，向基部逐渐变细，覆盖有精细的红棕色鳞片，上部与延生的菌褶线一起有脊；菌肉浅黄色，受伤时颜色不变；基部菌丝黄色。

　　单独生长在以栎属和松属为主的混交林中。国内分布于河南、福建等地。

2023.8.22/ 天斗山 / 罗华兴　　　　　　2024.5.4/ 柯山村 / 廖金朋

422 云南褶孔牛肝菌（参照种）*Phylloporus* cf. *yunnanensis* N.K.Zeng,Zhu L.Yang & L.P.Tang 2012

牛肝菌目 Boletales　牛肝菌科 Boletaceae

（参考云南褶孔牛肝菌 *Phylloporus yunnanensis* N.K.Zeng,Zhu L.Yang & L.P.Tang 2012）

　　菌盖直径 4~6.5cm，扁平至平展，中央常下陷，米色至淡黄色，密被淡黄色、褐色至红褐色绒状鳞片；菌肉伤不变色。菌褶延生，黄色，伤后变蓝色。菌柄 3~7×0.4~0.7cm，圆柱形，被黄褐色至红褐色绒状鳞片，基部有淡黄色菌丝体。孢子 10~12×4.5~4.5μm，长椭圆形至近梭形，光滑，浅青黄色。菌盖表皮由栅状排列、直径 6~23μm 的菌丝组成。

　　夏秋季单生于云南松或壳斗科植物下林地上。可食用。模式产地在中国。国内分布于华中、西南地区。

2023.8.31/ 柯山村 / 廖金朋

423 锈红褶孔牛肝菌 *Phylloporus rubiginosus* M.A. Neves & Halling 2012

牛肝菌目 Boletales　牛肝菌科 Boletaceae

　　子实体较大，菌盖黄褐色到红褐色，子实层体褶片状，伤后先变蓝绿色，后变锈褐色，菌肉和菌褶变色情况一致，基部菌丝白色，菌柄较短，表面覆盖褐红色至红色或浅红色的鳞片，基部菌丝为白色。子实层体和菌肉伤后先变蓝绿色，再变红色，最后变黑色。

　　单生或散生在壳斗科、龙脑香属或松属植物下。模式产地在泰国。分布于泰国及中国东南和西南地区。

2023.9.2/ 上坪村 / 罗华兴　　　　　　　　　　　　　　　　　　　　2023.9.2/ 双虹桥 / 廖金朋

424 东方烟色粉孢牛肝菌 *Porphyrellus orientifumosipes* Y.C.Li & Zhu L.Yang 2016

牛肝菌目 Boletales　牛肝菌科 Boletaceae

　　菌盖直径 1.5~5 cm，半球形至较平展；表面干燥，烟褐色、土褐色至深褐色，成熟后龟裂露出白色菌肉；菌肉坚实，厚 0.3~0.6cm，伤后立即变浅蓝色。子实层体弯生，表面淡粉色至粉色，受伤后迅迅变蓝。菌管柠檬黄色，高 0.6~1.8cm，伤后迅速变蓝。菌柄 2~8 × 0.2~1cm，棒状，与盖表颜色相近，内部白色，中上部伤后变蓝较明显，基部菌丝白色。孢子 9.5~10.5 × 4.5~5.5μm，近梭形，光滑。

　　夏秋季单生或散生于壳斗科植物林下。国内分布于福建、云南、河南等地。

2023.8.15/ 龙头村 / 罗华兴　　　　　　　　　　　　　　　　　　　　2023.8.15/ 龙头村 / 廖金朋

425 假烟色红孢牛肝菌 *Porphyrellus pseudofumosipes* Yan C. Li & Zhu L. Yang 2021

牛肝菌目 Boletales　牛肝菌科 Boletaceae

　　菌盖 3~7cm，半球形到近半球形，成熟时平展；幼时黑棕色到咖啡棕色，成熟时暗棕色到棕色；表面干燥，覆盖同色绒毛鳞片，成熟时经常破碎并伴随白色菌肉的暴露。子实层体表面灰白色到浅灰色，随后变灰粉色，受伤变蓝。菌孔多边形到近圆形，可达 0.2cm，菌管长可达 1cm，与子实层体表面同色或稍浅，受伤变蓝。菌柄 5~10 × 0.8~1.2cm，棒状到圆柱形，与菌盖表面同色或稍浅；菌肉灰白色到苍白色，受伤不变色或有时不均匀变蓝在菌柄顶端；菌柄基部菌丝灰白色。

　　生于壳斗科树林地上。模式产地在中国。国内分布于西南和东南地区。

2023.9.4/ 丰田村 / 廖金朋

2023.8.15/ 龙头村 / 罗华兴

426 褐点粉末牛肝菌 *Pulveroboletus brunneopunctatus* G.Wu & Zhu L.Yang 2016

牛肝菌目 Boletales　牛肝菌科 Boletaceae

　　菌盖直径 2~5cm，凸镜形至较平展，幼时盖缘被菌幕完全包裹；表面鲜黄色至暗黄色，密布褐色、橄榄褐色点状鳞片；菌肉灰白色至奶油色，厚 0.5~0.7cm，受伤后变为浅蓝色，与子实层邻接处变色较为明显。子实层体直生，表面淡黄色至琥珀黄色，有时具锈红色斑点；菌管高 0.2~0.5cm，与子实层表面同色。菌柄 4~7 × 0.3~0.7cm，柄表被黄色细粉末或微绒毛，内部淡黄色，伤后变色不明显，基部菌丝白色。孢子 8~10 × 5~5.5μm，梭形，光滑。

　　夏秋季散生于针阔混交林中地上。有毒。国内分布于云南、江西、福建等地。

2023.8.24/ 丰田村 / 廖金朋

2023.8.24/ 丰田村 / 廖金朋

427 暗褐网柄牛肝菌 *Retiboletus fuscus* (Hongo) N.K. Zeng & Zhu L. Yang 2016

牛肝菌目 Boletales　牛肝菌科 Boletaceae

2024.8.7/ 柯山村 / 罗华兴

2024.8.7/ 柯山村 / 罗华兴

　　菌盖直径5~8cm，扁半球形，表面被细小绒毛，灰褐色至灰黑色；菌肉奶油色，受伤后变淡褐色。子实层体管状，成熟后灰白色至浅黄色，受伤后变淡褐色。菌柄4~11×1~4cm，近圆柱状，污白色，被灰褐色至深灰色网纹；菌肉淡黄褐色；基部菌丝白色。担子25~30×7~8μm，棒状，4孢。孢子8.5~13×3.5~4.5μm，近梭形至长椭圆形，光滑，黄褐色。锁状联合阙如。

　　夏秋季生于亚热带针叶林或针阔混交林中地上。外生菌根菌。可食用。国内分布于云南、福建等地。

428 中华网柄牛肝菌 *Retiboletus sinensis* N.K. Zeng & Zhu L. Yang 2016

牛肝菌目 Boletales　牛肝菌科 Boletaceae

　　菌盖直径3~8cm，近半球形至平展；表面密被绒毛，橄榄褐色、黄褐色、灰褐色至褐色，不黏，菌盖边缘下弯；菌肉厚0.4~2.6cm，浅黄色至黄色，受伤后变黄褐色。子实层体直生或稍弯生；管口多角形，直径0.03~0.15cm，黄色，受伤后缓慢变为黄褐色；菌管长0.2~1.1cm，浅黄色，受伤后变为褐色。菌柄4.7~11×0.7~2cm，中生，近圆柱形，实心，表面黄色至褐黄色，被粗网纹，网纹黄色，老后变为浅褐色至褐色；菌肉黄色，受伤后变黄褐色；基部菌丝黄色。菌环阙如。

　　夏秋季单生或散生于壳斗科植物林下。模式产地在中国福建。国内分布于东南地区。

2023.8.28/ 上坪村 / 罗华兴

2023.8.28/ 上坪村 / 罗华兴

429 张飞网柄牛肝菌 *Retiboletus zhangfeii* N.K.Zeng & Zhu L.Yang 2016

牛肝菌目 Boletales　牛肝菌科 Boletaceae

　　菌盖直径 5~10cm，半球形至凸镜形；表面深紫色、紫黑色至黑色，密被一层微绒毛；菌肉灰白色，厚 0.8~1.5cm，受伤后变为灰绿色至灰褐色。子实层体直生，表面灰白色至灰紫色，伤后变灰绿色至灰褐色；菌管高 0.5~1cm，颜色与子实层表面相近。菌柄 5~12×1~2.5cm，中生，近柱状，表面灰白色至灰绿色，灰绿色疣点不规则分布，被同色网纹，内部颜色同菌盖菌肉，基部菌丝白色。孢子 9~11×4~5μm，卵圆形至近梭形，光滑。

　　夏秋季散生于壳斗科植物林下。国内分布于福建、江西等地。

2024.8.7/ 柯山村 / 廖金朋

2024.8.7/ 柯山村 / 廖金朋

430 褐齿鳞松塔牛肝菌 (褐鳞松塔牛肝菌) *Strobilomyces brunneolepidotus* Har.Takah.& Taneyama 2016

牛肝菌目 Boletales　牛肝菌科 Boletaceae

　　菌盖直径 6~10cm，污白色的菌盖带有红棕色、小到中等大小、直立的圆锥形鳞片。菌柄顶端具网状，带有与菌盖同色厚绒毛和直立圆锥形鳞片。子实层孔直径 0.1~0.3cm。孢子 7.5~9×6.5~8μm，具网状纹饰，小网格直径 0.1~0.2cm。伤后变褐红色，然后转为灰黑色。

　　单生或散生于壳斗科为主的森林土壤中。分布于热带至亚热带地区的中国和日本。国内分布于广东、福建、云南等地。

2024.8.14/ 内炉村 / 罗华兴

2024.8.14/ 内炉村 / 廖金朋

431 橙黄粉孢牛肝菌 *Tylopilus aurantiacus* Yan C.Li & Zhu L.Yang 2021

牛肝菌目 Boletales　牛肝菌科 Boletaceae

菌盖直径 5~9cm，扁半球形至扁平；表面幼时橙红色至橙黄色，成熟后橙褐色至橙黄色；菌肉白色，受伤后不变色或缓慢变淡褐色。子实层体管状，表面白色或淡粉色，受伤后变淡褐色；菌管与子实层表面同色。菌柄 4~5×1.2~1.6cm，表面橘红色至橙黄色，基部白色至橙黄色，受伤后不变色，基部菌丝白色。担子 20~25×7~9μm，棒状，4孢。孢子 6~8×4~5μm，卵形至椭圆形，光滑，无色至淡黄色。锁状联合阙如。

夏秋季生于亚热带阔叶林或针阔混交林中地上。外生菌根菌。可食用。国内分布于云南、福建等地。

2023.10.10/ 柯山村 / 罗华兴　　　　2023.10.10/ 柯山村 / 罗华兴

432 黄盖粉孢牛肝菌（锈盖粉孢牛肝菌　玉红粉孢牛肝菌）*Tylopilus ballouii* (Peck)Singer 1947

牛肝菌目 Boletales　牛肝菌科 Boletaceae

子实体小型或中型。菌盖直径 4~10(~15)cm，凸镜形、平展形，土黄色、黄褐红色，湿时黏，边缘呈波状。菌肉厚 3~5cm，白色，伤处微变暗色。菌管直生，污白色、浅褐色，每毫米 1~3 孔，近多角形，伤处色变污褐色。菌柄 4~10×1~3cm，近圆柱形，向下渐细，浅土黄色、橙黄色，柄上部有网纹，基部色浅至白色，内部实心。孢子 7~8.9×3.5~4.5μm，宽椭圆形，有薄壁，光滑。孢子印浅土黄色。

散生或群生于针阔叶混交林中地上。可食用。

2024.8.18/ 丰田村 / 廖金朋　　　　2024.8.18/ 丰田村 / 廖金朋

433 褐红粉孢牛肝菌 *Tylopilus brunneirubens* (Corner) Watling & E. Turnbull 1994

牛肝菌目 Boletales　牛肝菌科 Boletaceae

　　菌盖直径 5~9cm，扁半球形至平展；表面褐色至栗褐色，边缘浅褐色至浅黄褐色，具有绒毡状鳞片，成熟后龟裂，不黏；菌肉白色。子实层体弯生，表面幼嫩时白色至淡粉色，成熟后污粉色；菌管长 1.5~2cm，污粉色；管口直径 0.05~0.1cm，近圆形至多角形。菌柄 5~8×0.8~1.5cm，棒状至圆柱形，向上渐变细，菌柄上部 1/3~2/3 的区域具有明显网纹，表面褐色至黑褐色，顶端白色或浅黄色；菌肉白色；菌柄基部菌丝白色。菌肉味苦。整体伤后变为浅红色或浅红褐色。

　　夏秋季单生或散生于壳斗科植物林中。模式产地在马来西亚。国内分布于东南、西南地区。

2023.8.12/ 西溪岬 / 廖金朋　　　　　2023.8.17/ 天斗山 / 廖金朋　　　　　2023.8.17/ 天斗山 / 廖金朋

434 黄盖粉孢牛肝菌（锈盖粉孢牛肝菌　玉红粉孢牛肝菌）（参照种）*Tylopilus* cf.*ballouii* (Peck) Singer 1947

牛肝菌目 Boletales　牛肝菌科 Boletaceae

（参考黄盖粉孢牛肝菌 *Tylopilus ballouii*(Peck)Singer 1947 ）

　　菌盖直径 4~10(~15)cm，凸镜形、平展形，土黄色、黄褐红色，湿时黏，边缘呈波状。菌肉厚 3~5cm，白色，伤处微变暗色。菌管直生，污白色、浅褐色，每毫米 1~3 孔，近多角形，伤处色变污褐色。菌柄 4~10×1~3cm，近圆柱形，向下渐细，浅土黄色、橙黄色，柄上部有网纹，基部色浅至白色，内部实心。孢子 7~8.9×3.5~4.5μm，宽椭圆形，有薄壁，光滑。孢子印浅土黄色。

　　散生或群生于针阔叶混交林中地上。可食用。

2023.8.31/ 柯山村 / 罗华兴　　　　　　　　　2023.8.31/ 柯山村 / 罗华兴

435 新苦粉孢牛肝菌 *Tylopilus neofelleus* Hongo 1967

牛肝菌目 Boletales 牛肝菌科 Boletaceae

　　菌盖直径 5~16cm，凸镜形至较平展，光滑，幼嫩时盖缘稍内卷；幼时紫罗兰色、浅紫色，后变为土褐色；菌肉厚 0.2~0.8cm，近白色，味苦。子实层体弯生，表面白色、成熟后粉色；菌管高 0.4~1cm，与子实层表面同色。菌柄 5~16×1.5~4cm，近柱状，表面光滑，浅紫色至淡黄褐色，中上部颜色较浅，有时具网纹，内部中实、白色，基部菌丝白色。生尝味苦。孢子 8~9×3~4μm，梭形，光滑。整体伤后不变色。

　　夏秋季散生于松树林中或针阔混交林中地上。有毒，会导致胃肠炎型中毒。在中国分布较广泛。

2023.9.2/ 双虹桥 / 廖金朋　　　　　　　　　　　　　　　2023.9.2/ 双虹桥 / 廖金朋

436 类铅紫粉孢牛肝菌 *Tylopilus plumbeoviolaceoides* T.H.Li et al.2002

牛肝菌目 Boletales 牛肝菌科 Boletaceae

　　菌盖直径 3~10cm，半球形至平展，深灰紫色、暗紫褐色或紫色带棕色至栗褐色，湿时黏，光滑至稍带微绒毛。菌肉近柄处厚 0.3~0.8cm，白色至近白色，伤后变粉红色至淡紫红色，味道极苦。菌管长 0.6~1.2cm，初时灰白色至粉白色，渐变粉色至浅紫褐色，伤不变色或稍变粉褐色，近柄处下凹，离生至微弯生或延生；孔口每毫米 1 个，多角形。菌柄 4~9×0.5~1.2cm，圆柱形，与菌盖同色至略浅色或带灰紫红色，光滑或顶部稍带纵条纹或细网纹，基部有白色菌丝体。孢子 8.5~10.5×3~4μm，长椭圆形至近梭形，光滑，近无色至淡粉棕色。

　　春季散生至群生于壳斗科树林中地上。不可食用。国内分布于东南地区。

2023.8.28/ 上坪村 / 廖金朋　　　　　　　　2023.8.28/ 上坪村 / 廖金朋

437 假黄盖粉孢牛肝菌 *Tylopilus pseudoballoui* D. Chakr., K.Das & Vizzini 2018

牛肝菌目 Boletales　牛肝菌科 Boletaceae

2023.8.24/ 丰田村 / 罗华兴

2023.8.24/ 丰田村 / 廖金朋

　　菌盖直径 6~15cm，最初凸面，然后平凸，表面黏稠，橙黄色至棕黄色，边缘较淡。孔表面浅黄色，受伤时变为淡橙色至灰橙色；孔角形，0.5~0.8cm。管近下延，长 0.6~1cm，淡黄色，受伤时变为褐色。菌柄 5.5~11×2~4cm，大多为近棒状，实心，与菌盖同色，表面具粉霜，从不具网纹，基部菌丝白色。气味宜人。味道略带辛辣。

　　生长在阔叶树下，与橡树共生。

438 亚小绒盖牛肝菌 (参照种) *Xerocomus cf.subparvus* Xue T.Zhu & Zhu L.Yang 2016

牛肝菌目 Boletales　牛肝菌科 Boletaceae

2023.8.31/ 柯山村 / 廖金朋

2023.8.31/ 柯山村 / 廖金朋

　　子实体小到中等，菌盖 3.2~6cm，半球形到平展，边缘弯曲，有时隆起，表面干燥，覆盖有黄棕色、棕色到红棕色的微绒毛；菌盖菌肉厚 0.6~1cm，白色，受伤变蓝。菌孔多边形，大约 0.05cm，黄色，受伤明显变蓝。菌管长 0.3~0.7cm，亮黄色，受伤变蓝。菌柄 2.8×0.5cm，中生，近圆柱形，表面干燥，黄棕色到红棕色；菌柄菌肉白色，受伤变蓝；基部菌丝白色。气味模糊。

　　生长在有壳斗科的树林中。模式产地在中国云南。国内分布于云南、福建、海南等地。

439 近小盖绒盖牛肝菌 （近似小果绒盖牛肝菌）*Xerocomus microcarpoides*(Corner)E.Horak 2011

牛肝菌目 Boletales　牛肝菌科 Boletaceae

　　菌盖直径 1.5~4cm，扁半球形至扁平；表面干燥，被细绒毛，浅黄褐色至褐色；菌肉白色至淡黄色，受伤后缓慢变蓝色，味柔和。子实层体管状，表面亮黄色至深黄色，受伤后缓慢变蓝色；菌管与子实层体表面同色，管口多角形；复孔，孔径 0.1~0.15cm。菌柄 2.5~6.5 × 0.3~0.5cm，污白色、浅黄褐至土褐色，被丝状鳞片，基部菌丝污白色。担子 33~42 × 8.5~11μm，棒状，4 孢。孢子 8.5~11.5 × 4~5.5μm，梭形至近圆柱形，光滑，褐黄色。锁状联合阙如。

　　秋季散生于热带至亚热带针阔混交林中地上。外生菌根菌。国内分布于云南、福建等地。

2023.9.2/ 共裕村 / 罗华兴　　　　　　　　　　2023.9.2/ 共裕村 / 罗华兴

440 血红色钉菇 *Chroogomphus rutilus*(Schaeff.)O.K.Mill.1964

牛肝菌目 Boletales　铆钉菇科 Gomphidiaceae

2023.12.7/ 上坪村 / 廖金朋　　　　　　　　　　2023.12.7/ 上坪村 / 廖金朋

　　菌盖宽 3~8cm，初期钟形或近圆锥形，后平展中部凸起，浅棠梨色至咖啡褐色，光滑，湿时黏，干时有光泽。菌肉带红色，干后淡紫红色，近菌柄基部带黄色。菌褶延生，稀，青黄色变至紫褐色，不等长。菌柄 6~10(18) × 1.5~2.5cm，圆柱形且向下渐细，稍黏，与菌盖色相近且基部带黄色，实心，上部往往有易消失的菌环。孢子 (14)18~22 × 6~7.5μm，青褐色，光滑，近纺锤形。孢子印绿褐色。

　　夏秋季单生或群生在松林地上。外生菌根菌。可食用，菌肉厚，味道较好。药用可治疗神经性皮炎。国内分布于西藏、北京、福建等地。

441 粉红铆钉菇 （红铆钉菇） *Gomphidius roseus* (Fr.) Oudem.1867

牛肝菌目 Boletales　铆钉菇科 Gomphidiaceae

菌盖直径 2~6cm，初期扁半球形至扁平，后期中央稍下陷；表面粉红色至玫红色，老时褐色，胶黏；菌肉白色至近白色，受伤后不变色。菌褶幼时近白色，老后灰色至暗灰色，受伤后不变色，稀，厚。菌柄 3~7×0.5~1cm，菌环之上白色，菌环之下污白色，被粉红色或灰色绒状至丝状鳞片，基部带黄色色调。菌环上位，窄，易消失。担子 50~60×10~12μm，棒状，4孢。孢子 15~18×5~7μm，近梭形至圆柱形，光滑，褐色。锁状联合阙如。

夏秋季生于亚热带至温带松林中，多与三针松植物共生，同时其周围往往还长有乳牛肝菌属的真菌。外生菌根菌。国内分布于云南、福建等地。

2024.4.15/ 双虹桥 / 廖金朋

2024.4.2/ 上坪村 / 罗华兴

442 长囊圆孔牛肝菌 *Gyroporus longicystidiatus* Nagas.& Hongo 2001

牛肝菌目 Boletales　圆孔牛肝菌科 Gyroporaceae

菌盖直径 5~8cm，扁半球形至扁平；表面橘黄色、黄褐色或灰橘黄色，被同色细小鳞片；菌肉白色至淡灰色，伤不变色。子实层体管状，表面幼时奶油色，成熟后污白色至淡黄色，受伤后变淡褐色。菌柄 4~8×1.5~2.5 cm，表面皱曲、不平滑，与菌盖表面同色或稍淡，被硬毛状鳞片，内部海绵状至中空。担子 20~35×9~14μm，棒状，4孢。孢子 7.5~9.5×4.5~6μm，椭圆形，光滑，淡褐色。锁状联合常见。

夏季生于亚热带针阔混交林中地上。外生菌根菌。模式产地在日本，另外分布于中国西南和东南部，以及泰国。

2024.5.8/ 龙头村 / 罗华兴

2024.5.8/ 龙头村 / 廖金朋

443 印度圆孔牛肝菌 （褐色圆孔牛肝菌） *Gyroporus paramjitii* K.Das et al.2017

牛肝菌目 Boletales　圆孔牛肝菌科 Gyroporaceae

2023.9.4/ 丰田村 / 罗华兴

2023.9.4/ 丰田村 / 罗华兴

　　菌盖直径 3~6cm，扁半球形至扁平；表面微绒质，成熟后表皮龟裂，肉桂色、暗肉桂色至褐色；菌肉白色，受伤后不变色。子实层体管状，表面幼时奶油色至淡黄色，成熟后污黄色，受伤后不变色或缓慢变淡褐色。菌柄 3~9×0.5~1.5cm，近圆柱状，脆，表面皱曲、不平滑，与盖表同色或稍深，被细小鳞片，内部松软至中空，基部菌丝淡粉红色。担子 20~28×8~12μm，棒状，4孢。孢子 8.5~11.5×5.5~6.5μm，椭圆形，光滑，淡黄绿色。锁状联合常见。
　　夏秋季生于针叶林或针阔混交林中地上。外生菌根菌。可食用，但对有些人有毒。模式产地在印度，另外分布于中国东南部和西南部。

444 云南硬皮马勃 （马皮泡） *Scleroderma yunnanense* Y.Wang 2013

牛肝菌目 Boletales　硬皮马勃科 Sclerodermataceae

2023.9.2/ 共裕村 / 廖金朋

2023.10.21/ 丰田村 / 廖金朋

　　担子果直径 2~6cm，球形至扁球形，下部有时缩成柄状基部；包被硬木栓质，表面橙黄色至土黄色，初期近平滑，后期表皮逐渐龟裂成鳞片状，厚 0.2~0.5cm，切面外侧淡黄色、内侧近白色。孢体初期污白色，后期变灰色、灰紫色至暗紫褐色，成熟后呈粉末状。担子未观察到。孢子 7.5~8.5×7~8μm，球形至近球形，表面密被疣凸或小刺，褐色至浅褐色。锁状联合常见。
　　夏秋季生于热带和亚热带针阔混交林中地上。外生菌根菌。可食用。国内分布于云南、福建等地。

445 黏盖乳牛肝菌 *Suillus bovinus* (Pers.)Roussel 1796

牛肝菌目 Boletales　乳牛肝菌科 Suillaceae

菌盖直径 4~10cm，初期半球形，后期渐平展，边缘初期内卷，后期呈波状，肉色、浅赭黄色、浅褐色、赭色至黄褐色，常具显著的亮粉色，干后呈肉桂色，边缘颜色较浅，胶黏，干时有光泽，光滑或具微小鳞片。菌肉淡黄色至奶油色，有时具浅粉色。菌管延生，不易与菌肉分离，淡黄褐色；孔口中等大小至较大，呈多角形或不规则形，常呈放射状排列。菌柄 2~7×0.8~1.5cm，圆柱形，有时向下渐细，光滑，与菌盖同色，但常较浅，基部有白色棉絮状菌丝体。孢子 7.8~10×3~4μm，椭圆形至长椭圆形，光滑，浅黄色。

夏秋季丛生或群生于针叶林中地上。可食用。国内分布于华中、东南等地区。

2024.4.9/ 西溪岬 / 罗华兴

446 滑皮乳牛肝菌 *Suillus huapi* N.K. Zeng et al.2018

牛肝菌目 Boletales　乳牛肝菌科 Suillaceae

2023.10.17/ 九龙村 / 罗华兴

2023.10.21/ 上坪村 / 廖金朋

菌盖直径 2~7cm，凸镜形至较平展，幼时盖缘内卷；表面肉褐色至深褐色，湿时黏滑；菌肉淡黄色，厚 0.5~0.9cm，淡黄色，受伤后不变色。子实层体直生，表面黄色，伤后不变色；菌管高 0.2~0.5cm，颜色与子实层表面相近。菌柄 2.5~6×0.6~1.2cm，中生，近柱状，表面浅黄色，光滑无网纹，内部较菌盖菌肉颜色深，基部菌丝白色。孢子 6.5~9×3~4μm，长椭圆形至近梭形，光滑。

夏秋季散生于松林中。有毒，会导致胃肠炎型中毒。国内分布于云南、福建、海南等地。

447 褐环乳牛肝菌（黄乳牛肝菌）*Suillus luteus*(L.)Roussel 1796

牛肝菌目 Boletales　乳牛肝菌科 Suillaceae

　　子实体中等。菌盖直径 3~10cm，扁半球形或凸形至扁平；淡褐色、黄褐色、红褐色或深肉桂色，光滑，很黏；菌肉淡白色或稍黄，厚或较薄，伤后不变色。菌管米黄色或芥黄色，直生或稍下延，或在柄周围有凹陷；管口角形，每毫米 2~3 个，有腺点。菌柄 3~8×1~2.5cm，近柱形或在基部稍膨大，淡黄色或淡褐色，有散生小腺点，顶端有网纹。菌环上位，薄，膜质，初黄白色，后呈褐色。孢子近纺缍形，平滑带黄色，7~10×3~3.5μm。

　　夏秋季单生或群生于松林或混交林中地上，冬春多雨时生于马尾松林下。有毒。

2023.10.21/ 丰田村 / 廖金朋

2023.11.04/ 上坪村 / 廖金朋

448 松林乳牛肝菌 *Suillus pinetorum*(W.F.Chiu) H.Engel & Klofac 1996

牛肝菌目 Boletales　乳牛肝菌科 Suillaceae

2023.10.14/ 上坪村 / 罗华兴

2023.12.10/ 上坪村 / 廖金朋

　　菌盖直径 3~8cm，近半球形至平展；表面光滑，湿时胶黏，红褐色至淡褐色；菌肉淡黄色，受伤后不变色。子实层体管状，表面淡黄色，受伤后不变色；管口较大，辐射状排列。菌柄 2~5×0.5~1cm，与菌盖表面同色或稍淡，顶端常呈淡黄色，有褐色细小鳞片。无菌环。担子 25~30×8~10μm，棒状，4 孢。孢子 7~9×3~4μm，长椭圆形，光滑，淡黄色。锁状联合阙如。

　　夏秋季生于由三针松组成的针叶林中地上。外生菌根菌。有毒，但常有人采食。国内分布于云南、福建等地。

449 黑毛小塔氏菌（毛柄小塔氏菌）*Tapinella atrotomentosa*(Batsch)Šutara 1992

牛肝菌目 Boletales　小塔氏菌科 Tapinellaceae

　　菌盖宽 5~15cm，半球形，后期扁平或中部下凹；菌盖锈褐色至烟色，中盘部被细绒毛，老后渐变光滑，无条纹，边缘长期内卷；菌肉厚，白色至淡黄色，松软。菌褶直生至延生，稍密，狭窄，基部分叉并于近柄处连成网，黄色至青黄色，干后呈黑色。菌柄 3~10×1~3cm，偏生或侧生，内实，质韧，与菌盖同色，密覆黑褐色绒毛。孢子 4.9~7.3×3.9~4.4μm，卵圆形至宽椭圆形，光滑。

　　夏秋季生于针叶林或竹林腐木或腐枝层上。有毒，但国外有报道称幼嫩时可食用。中国大部分地区可见。

2023.8.17/听涛亭/罗华兴

2024.5.4/柯山村/罗华兴

450 灰鸡油菌 *Cantharellus cinereus*(Pers.)Fr.1821

鸡油菌目 Cantharellales　齿菌科 Hydnaceae

　　子实体较小，呈喇叭状。菌盖与菌柄相连，薄，直径 3~5cm，表面灰褐色到暗褐色，粗糙，边缘往往波状。菌肉薄。菌柄 3~4×0.5~0.8cm，管状，向基部变细似根状，灰褐色至灰白色。孢子椭圆形，平滑或微有粗糙，7.5~10×5.5~6μm。

　　夏至秋季群生或近丛生在阔叶林中或针阔混交林地上。可食用。国内分布于广西、福建、香港等地。

2023.9.9/龙头村/罗华兴

451 灰锁瑚菌 *Clavulina cinerea*(Bull.) J. Schröt.1888

鸡油菌目 Cantharellales　齿菌科 Hydnaceae

　　子实体小，高约 3~10 cm，宽度略小。它的分支通常呈波浪状，形似珊瑚。表面起初为淡紫灰色，随着时间推移变为灰棕色。它没有长柄，气味和味道温和。担子具 2 个孢子。孢子 7~10.5 × 5.5~9μm，呈圆形至椭圆形，光滑。孢子印乳白奶油色。

　　仲冬到晚冬分散或成小片生长在硬木和针叶林的地面上。可食用，但口感欠佳。

2024.4.13/ 双虹桥 / 廖金朋

2024.6.15/ 柯山村 / 罗华兴

452 珊瑚状锁瑚菌（冠锁瑚菌）*Clavulina coralloides*(L.)J.Schröt.1888

鸡油菌目 Cantharellales　齿菌科 Hydnaceae

　　子实体总体高 3~6cm，直径 2~5cm，珊瑚状，多分枝，白色、灰白色或淡粉红色，枝顶端有丛状密集细尖的小枝。菌肉白色，伤不变色，内实。担子 40~60 × 6~8μm，双孢，棒形，稀有横隔，具 2 个小梗。孢子 7~9.5 × 6~7.5μm，近球形，光滑，内含 1 个大油球。

　　夏秋季生于针阔混交林中地上。可食用。分布于中国大部分地区。

2023.9.24/ 听涛亭 / 罗华兴

2023.9.20/ 西溪岬 / 廖金朋

453 淡紫锁瑚菌 *Clavulina purpurascens* P.Zhang 2019

鸡油菌目 Cantharellales　齿菌科 Hydnaceae

子实体珊瑚状；单个子实体高 3~8.5cm，宽 0.2~0.4cm，简单或稀疏地一至二次分枝，单轴分枝或向枝端不规则二歧分枝，基部多歧分枝，分枝棒状至近圆柱状，后稍扁平；幼嫩时枝端近尖，随子实层增厚变圆。菌柄 1.5~3 × 0.2~0.4cm，近圆柱形或扁平，呈栗褐色、肉桂色，具再生能力。子实层两面生，浅粉色至浅紫色，生长中稍隆起并带有纵向皱纹延伸至枝端。担子 (39)43.5~67.5(71)μm，棒状至近圆柱形，从顶向基部渐细，2 个担子小梗。孢子 (8.6)8.8~11.9(12.7) × (7.7)7.9~10.3(10.6)μm，近球形至宽椭圆形，光滑，非淀粉质，薄壁。锁状联合丰富。

夏季 8 月至 9 月单生或散生或群生于壳斗科树木下土壤的腐殖质层中。国内分布于云南、福建等地。

2024.6.15/ 柯山村 / 廖金朋

454 皱锁瑚菌 *Clavulina rugosa* (Bull.)J.Schröt.1888

鸡油菌目 Cantharellales　齿菌科 Hydnaceae

2023.9.20/ 西溪岬 / 罗华兴

子实体高 4~7cm，直径 0.3~0.5cm，不分枝或少分枝而呈鹿角形，污白色至灰白色，常凹凸不平。菌肉白色，伤不变色。担子 40~80 × 7~10μm，双孢。孢子 8~14 × 7.5~12μm，宽椭圆形至近球形，表面光滑至近光滑。

夏秋季生于针阔混交林中地上。可食用。分布于中国大部分地区。

455 金黄喇叭菌 *Craterellus aureus* Berk.& M.A.Curtis 1860

鸡油菌目 Cantharellales　齿菌科 Hydnaceae

　　子实体高 7~12cm，金黄色至老金黄色，近喇叭形。菌盖直径 2~6cm，边缘往往不等，呈波状，内卷或向上伸展，近光滑，有蜡质感，中部下凹至柄部，与柄无明显分界。菌褶阙如。子实层体平滑至近平滑。菌柄 2~6×0.3~0.8cm，与菌盖相连形成筒状，向基部渐细。孢子 7.5~10×6~7.5μm，椭圆形，光滑，无色。

　　夏秋季群生或丛生于壳斗科等阔叶林中地上。可食用。国内分布于东南地区。

2024.7.2/ 南溪 / 罗华兴 　　　　　　　　　　　　　　　　　　　　2024.7.2/ 南溪 / 罗华兴

456 乳白齿菌 *Hydnum cremeoalbum* Liimat. & Niskanen 2018

鸡油菌目 Cantharellales　齿菌科 Hydnaceae

　　菌盖直径 2~3cm，展开为平面状，常为脐状，轮廓完整至不规则；表面无光泽，干燥，平滑且无毛，无环带，白色；边缘内弯至直，波状，全缘至隐约有裂片。子实层稍下延，长 0.04~0.06cm，每平方毫米有 3~7 个刺，与菌盖表面同色。菌柄 1.6~1.8×0.8~0.9cm，圆柱形至近棒状，中生或偏心生，实心；表面平滑，白色，或与菌盖表面同色。担子狭棒状至狭瓮状，35~49×5~7μm，具基部锁状联合，产生 (4~)5 个小梗。孢子 4.5~6.5×3.2~5.7μm，近球形至椭圆形，光滑，薄壁，无色透明，有时有油滴，非淀粉质。

　　单生于以红松为优势种的混交林中。模式产地在韩国。

2023.11.29/ 听涛亭 / 廖金朋 　　　　　　　　　　　　　　　　　　2023.11.29/ 听涛亭 / 廖金朋

457 细齿菌 *Hydnum subtilior* Swenie & Matheny 2018

鸡油菌目 Cantharellales 齿菌科 Hydnaceae

　　菌盖宽 2~9cm，圆形或偶尔肾形，凸形变为平凸至凹陷，有时为脐状；表面无光泽，无毛，有时在中央开裂成鳞片，浅奶油黄色至奶油橙色。刺长 0.1~0.8cm，贴生至下延，奶油白色至淡橙奶油色。菌柄 2~6×0.5~2.1cm，中生或偏心生，有时弯曲，等粗或向基部膨大，奶油白色或比菌盖稍浅，染成锈橙色至棕色。菌肉海绵状，奶油白色至淡橙奶油色，切开五分钟后整个染成橙色。担子 32~44×7~9μm，有 3~5(6) 个小梗。孢子 7~8~9×5~6.3~7.5μm，近球形至宽椭圆形，光滑，薄壁。有锁状联合。气味温和或香甜。味道温和或宜人。

　　6 月至 8 月生长在有栎属、山核桃属、水青冈属、鹅耳枥属的针阔叶混交林中。分布于美国、墨西哥。

2024.3.12/ 南溪 / 罗华兴　　　　　　　　　　　　　　　　　2024.3.12/ 南溪 / 廖金朋

458 细柄齿菌 *Hydnum tenuistipitum* T. Cao & H.S. Yuan 2021

鸡油菌目 Cantharellales 齿菌科 Hydnaceae

　　菌盖直径 1~3cm，平凸至稍漏斗形；光滑，干燥，白色至乳白色；边缘有裂片，内弯至不规则波状，白色至乳白色。菌盖中心肉厚 0.1~0.3cm，肉质，白色。子实层齿菌型，刺长约 0.1cm，在靠近菌盖边缘和菌柄处最短，下延至强烈下延，在靠近菌柄基部处有些下延，密集，钻形至圆柱形，尖锐，直，有些贴生，白色，乳白色至黄白色。菌柄 1.5~3.5×0.4~1cm，中生，圆柱形至近圆柱形，实心，后中空，稍内弯或直；干燥，光滑，白色至乳白色。担子 19~41×3~10μm，近圆柱形、棒状至近棒状，壁稍厚。孢子 (5~)5.5~6.28~7×4.5~5.62~6(~7)μm，球形、近球形至宽椭圆形，壁稍厚，光滑。具锁状联合。

　　单生或群生于以马尾松为主的森林地面上。

2024.3.7/ 柯山村 / 廖金朋　　　　　　　　　　　　　　　　　2024.3.8/ 天宝岩主峰 / 廖金朋

459 耐冷白齿菌 （勃肯肉齿菌　耐冷担子菌）*Sistotrema brinkmannii*(Bres.) J.Erikss.1948

鸡油菌目 Cantharellales　齿菌科 Hydnaceae

2024.3.26/ 南溪 / 罗华兴　　　　　　　　　　　　　　　　　2024.3.26/ 南溪 / 廖金朋

　　菌盖直径 3~8cm，表面纤维状鳞片。子实体薄扁平形，贴生，厚达 80μm，近膜质。子实层表面黄灰色，平滑，稍微颗粒状突起，遍布微小裂痕，边缘渐薄，粉状。担子 14~18 × 4~4.5μm，坛形，6 孢。孢子 3.7~4.2 × 1.7~2μm，近腊肠形，平滑，薄壁。有温和的蘑菇风味。菌肉受伤不变色。

　　生长在阔叶树林中，如泡桐属、柳属、欧洲山毛榉等枝上。分布于全世界。

460 毛毡地星 *Geastrum laneum* T.Bau & Xin Wang 2023

地星目 Geastrales　地星科 Geastraceae

　　未展开的担子果大小为 0.3~1cm，有一些白色菌皮；展开的担子果小，0.45~0.95cm。外果皮盘直径为 0.15~0.7cm。成熟时分裂成 5~7 个裂片，顶端极窄且钝，向外卷至外果皮盘下。内果皮体球形或卵形，直径 0.2~0.7cm，顶端突出或延伸成喙，长 0.05~0.1cm，无柄，无顶生附属物。内果皮棕灰色，表面光滑。口缘宽圆锥形，丝状纤维状，颜色比内果皮深，界限分明。孢子 2.5~3.9μm，球形，表面有精细的小刺，非淀粉质。孢丝直径达 0.4~5.8μm，厚壁，黄褐色，无分支，表面有黄色外壳和稀疏的表面碎片。

　　生长在甲壳质上、腐烂物上或死树枝上。

2024.6.18/ 上坪村 / 罗华兴　　　　　　　　　　　　　　　　2024.6.18/ 上坪村 / 廖金朋

461 荔枝地星 *Geastrum litchi* T.Bau & Xin Wang 2023

地星目 Geastrales　地星科 Geastraceae

　　未展开的担子果为暗红色，直径 0.9~2.3cm，有白色菌丝束，有淡淡的巧克力气味。展开的担子果为小至中等大小，直径 1.6~2.4cm。外果皮浅至深囊状，成熟时分裂成 5~7 个裂片，不具吸湿性。内果皮体球形，直径 1.2~1.4cm，顶端突出或延伸成喙，长 0.1~0.2cm，无柄，无顶生附属物。内果皮棕灰色，带有淡色粉末，表面光滑。口缘宽圆锥形，丝状纤维状，颜色比内果皮浅或深，无明显界限。孢子 2.8~4.1μm，球形，表面有短柱状突起，非淀粉质。孢丝直径达 2~7μm，厚壁，浅褐色至黄褐色，少数不分枝，多数有短分支，表面有密集的碎片。

　　生于阔叶林地面。国内分布于广东、福建等地。

2024.7.31/ 上坪村 / 刘永生　　　　　　　　　　　　　　　　　　　　2024.7.31/ 上坪村 / 廖金朋

462 篱边粘褶菌（深褐褶菌）*Gloeophyllum sepiarium*（Wulfen）P.Karst.1882

黏褶菌目 Gloeophyllales　　黏褶菌科 Gloeophyllaceae

2023.12.12/ 丰田村 / 廖金朋　　　　　　　　　　　　　　　　　　　2023.12.12/ 丰田村 / 廖金朋

　　子实体一年生或多年生，无柄，覆瓦状叠生，革质。菌盖扇形，外伸可达 5cm，宽可达 15cm，基部厚可达 0.7cm；表面黄褐色至黑色，粗糙，具瘤状突起，具明显的同心环纹和环沟；边缘锐。子实层体生长活跃的区域浅黄褐色，后期金黄色或赭色，具褶状或不规则的孔状。不育边缘明显，宽可达 0.2cm。菌肉棕褐色，厚可达 0.3cm。菌褶每毫米 1~2 个，边缘略呈撕裂状；成孔状的区域每毫米 2~3 个；侧面灰褐色至淡棕黄色，宽可达 0.5cm。孢子 7.9~10.5 × 3~3.7μm，圆柱形，无色，薄壁，光滑，非淀粉质，不嗜蓝。

　　夏秋季生于多种针叶树的倒木上，造成木材褐色腐朽。国内分布于东北、华中、东南、西北和青藏地区。

463 褐粘褶菌 *Gloeophyllum subferrugineum*(Berk.)Bondartsev & Singer 1941

黏褶菌目 Gloeophyllales   黏褶菌科 Gloeophyllaceae

　　子实体无柄或基部狭小似柄，木栓质。菌盖 2~5 × 2~10 × 0.5~0.9cm，半圆形、扇形，常覆瓦状或相互边缘连接，锈褐色，渐褪为灰白色，表面有绒毛渐变光滑，有宽的同心棱带和不规则的瘤突。边缘薄而锐，波浪状。菌肉茶色至锈褐色，厚 0.1~0.3cm。菌褶宽 0.2~0.6cm，间距 0.1cm，往往分散，并不相互交织，褶缘薄呈锯齿状，与盖面同色或稍深。孢子 6.4~8.9 × 2.6~3.5μm，短圆柱形，光滑，无色。

　　夏、秋季群生于冷杉、松等倒腐木上，导致针叶树木材、原木、木质桥梁、枕木木材褐色腐朽。国内分布于福建、海南、西藏等地。

2024.2.17/ 柯山村 / 廖金朋

2024.3.10/ 西溪岬 / 廖金朋

464 洁丽新韧伞 （洁丽新香菇　洁丽香菇　豹皮香菇　豹皮菇）*Neolentinus lepideus*(Fr.)Redhead & Ginns 1985

黏褶菌目 Gloeophyllales   黏褶菌科 Gloeophyllaceae

　　菌盖直径 5~16cm，半圆柱形或扁半球形，渐平展或中部下凹，乳白色至浅黄褐色或淡黄色，有深色或浅色大鳞片，边缘钝，有时开裂或波状。菌肉白色至奶油色，干后软木质。菌褶直生或延生至菌柄，表面白色至奶油色，干后黄褐色，宽，稍稀，不等长，褶缘锯齿状。菌柄 4~7 × 0.8~3cm，偏生，近圆柱形，有膜状绒毛，上部奶油色至浅黄色。基部浅褐色，有褐色至黑褐色鳞片。孢子 9~13 × 3.5~5.5μm，近圆柱形，薄壁。

　　夏秋季近丛生于针叶树的腐木上。有毒。中国各区均有分布。

2024.2.25/ 龙头村 / 廖金朋

2024.2.25/ 龙头村 / 廖金朋

465 假刺孢暗锁瑚菌 *Phaeoclavulina pseudozippelii* Wannathes & Kaewketsri 2018

钉菇目 Gomphales　钉菇科 Gomphaceae

　　担子果高 8.5~15.0cm，珊瑚状，易碎，浅棕色至淡黄色，受伤时变为葡萄红褐色至深棕色。菌柄 1.4~2.8×0.6~1.7cm，单生，稍粗糙。分枝二歧或三歧分枝，4~5 次。顶端锐尖或钝，浅橙色至灰橙色。担子 34~45×8~10μm，棒状，具 1~2 个长达 10μm 的担子梗，有锁状联合。孢子 9~13(~14)×6~8μm，椭圆形，具刺，嗜蓝，浅棕色，非淀粉质，薄壁至厚壁，刺高 1~3μm，透明，锐尖。孢子印橙褐色。

　　单生或群生于次生竹林、草地、落叶龙脑香和栎树林中砂岩基岩的土壤中。分布于泰国、中国等地。

2023.9.9/ 龙头村 / 罗华兴　　　　　　　　　　　　　　2023.9.9/ 龙头村 / 廖金朋

466 联丛枝瑚菌 *Ramaria conjunctipes* (Coker) Corner 1950

钉菇目 Gomphales　钉菇科 Gomphaceae

　　子实体 4.5~18×3~7cm，呈灌木状，具有簇生习性，粗壮，基部很少为单一的，通常是一束逐渐变细至稍呈球状的菌柄。菌柄埋于基质中的部分覆盖着白色绒毛，上方分枝 3~6 次，二歧分枝，分枝伸长，下部节间长达 3cm，细长，通常中空，紧密且近平行，腋部呈窄 U 形，大部分在顶端附近二分叉，顶端稍尖。新鲜时肉质柔韧或有弹性，干燥后类似于半透明塑料，易碎。

　　生长在铁杉等树下。模式产地在美国华盛顿。

2023.12.10/ 龙头村 / 廖金朋　　　　　　　　　　　　　2024.3.12/ 南溪 / 廖金朋

467 密枝瑚菌 （枝瑚菌　密丛枝）*Ramaria stricta*(Pers.) Quél.1888

钉菇目 Gomphales　钉菇科 Gomphaceae

子实体高 5~12cm，宽 4~7cm，近肤色，淡黄色或土黄色，带紫色调，干燥后黄褐色。菌柄长 2~6cm，淡黄色，向上不规则二叉状分枝。小枝细而密，直立，尖端具 2~3 个细齿，浅黄色。菌肉白色，内实，味道微辣，有时带有芳香味。孢子 6.5~10.2×3.6~5μm，椭圆形，近光滑或稍粗糙，淡黄褐色。

夏秋季群生于阔叶林中腐木上。可食用。国内分布于东北、青藏、东南等地区。

2023.9.17/龙头村/罗华兴

468 钩状木瑚菌 *Kavinia himantia*(Schwein.)J.Erikss.1958

钉菇目 Gomphales　木瑚菌科 Lentariaceae

子实体 0.5×0.05cm，圆柱形，平伏、展开、松散贴生，由松散的白色不育菌丝基层组成，带有密集的小刺（窄刺），初为白色，后是赭色，最后变为褐色。担子 25~35(45)×6~8μm，4 孢，棒状。孢子 8~10(12)×4~5μm，白色或奶油色，近圆柱形至狭椭圆形，光滑，薄壁，内含油滴。有众多锁状联合，常在隔膜处肿胀，有分散的结晶物质团块。

生长在高度腐朽的针叶树或阔叶树木材上，通常蔓延在松散的碎屑和土壤上。寄主包括冷杉属、槭属、椴属等，造成白色腐朽。

2023.9.2/听涛亭/罗华兴

2023.9.2/听涛亭/廖金朋

469 火烧集毛孔菌 *Coltricia focicola*(Berk.& M.A.Curtis)Murrill 1908

刺革菌目 Hymenochaetales　刺革菌科 Hymenochaetaceae

菌盖近似圆形，常中凹，直径可达 4cm，中央厚度可达 0.4cm；菌盖表面污褐色至浅灰褐色，光滑，具同心环带和放射状皱脊；边缘薄，干燥后内卷。孔口表面锈褐色，孔口多角形至不规则形，每毫米 1~2 个；孔口边缘薄壁，裂齿状至撕裂状；菌肉锈锅色，革质，厚度可达 0.2cm；菌管黄褐色，色比菌肉浅，干后脆，易碎，长度可达 0.2cm。菌柄 2×0.28cm，中生，肉桂色至锈褐色，木栓质，密被短绒毛。基部具一简单分隔。担子 14~19×6~7μm，棍状，具 4 个小梗。孢子 (7.5~)8~10(~11)×(3.8~)4~5(~5.5)μm，窄椭球形，基部略细或略弯曲，浅黄色，中度厚壁，平滑。

生长在阔叶树林地上。国内分布于福建、云南、海南等地。

2023.9.24/ 听涛亭 / 廖金朋

470 悬垂小集毛孔菌 *Coltricia subperennis*(Z.S.Bi & G.Y.Zheng)G.Y.Zheng & Z.S.Bi 1997

刺革菌目 Hymenochaetales　刺革菌科 Hymenochaetaceae

2024.4.13/ 双虹桥 / 廖金朋

子实体一年生，具侧生柄，悬吊生长，新鲜时软木栓质，干后木栓质。菌盖扇形至不规则形，直径可达 1cm，中部厚可达 0.05cm；表面红褐色至锈褐色，无同心环纹，粗糙；边缘锐，稍齿裂，干后内卷。孔口表面锈褐色，多角形，每毫米 2~3 个，边缘薄，全缘。菌肉褐色，革质，厚可达 0.03cm。菌管黄褐色，软木栓质，长可达 0.02cm。菌柄 1.5×0.05cm，黄褐色。孢子 6~8.5×4~5.5μm，长椭圆形，金黄色至褐色，厚壁，具疣突，非淀粉质，不嗜蓝。

春季至秋季单生或集生于阔叶林中地上，造成木材白色腐朽。国内分布于华中和东南等地区。

471 糙丝集毛孔菌 *Coltricia verrucata* Aime,T.W.Henkel & Ryvarden 2003

刺革菌目 Hymenochaetales　刺革菌科 Hymenochaetaceae

子实体一年生，具中生柄，新鲜时软，无特殊气味，干后软木栓质。菌盖略圆形至漏斗形，直径可达 1cm，中部厚可达 0.1cm；表面肉桂褐色至黑褐色，具不明显的同心环区，被粗硬毛，硬毛在菌盖中部直立，在边缘倒伏并伸出菌盖边缘，长可达 0.3cm；边缘薄，撕裂状，干后内卷。孔口表面黄褐色至暗褐色，多角形，每毫米 2~3 个，边缘薄，略呈撕裂状。菌肉黑褐色，革质，厚可达 0.05cm。菌管黄褐色，长可达 0.05cm。菌柄 2×0.1cm，黑褐色。孢子 5~9×4.8~5.1μm，椭圆形，浅黄色，厚壁，光滑，非淀粉质，嗜蓝。

春夏季单生或散生于阔叶林中地上，造成木材白色腐朽。国内分布于华中、东南地区。

2023.9.24/ 听涛亭 / 廖金朋

472 文山集毛孔菌 *Coltricia wenshanensis* L.S.Bian & Y.C.Dai 2017

刺革菌目 Hymenochaetales　刺革菌科 Hymenochaetaceae

担子果一年生，新鲜时柔软革质，干燥后变成软木栓质。菌盖近似圆形至漏斗状，直径可达 5cm，中央厚度可达 0.55cm，菌盖表面被短绒毛至无毛，干燥后浅灰褐色至深橄榄色，有同心环纹和沟壑；边缘薄，尖锐，干燥后内卷。孔口表面干燥后肉桂色至浅黄褐色，孔口多角形，每毫米 0.5~2 个；孔口边缘薄壁，撕裂状。菌肉浅黄褐色，革质，厚度可达 0.05cm。菌管浅肉桂色，色比菌肉浅，质脆，易碎，长达 0.5cm。菌柄 4.5×0.5cm，中生，深榄色，木栓质，密被短绒毛。担子 18~30×9μm，棍棒状，薄壁，有 4 个小梗。孢子 (7~)7.5~8(~8.5)×6~7μm，宽椭球形至近球形，浅黄色，厚壁，光滑。

单生在阔叶树林地上。模式产地在中国云南。

2023.9.17/ 龙头村 / 罗华兴

2023.9.17/ 龙头村 / 罗华兴

473 嗜蓝孢孔菌 （种1）*Fomitiporia* sp.1

刺革菌目 Hymenochaetales　刺革菌科 Hymenochaetaceae

（参考沙棘嗜蓝孢孔菌 *Fomitiporia hippophaeicola*(H.Jahn)Fiasson& Niemelä1984）

子实体多年生，单生，新鲜时木栓质，干后硬木质。菌盖马蹄形或半圆形，外伸可达 9cm，宽可达 12cm，基部厚可达 5cm，表面浅黄褐色至暗褐色，具同心环沟，边缘钝。菌肉稍厚，浅灰褐色，木栓质。菌管长可达 3cm，每毫米 5~8 个，分层不明显，与菌肉同色，孔口圆形至多角形，边缘薄。全缘。菌柄无。孢子 5~8 × 4.5~8μm，近球形，无色，光滑，壁厚，拟糊精质，嗜蓝。

春至秋季生于沙棘和胡颓子活立木或倒木上，造成木材白色腐朽。可药用。国内分布于西北、青藏及华北、东南地区。

2024.2.21/ 柯山村 / 樊跃旭

2024.2.21/ 柯山村 / 樊跃旭

474 烟黄色多孔菌 *Hydnoporia tabacina*(Sowerby) Spirin,Miettinen & K.H.Larss.2019

刺革菌目 Hymenochaetales　刺革菌科 Hymenochaetaceae

菌盖宽 1~2cm，长 0.6 ~ 1.0cm，并且能够融合成蔓延反卷的薄片，长 20~30cm 或更长，形成无柄菌盖重叠的簇。菌盖上表面呈褐色，有毛至光滑，并有同心环带。下面可育的菌盖表面和蔓延的区域是褐色的，光滑至有细微裂纹，并覆盖着许多深褐色刚毛（刺）。在菌盖上氢氧化钾反应为黑色。

全年生长在林中腐朽的木头上。不可食用。

2024.3.7/ 柯山村 / 罗华兴

2024.3.7/ 柯山村 / 廖金朋

475 大黄锈革菌 *Hymenochaete rheicolor* (Mont.)Lév.1846

刺革菌目 Hymenochaetales 刺革菌科 Hymenochaetaceae

别名软锈革菌。菌体一年生，平伏反卷，单生或偶尔覆瓦状叠生，革质。菌盖外伸可达 1cm，宽可达 4cm，可左右相连成片，厚可达 0.04cm，半圆形或不规则形；表面黄褐色，被绒毛；边缘锐，波状，黄褐色。子实层体黄褐色，光滑。孢子 3~6×1.7~3μm，椭圆形，无色，薄壁，光滑，非淀粉质，不嗜蓝。

秋季生于阔叶树腐木上，造成木材白色腐朽。不可食用。国内主要分布于热带、亚热带地区。

2024.1.17/ 上坪村 / 廖金朋

2024.3.10/ 西溪岬 / 廖金朋

476 腓骨小菇 (腓骨瘦脐菇 藓菇) *Rickenella fibula*(Bull.)Raithelh.1973

刺革菌目 Hymenochaetales 藓菇科 Rickenellaceae

菌盖直径 0.3~1cm，浅半球形，中央脐状，黏，薄，脆，淡黄色或黄色至橙黄色，中央颜色较深，橙黄色至橙红色；表面具网纹，干燥时不易观察。菌肉白色，脆，无味。菌褶延生，疏，不等长，边缘整齐，白色至乳黄色。菌柄 0.7~5×0.1~0.2cm，细长圆柱形，上下等粗，乳黄色至浅橙色，被有细绒毛。孢子 4~6×2~2.5μm，椭圆形，光滑，非淀粉质。

夏秋季单生或散生于倒木上、苔藓层中。国内分布于东北、东南地区。

2023.10.31/ 上坪村 / 廖金朋

2024.6.18/ 龙头村 / 罗华兴

477 冷杉附毛孔菌 *Trichaptum abietinum*(Pers.ExJ.F.Gmel.)Ryvarden 1972

刺革菌目 Hymenochaetales　附毛孔菌科 Trichaptaceae

　　子实体一年生，覆瓦状叠生，平伏至平伏稍反卷，革质。菌盖半圆形或扇形，外伸可达 4cm，宽可达 7cm，厚可达 0.3cm，表面初期灰色至黑紫色，被覆细绒毛，具明显的同心环带，边缘锐，干后内卷。菌肉薄，上层灰白色，软，下层褐色，革质。菌柄无。菌管每毫米 3~5 个，灰褐色，新鲜时革质，干后硬革质，管口初期紫色，后渐褪为赭色，干后深灰色、灰褐色至赭色，边缘薄，撕裂状，不育边缘不明显。孢子 5~8 × 2~3μm，圆柱形，略弯曲，无色，光滑，壁薄，淀粉质，不嗜蓝。

　　春至秋季生于针叶林中枯立木、倒木或树桩上，造成木材白色腐朽。可药用。分布于中国大部分地区。

2024.1.11/ 柯山村 / 樊跃旭　　　　　　　　　　2024.1.11/ 柯山村 / 樊跃旭

478 伯氏附毛孔菌 *Trichaptum brastagii*(Corner)T.Hatt.2005

刺革菌目 Hymenochaetales　附毛孔菌科 Trichaptaceae

2023.11.29/ 听涛亭 / 廖金朋　　　　　　　　　2023.9.2/ 听涛亭 / 罗华兴

　　子实体一年生，平伏至具明显菌盖或具侧生短柄，覆瓦状叠生，革质。菌盖匙形或扇形，外伸可达 2cm，宽可达 3cm，基部厚可达 0.1cm；表面赭色至紫褐色，被细绒毛，具同心环带；边缘锐，干后内卷。孔口表面奶油色至棕黄色；多角形，每毫米 4~5 个；边缘薄，撕裂状。不育边缘明显，宽可达 0.1cm。菌肉奶油色，厚可达 0.05cm，上层疏松，下层致密，明显异质，层间具一不明显的褐色线。菌管与孔口表面同色，长可达 0.05cm。孢子 3.5~4.8 × 2~2.5μm，短圆柱形，无色，薄壁，光滑，非淀粉质，不嗜蓝。

　　夏秋季生于五列木和其他阔叶树死树上，造成木材白色腐朽。国内分布于华中和东南地区。

479 中华丽烛衣 *Sulzbacheromyces sinensis* (R.H.Petersen & M.Zang)D.Liu & Li S.Wang 2017

莲叶衣目 Lepidostromatales　莲叶衣科 Lepidostromataceae

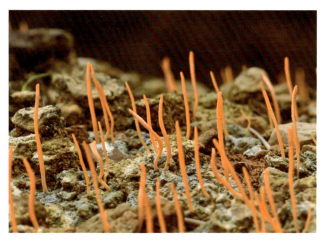

2021.6.4/ 龙头村 / 廖金朋　　　　　　　　　　　　　　2023.8.28/ 龙头村 / 廖金朋

担子果高达 3.5cm，窄棒状至近圆柱形，不分枝。可育上部较宽，直径达 0.25cm，橘红色至橘黄色，平滑，顶端钝圆或稍尖。菌柄 0.5~1 × 0.1~0.2cm，基部与藻类相连。担子 28~36 × 4.5~5.5μm，棒状，4 孢。孢子 6.5~8 × 3~4μm，椭圆形，光滑，非淀粉质，无色。髓部由直径 3~8μm 的菌丝组成。锁状联合常见。

夏秋季生于热带至南亚热带路边土坡上，与藻类共生。

480 金黄竹荪 *Phallus aureus* S.M.Tang & S.H. Li 2022

鬼笔目 Phallales　鬼笔科 Phallaceae

未成熟子实体球形至近球形，7.0 × 6.7cm，淡黄白色至浅黄，面具皱纹。外菌膜膜质，内菌膜胶质，透明。展开的子实体新鲜时高达 22.0cm。孢托 4.9~7.3 × 4.3~7.2cm，钟形，浅黄至淡黄白色，具皱纹。孢体橄榄褐色，具黏性。假柄近圆柱形，顶端缢缩，向下膨大，成熟时高 14.0~21.8cm，宽 1.8~2.2/3.0~2.8/3.9~5.1cm，海绵状，中空。菌托 6.8~8.1 × 5.0~6.9cm，球形或稍倒卵形，具皱纹，浅灰至灰色。包被几触地面，橙黄色，长 11.3~14.2cm，附着于假柄顶端，具多边形至不规则的网眼。孢子 (2.2~)2.5~3.7(~3.9) × (1.2~)1.3~2.0(~2.3)μm，圆柱形至长椭圆形，薄壁，光滑。

7 月至 8 月单生或散生于箭竹属林下有腐烂落叶的土壤中。国内分布于云南、福建等地。

2023.10.10/ 柯山村 / 罗华兴　　　　　2023.10.10/ 柯山村 / 廖金朋　　　　　2024.6.17/ 丰田村 / 熊启武

481 纯黄竹荪 *Phallus luteus*(Liou & L.Hwang) T.Kasuya 2009

鬼笔目 Phallales 鬼笔科 Phallaceae

　　菌蕾 4~5×3~4cm，卵形至近球形，奶油色至污白色，无嗅无味，成熟后具菌盖、菌裙和菌柄。菌盖钟形，高可达 4cm，基部直径可达 4cm，顶端圆盘形。突起的网格边缘橘黄色至黄色，网格内具恶臭味暗褐色的黏液状孢体。菌幕柠檬黄色至橘黄色，似裙子，具菌托，苞状，从菌盖边沿下垂长 6.5~11cm，下缘直径 8~13cm，网眼多角形，眼孔直径约 3~0.6cm。菌柄长可达 12cm，基部具根状菌索，基部直径可达 3cm，初期白色，后期浅黄色；新鲜时海绵质，空心，干后纤维质。孢子 3~4×1.4~1.9μm，长椭圆形至短圆柱形，无色，壁稍厚，光滑，非淀粉质，弱嗜蓝。

　　夏秋季散生或群生于竹林或阔叶林下。有毒。国内主要分布于南方。

2023.10.10/ 共裕村 / 罗华兴　　　　　　　　　　　2024.8.17/ 丰田村 / 朱福生

482 细皱鬼笔 *Phallus rugulosus*(E.Fisch.)Lloyd 1908

鬼笔目 Phallales 鬼笔科 Phallaceae

　　子实体群生，幼时白色，长卵形，2.0~3.0×1.5~2.0cm。菌托白色，带粉红色。菌盖长吊钟状，表面有细皱，有疣状隆起，新鲜时深红色，褪色为橙色。造孢组织黏液化，红褐色至黑暗色，着生于菌盖上，恶臭。菌柄 8.0~15.0(20.0)×1.0~1.5cm，上部淡红至淡橙黄色，下部白色，圆筒形，中空，海绵状，上部由 1 层、下部由 2 层组成。菌柄基部深入白色至略带紫色或棕色的菌托之中。孢子 4.0~5.0×1.5~2.0μm，光滑无色，长椭圆形或圆筒状。

　　夏、秋季群生或散生于竹林、针阔叶林中地上、田野及草丛中。可药用。国外分布于北美洲、南美洲、亚洲。国内分布于内蒙古、江西、福建等地。

2023.9.20/ 共裕村 / 廖金朋　　　　　2024.4.9/ 龙头村 / 邓晓雪　　　　2024.5.13/ 共裕村 / 刘永生

483 齿缘竹荪 (齿鬼笔) *Phallus serratus* H.Li Li,L.Ye,P.E.Mortimer,J.C. Xu & K.D.Hyde 2014

鬼笔目 Phallales 鬼笔科 Phallaceae

　　菌盖钟形或近似半个鸡蛋形，菌盖高可达 4.5cm，突起的网格边缘白色，网格内具恶臭味暗褐色的黏液状孢体，去除孢液后的菌盖近白色。展开的子实体新鲜时全高达 22.0cm。菌幕如中长白裙，网眼多角形，菌裙的孔洞边缘锯齿状。菌柄长可达 15cm，具略沾淡红色的菌托，基部下连根状菌索；新鲜时海绵质，空心。

　　Phallus serratus 这个物种在我国曾被认为是长裙竹荪 *P.indusiatus*，后来证明是新物种，命名为齿缘竹荪。国内分布于云南、福建等地。

2024.4.14/ 双虹桥 / 廖先云　　　　　2024.4.15/ 双虹桥 / 廖金朋　　　　2024.4.15/ 双虹桥 / 廖金朋

484 环带齿毛菌 *Cerrena zonata*(Berk.) H.S.Yuan 2013

多孔菌目 Polyporales 下皮黑孔菌科 Cerrenaceae

　　子实体一年生，平伏至具明显菌盖，覆瓦状叠生，新鲜时革质，干后硬革质。菌盖直径 3~5cm，表面新鲜时橘黄色至黄褐色，具同心环带，边缘锐，干后内卷，撕裂状，不育边缘窄。菌管或菌齿单层，黄褐色，干后硬纤维质，长可达 0.4cm。孢子 4~6×3~4μm，宽椭圆形，无色，薄壁，光滑。

　　春秋季生于阔叶树的活立木、死树和倒木上。可药用。国内分布于湖南、福建等地。

2023.9.24/ 双虹桥 / 罗华兴　　　　　2023.12.30/ 龙头村 / 廖金朋

485 圆孔迷孔菌 *Daedalea circularis* B.K.Cui & Hai J.Li 2013

多孔菌目 Polyporales　拟层孔菌科 Fomitopsidaceae

担子果多年生，无柄盖形，单生或覆瓦状叠生，新鲜时无嗅无味，干后硬木栓质至木质，变轻。菌盖扁平，外伸达11.5cm，宽达17.5cm，基部厚达3cm。菌盖表面青灰色至桃色，不规则，有白色至奶油色的瘤状突起和暗褐色至黑色的斑块，幼嫩时光滑无毛，年老时基部附近出现微小的瘤状物，具中心环沟和环纹；菌盖边缘奶油色至淡黄色，比菌盖面色浅，钝。孔口奶油色至淡黄色；不育边缘明显，白色至奶油色；孔口圆形，每毫米 4~6 个，管口边缘厚壁，全缘。菌管白色，奶油色至灰青色，硬木栓质，长可达 2cm。

生长在阔叶树活立木、倒木、腐木、树桩上，引起木材褐色腐朽。国内分布于福建、海南、云南等地。

2024.4.11/ 龙头村 / 周兴永

486 谦逊迷孔菌 *Daedalea modesta*（Kunze）Aoshima 1967

多孔菌目 Polyporales　拟层孔菌科 Fomitopsidaceae

2024.3.12/ 南溪 / 廖金朋

子实体一年生，无柄，覆瓦状叠生，韧革质。菌盖半圆形至贝壳形，外伸可达 3cm，宽可达 5cm，厚可达 0.3cm；表面棕黄色至粉黄色，光滑，基部具明显奶油色增生物，具明显的同心环带；边缘锐，奶油色，波状。孔口表面乳白色至土黄色；近圆形，每毫米 5~6 个；全缘，边缘厚。不育边缘明显，奶油色，宽可达 0.15cm。菌肉浅木材色，厚可达 0.25cm。菌管与孔口表面同色，长可达 0.05cm。孢子 3~4 × 2~2.2μm，椭圆形，无色，薄壁，光滑，非淀粉质，不嗜蓝。

春季至秋季生于阔叶树倒木上，造成木材褐色腐朽。国内分布于华中和东南地区。

487 竹生拟层孔菌 *Fomitopsis bambusae* Y.C.Dai,Meng Zhou & Yuan Yuan 2021

多孔菌目 Polyporales　拟层孔菌科 Fomitopsidaceae

　　子实体一年生，新鲜时软木塞状，无气味或味道，干后木质，重量轻。菌盖 1.5~4 × 1~1.5cm，中部厚 0.5cm，多为半圆形、贝壳形、无菌柄；新鲜时表面蓝灰色，干燥时浅灰色至灰褐色，光滑或稍粗糙，边缘锐化。菌孔圆形或多角形，表面新鲜时蓝灰色，干燥后鼠灰色至深灰色，每毫米 6~9 个。孢子 4.2~6.1 × 2~2.3μm，圆柱形至长椭圆形，透明、薄壁、光滑。

　　夏秋季生于枯竹上。国内分布于海南、江西、福建等地。

2023.11.4/ 上坪村 / 廖金朋　　　　　　　　　　　　2023.11.4/ 上坪村 / 廖金朋

488 近松生拟层孔菌 *Fomitopsis subpinicola* B.K.Cui,M.L.Han & Shun Liu 2021

多孔菌目 Polyporales　拟层孔菌科 Fomitopsidaceae

　　担子果一年生，有菌盖，无柄，质地硬如软木，新鲜时无气味或味道，干燥后木质坚硬且重量轻。菌盖近平展，圆形至扇形，长 7.5 × 宽 8.5 × 厚 4.5cm。菌盖表面有漆样光泽，新鲜时为杏黄色、橘红色、猩红色至褐色，干燥后变为红棕色至深棕色，无毛，有槽，无环带；边缘为白色至米色，比菌盖面色浅，钝圆。孔面新鲜时为白色至米色，干燥时变为浅黄色至米色；孔圆形，每毫米 6~8 个，隔片厚，全缘。菌管与孔面同色，木质坚硬，长达 0.5cm。孢子 (4~)4.3~5.5(~5.9) × (2.5~)2.7~3.3(~3.5)μm，长椭圆状至椭圆形，无色透明，薄壁，光滑。

　　生长在红松的倒木上，造成木材褐色腐朽。模式标本源于黑龙江伊春丰林自然保护区。

2023.9.24/ 双虹桥 / 廖金朋　　　　　　　　　　　　2023.11.29/ 双虹桥 / 廖金朋

489 薄皮干酪菌 *Tyromyces chioneus* (Fr.) P.Karst.1881

多孔菌目 Polyporales　结晶伏孔菌科 Incrustoporiaceae

　　子实体一年生，肉质至革质。菌盖扇形，外伸可达 4cm，宽可达 6cm，基部厚可达 1.8cm；表面新鲜时淡灰褐色；边缘锐，白色。孔口表面奶油色至淡褐色；圆形，每毫米 4~5 个；边缘薄，全缘。不育边缘几乎无。菌肉新鲜时乳白色，厚可达 1.5cm。菌管乳黄色至淡黄褐色，长可达 0.3cm。孢子 3.6~4.4 × 1.3~1.8μm，圆柱形至腊肠形，无色，薄壁，光滑，非淀粉质，不嗜蓝。

　　夏秋季单生于阔叶树落枝上，造成木材白色腐朽。中国各区均有分布。

2024.2.19/ 本畲 / 罗华兴

2024.2.19/ 本畲 / 廖金朋

490 灰盖干酪菌 *Tyromyces fumidiceps* G.F.Atk.1908

多孔菌目 Polyporales　结晶伏孔菌科 Incrustoporiaceae

　　菌盖通常存在且发育良好，但偶尔仅在展开的孔表面上方以折叠边缘的形式出现，直径可达 6cm，深 4cm，凸起，半圆形至肾形；初天鹅绒般至稍有毛，后变光秃；米白色、灰色、烟灰色、褐色或灰褐色；柔软。孔表面白色，老化或干燥时变为淡黄色或浅橄榄色；每毫米 4~7 个角形孔；管深达 1cm，管口常被晶体覆盖。无菌柄。菌肉白色，新鲜时柔软且多汁。孢子 2.5~4 × 2~3μm，光滑，椭圆形至近球形。孢子印白色。新鲜时气味芳香。

　　常发现于河底、小溪和易受洪水侵袭的低洼地区，夏季和秋季单独或群生在硬木的枯木上，引起白色腐朽。模式产地在美国纽约。

2023.12.17/ 龙头村 / 廖金朋

2023.12.17/ 龙头村 / 廖金朋

491 硫磺干酪菌（楷米干酪菌）*Tyromyces kmetii*（Bres.）Bondartsev & Singer 1941

多孔菌目 Polyporales　结晶伏孔菌科 Incrustoporiaceae

　　子实体一年生，肉质至革质。菌盖扇形，外伸可达 2cm，宽可达 4cm，基部厚可达 1.2cm；表面奶油色至黄褐色，被绒毛。孔口表面奶油色至乳黄色；圆形，每毫米 4~5 个；边缘薄，全缘或撕裂状。不育边缘几乎无。菌肉新鲜时乳白色，厚可达 1.0cm。菌管淡黄褐色，长可达 0.2cm。孢子 3.1~4.5×2~2.5μm，椭圆形，无色，薄壁，光滑，非淀粉质，不嗜蓝。

　　秋季生于桦树等阔叶树倒木上，造成木材白色腐朽。国内分布于东北、西北、东南等地区。

2024.2.19/ 本畲 / 罗华兴　　　　　　　　　　　　　　　　　2024.2.19/ 本畲 / 廖金朋

492 二色胶黏孔菌（二色半胶菌）*Gloeoporus dichrous*（Fr.）Bres.1912

多孔菌目 Polyporales　　科：Irpicaceae

　　子实体一年生，无柄，覆瓦状叠生，新鲜时软革质，干后脆胶质。菌盖半圆形，外伸可达 2cm，宽可达 4cm，基部厚可达 0.3cm；表面初期白色或乳白色，后期淡黄色或灰白色；边缘锐，干后稍内卷。孔口表面粉红褐色至紫黑色；圆形、近圆形或多角形，每毫米 4~6 个；边缘薄，全缘。不育边缘明显，乳白色或淡黄色，宽可达 0.3cm。菌肉白色，厚可达 0.2cm。菌管与孔口表面同色或略浅，长可达 0.1cm。孢子 3.5~4.5×0.9~1μm，腊肠形至圆柱形，无色，薄壁，光滑，非淀粉质，不嗜蓝。

　　秋季生于阔叶树倒木上，造成木材白色腐朽。中国各区均有分布。

2024.10.4/ 三畲村 / 廖金朋

493 齿贝拟栓菌（淡黄粗盖孔菌）*Trametopsis cervina*(Schwein.)Tomšovský 2008

多孔菌目 Polyporales　科：Irpicaceae

　　子实体一年生，无柄，覆瓦状叠生，软木栓质。菌盖半圆形至近贝壳形，外伸可达 5cm，宽可达 7cm，中部厚可达 1cm；表面蛋壳色或淡黄褐色，被粗硬毛，具同心环带和放射状纵条纹；边缘锐，干后稍内卷。孔口表面白色至黄褐色；近圆形至多角形或裂齿状，每毫米 0.5~3 个；边缘薄，裂齿状。不育边缘明显，奶油色，宽可达 0.2cm。菌肉浅黄色，厚可达 0.5cm。菌管与菌肉同色，长可达 0.8cm。孢子 5.6~6.9 × 2~3μm，腊肠形至圆柱形，无色，薄壁，光滑，非淀粉质，不嗜蓝。

　　夏秋季生于多种阔叶树上，造成木材白色腐朽。国内分布于东北、华北、华中、东南和西北地区。

2023.12.30/ 旱安村 / 罗华兴　　　　　　2023.12.30/ 旱安村 / 罗华兴　　　　　　2023.12.30/ 旱安村 / 廖金朋

494 芳香薄皮孔菌（芳香皱皮孔菌）*Ischnoderma benzoinum*（Wahlenb.）P.Karst.1881

多孔菌目 Polyporales　薄皮孔菌科 Ischnodermataceae

　　子实体一年生，无柄，覆瓦状叠生，木栓质。菌盖半圆形，外伸可达 4cm，宽可达 8cm，基部厚可达 1.6cm；表面新鲜时深褐色，干后黑色，具环沟和黑色的同心环带；边缘锐，浅灰褐色。孔口表面新鲜时灰白色，干后黑色，具折光反应；圆形，每毫米 3~4 个；边缘薄，全缘。不育边缘几乎无。菌肉新鲜时浅黄色，厚可达 0.6cm。菌管干后灰褐色，长可达 1.0cm。孢子 4.3~5.3 × 1.7~2μm，腊肠形，无色，薄壁，光滑，非淀粉质，不嗜蓝。

　　秋季生于针叶树上，造成木材白色腐朽。国内分布于东北、东南地区。

2023.12.10/ 龙头村 / 廖金朋

495 奶油硫磺菌（奶油焙孔菌 硫磺菌）*Laetiporus cremeiporus* Y.Ota & T.Hatt.2010

多孔菌目 Polyporales 焙孔菌科 Laetiporaceae

　　子实体一年生，无柄或具短柄，覆瓦状叠生，肉质至干酪质。菌盖扁平，外伸可达 7cm，宽可达 10cm，中部厚可达 2cm；表面新鲜时黄褐色至红褐色；边缘波状，较菌盖表面颜色浅，干后内卷。孔口表面新鲜时奶油色至白色，成熟时淡黄色；多角形，每毫米 3~4 个；边缘薄，撕裂状。不育边缘窄。菌肉乳白色，厚可达 2cm。菌管与孔口表面同色，长可达 0.1cm。孢子 5.2~6.2 × 3.3~3.8μm，宽椭圆形，无色，薄壁，光滑，非淀粉质，不嗜蓝。

　　春夏季生于阔叶树的活立木、倒木和树桩上，尤其以壳斗科树上最为常见，造成木材褐色腐朽。食药兼用。国内分布于北方和东南地区。

2023.8.4/ 龙头村 / 罗华兴

2023.8.4/ 龙头村 / 罗华兴

496 硫色硫磺菌（硫色焙孔菌）*Laetiporus sulphureus* (Bull.)Murrill 1920

多孔菌目 Polyporales 焙孔菌科 Laetiporaceae

　　担子果一年生，具柄或粗的柄状基部，酪质。菌盖 4~6 × 5~9 × 0.5~2cm，单生或簇生，覆瓦状，面淡红色或暗红色，许多大的纵皱或皱褶；边缘花瓣状。菌肉土黄色或暗黄褐色，厚 0.9~2cm。菌管土黄色或暗红色，约 0.1cm。孔面干后暗黄褐色或带红褐色；管口略圆形或不规则形，每毫米 3~4 个。柄状基部 2 × 1~2cm。孢子 4~5.5 × 3.5~4μm，宽椭圆形到近球形，透明，平滑。

　　夏秋生于落叶松等针叶树干基部，有时也生在栎等阔叶树干基部，引起褐色腐朽。幼嫩时味道鲜味，老后不堪入口，对于某些人有神经毒性。国内分布于大多数地区。

2023.10.25/ 双虹桥 / 罗华兴

2023.10.25/ 双虹桥 / 廖金朋

497 硫磺菌红色变种 *Laetiporus sulphureus* var. *miniatus*(P. Karst.)Imazeki 1943

多孔菌目 Polyporales　炮孔菌科 Laetiporaceae

2023.8.4/ 龙头村 / 罗华兴　　　　　　　　　　　　　　　　2023.8.4/ 龙头村 / 罗华兴

　　子实体大型，有短柄，覆瓦状丛生。菌盖呈椭圆形或扇形，子实体大，菌盖肉质，扇形至半圆形，有放射状条棱，多数重叠生长，直径可达 30~40cm，单个菌盖 5~20cm，厚 1~2cm，表面鲜朱红色或带黄的朱红色。菌肉带肉色，幼时肉质有弹性，干后变白且酥脆。下面淡肉色至淡黄褐色。管孔长 0.2~1cm，管口圆形至不正形。担子短棒状，具 4 小梗。孢子 6~8×4~5μm，椭圆形，无色，光滑。

　　菌株生长在枯木树干下部。幼嫩至成熟时可食用，味道鲜美似鲑鱼一般，老后常呈干酪状，无食用价值，但可入药。国内分布于黑龙江、四川、福建等地。

498 变孢硫磺菌（变孢炮孔菌）*Laetiporus versisporus*(Lloyd)Imazeki 1943

多孔菌目 Polyporales　炮孔菌科 Laetiporaceae

　　子实体一年生，无柄，肉质至木栓质。菌盖球形、近球形或不规则形，外伸可达 5cm，宽可达 6cm，基部厚可达 4cm；表面新鲜时浅黄色至黄褐色，干后污黄褐色至深污褐色；边缘钝。孔口表面新鲜时奶油色至浅黄色，干后硫黄色至黄褐色，无折光反应；形状不规则，每毫米 2~3 个；边缘薄，全缘或略呈撕裂状。菌肉奶油色至污黄褐色，厚可达 3.6cm。菌管与孔口表面同色，长可达 0.4cm。孢子 4.7~6×3.9~5μm，椭圆形，无色，薄壁，光滑，非淀粉质，不嗜蓝。

　　秋季单生或叠生于阔叶树上，造成木材褐色腐朽。国内分布于华中和东南地区。

2024.2.25/ 南溪 / 罗华兴　　　　　　　　　　　　　　　　2024.2.25/ 南溪 / 罗华兴

499 丽极肉齿耳 *Climacodon pulcherrimus*(Berk.&M.A.Curtis) Nikol.1961

多孔菌目 Polyporales　干朽菌科 Meruliaceae

　　子实体一年生，无柄，覆瓦状叠生，新鲜时肉质，无特殊气味，干后软木栓质。菌盖扇形至半圆形，外伸可达3cm，宽可达5cm，基部厚可达0.5cm；表面新鲜时乳白色，干后黄褐色，具不明显的环区，被粗毛；边缘锐，干后内卷。菌肉干后棕黄色，软木栓质，厚可达0.3cm。菌齿表面新鲜时白色，干后黄褐色；纤维质，长可达0.2cm；锥状，顶端锐，每毫米 3~5 个。孢子 4.1~5.1×2.1~2.5μm，短圆柱形至椭圆形，无色，薄壁，光滑，非淀粉质，不嗜蓝。气味和味道温和。

　　夏秋季单生或散生于阔叶树倒木上，造成木材白色腐朽。主要分布在热带地区，欧洲也有记录。国内分布于东南地区。

2024.2.19/ 本畬 / 廖金朋　　　　　　　　　　　2024.3.2/ 本畬 / 廖金朋

500 绒盖射脉菌 *Phlebia tomentopileata* C.L.Zhao 2020

多孔菌目 Polyporales　干朽菌科 Meruliaceae

2023.12.10/ 龙头村 / 廖金朋　　　　　　　　　　2023.12.10/ 龙头村 / 廖金朋

　　担子果一年生，平伏至平伏反卷，亚革质至亚胶质，新鲜时无气味或味道，干燥后变为壳质。菌盖扇形，突出部分宽达 2cm，中央厚 0.15cm。菌盖表面被绒毛，新鲜时为白色至奶油色，干燥后为灰色。子实层为脑纹状，新鲜时为稻草黄色，干燥后变为浅黄色、橙黄色或淡黄褐色。无菌边缘明显，白色，具缘毛。担子 14~20×2.5~4.5μm，棒状，有 4 个小梗和一个基部锁状联合。孢子 3.5~4.5×1~1.4μm，腊肠形，无色，薄壁，光滑。

　　生于倒下的被子植物树干上。国内分布于东南地区。

501 多疣波边革菌（优雅波边革菌）*Cymatoderma elegans* Jungh.1840

多孔菌目 Polyporales　革耳科 Panaceae

2023.12.10/ 龙头村 / 廖金朋

2024.3.30/ 三畲村 / 廖金朋

子实体一年生，具侧生短柄，偶尔多个合生，新鲜时革质，干后木栓质。菌盖漏斗形，直径可达 10cm，厚可达 0.4cm；表面新鲜时黄褐色，被厚乳白色绒毛，由中部向边缘延生，具明显皱褶突起，近边缘处具环带，干后灰白色至浅土黄色；边缘薄，锐，干后波状。子实层体新鲜时乳白色，干后米黄色，具皱褶。菌肉米黄色，木栓质。菌柄 4×0.5cm，圆柱形，被褐色细绒毛。担子 25~30×4~5.5μm，棒状，4孢。孢子 7.8~9×4~5μm，宽椭圆形，薄壁，光滑，非淀粉质。

夏秋季生于阔叶树倒木和落枝上，造成木材白色腐朽。不可食用。国内分布于东南、西南地区。

502 贝壳状革耳 *Panus conchatus*（Bull.）Fr.1838

多孔菌目 Polyporales　革耳科 Panaceae

菌盖直径 4~5cm，平展至中凹，最后杯形或贝壳状；幼时紫色，表面黄白色、黄褐色或肉褐色；盖缘薄，强烈内卷，波状或浅裂，被绒毛或少量硬毛。菌肉韧革质。菌褶常延生，经常在菌柄顶端的表面稍联合，紫色或淡紫色，后污白色至淡黄色，边缘粉红色，褶缘平滑。菌柄 1×0.6cm，偏生至近侧生，短，圆柱形，实心，表面开始紫色，后褪至灰白色，被短绒毛至短硬毛。孢子 5.4~6.7×2.8~3.5μm，椭圆形至短圆柱形，光滑，无色。

生于腐木上。国内分布于北方、华中和东南等地区。

2024.4.6/ 百丈纱瀑布 / 罗华兴

2024.4.6/ 百丈纱瀑布 / 廖金朋

503 烟管菌（烟管孔菌）*Bjerkandera adusta*(Willd.)P.Karst.1879

多孔菌目 Polyporales   原毛平革菌科 Phanerochaetaceae

2023.12.7/ 丰田村 / 廖金朋   2023.12.17/ 龙头村 / 廖金朋

子实体一年生，无柄，覆瓦状叠生，新鲜时革质至软木栓质，干后木栓质。菌盖半圆形，外伸可达 4cm，宽可达 6cm，基部厚可达 0.3cm；表面乳白色至黄褐色，无环带，有时具疣突，被细绒毛；边缘锐，乳白色，干后内卷。孔口表面新鲜时烟灰色，干后黑灰色；多角形，每毫米 6~8 个；边缘薄，全缘。不育边缘明显，乳白色，宽可达 0.4cm。菌肉干后木栓质，无环区，厚可达 0.2cm。菌管和孔口表面颜色相近，木栓质，长可达 0.1cm。孢子 3.5~5×2~2.8μm，长椭圆形，无色，薄壁，光滑，非淀粉质，不嗜蓝。

夏秋季生于阔叶树的活立木、死树、倒木和树桩上，造成木材白色腐朽。可药用。中国各区均有分布。

504 厚拟射脉菌 *Phlebiopsis crassa*(Lév.)Floudas & Hibbett 2015

多孔菌目 Polyporales   原毛平革菌科 Phanerochaetaceae

子实体单个斑块直径 3~28cm，轮廓不规则。表面新鲜时光秃或非常细绒毛状，随着生长进程出现细裂纹；新鲜时呈紫色，成熟时变为棕紫色或紫褐色；边缘有淡紫色至白色的模糊区域。肉质厚度小于 0.1cm；颜色与表面相似。孢子 6~8×3~3.5(~4)μm，狭椭圆形，透明，薄壁，光滑。

秋季寄生在最近倒下的硬木（树皮仍附着）木材上，导致心材白腐，单独或群居地蔓延。广泛分布北美地区。国内分布于东南地区。

2024.4.2/ 柯山村 / 罗华兴

505 二年残孔菌 *Abortiporus biennis*(Bulliard)Singer 1944

多孔菌目 Polyporales　柄杯菌科 Podoscyphaceae

2023.12.21/ 丰田村 / 廖金朋　　　　　　　　　　　　　　　　　　2024.3.16/ 丰田村 / 廖金朋

　　担子果一年生，柄或无柄，肉质至革质。菌盖 3~7 × 3~12 × 0.3~1.5cm，半圆形到近圆形，面米黄色，肉色或呈淡褐色，环纹，绒毛；边缘薄而锐，浪状至瓣裂。菌肉白色或近白色，0.2~0.6cm，上层松软，下层较硬。具胶囊状体、担孢子以及子实层体渐裂为锯齿状，肉二层并具厚壁生殖菌丝。菌孔粉白色至粉黄色，与菌柄同色。新鲜时伤后变粉红色，湿时渗出红色液滴。

　　生于栎、枫杨及苹果等属阔叶树上或地下埋有腐木的地上。稀生于针叶树上。国内分布于海南、福建、黑龙江等地。

506 粗柄假芝 *Amauroderma elmerianum* Murrill 1907

多孔菌目 Polyporales　多孔菌科 Polyporaceae

　　子实体一年生，具偏生或中生柄，干后木质。菌盖半圆形至扇形，外伸可达 10cm，宽可达 12cm，基部厚可达 1.1cm；表面灰褐色至黑褐色，干后黑褐色，具同心环沟和放射状皱纹。孔口表面乳白色，触摸后迅速变为血红色；近圆形，每毫米 5~7 个；边缘薄，全缘。不育边缘窄至几乎无。菌肉干后黑色，木栓质，上表面形成一硬皮壳，厚可达 0.5cm。菌管干后黑色，木栓质，长可达 0.6cm。菌柄与菌盖同色，圆柱形。孢子 9~11 × 8~9.5μm，宽椭圆形，浅褐色，双层壁，外壁光滑、无色，内壁具小刺，非淀粉质。

　　春夏季生于阔叶树活立木的基部，造成木材白色腐朽。国内分布于东南地区。

2024.5.28/ 天斗山 / 罗华兴　　　　　　　　　　　　　　　　　　2024.5.28/ 天斗山 / 廖金朋

507 普氏假芝 *Amauroderma preussii* (Henn.) Steyaert 1972

多孔菌目 Polyporales　多孔菌科 Polyporaceae

　　子实体一年生，具中生至偏生柄，革质，干后木栓质。菌盖圆形，中部下凹，直径可达 7cm，中部厚可达 0.9cm；表面灰褐色至淡褐色，具辐射状深皱纹和不明显的同心环纹，干后褶皱明显；边缘锐，波状，内卷。孔口表面灰白色，干后近黑色；圆形，每毫米 5~6 个。不育边缘几乎无。菌肉淡褐色，厚可达 0.5cm。菌管褐色，长可达 0.3cm。菌柄 3cm×0.8cm，黑褐色。孢子 9.8~11.2×8~8.8μm，近卵形，双层壁，外壁无色透明、光滑，内壁浅黄色至淡黄褐色，非淀粉质，嗜蓝。

　　春夏季生于阔叶树树桩附近，造成木材白色腐朽。国内分布于东南地区。

2024.6.4/ 南溪 / 罗华兴　　　　　　　　　　　　　　　2024.6.4/ 南溪 / 罗华兴

508 中华隐孔菌 *Cryptoporus sinensis* Sheng H.Wu & M.Zang 2000

多孔菌目 Polyporales　多孔菌科 Polyporaceae

　　担子果具柄或近无柄，软木栓质，干后木栓质。菌盖扁球形到马蹄形，外伸可达 2cm，宽可达 3cm，基部厚可达 1cm，表面乳白色至蛋壳色，成熟后黄褐色至红褐色，光滑，边缘钝，颜色比菌盖表面浅，延生至孔口表面形成覆盖整个子实层的菌幕，全部担子果有如一空囊，仅后侧有一圆口，成熟后释放一种香味；孔口表面干后灰褐色；菌肉近白色，干后木栓质；菌管浅粉色，硬木栓质。孢子 8~10×3.8~5μm，圆柱形，无色，光滑。

　　生于松树腐木上。可药用。国内分布于河北、安徽、福建等地。

2024.4.2/ 上坪村 / 罗华兴　　　　　　　　　　　　　　2024.4.2/ 上坪村 / 罗华兴

509 粗糙拟迷孔菌（裂拟迷孔菌）*Daedaleopsis confragosa*(Bolton)J.Schröt.1888

多孔菌目 Polyporales　多孔菌科 Polyporaceae

子实体一年生，覆瓦状叠生，木栓质。菌盖半圆形至贝壳形，外伸可达 7cm，宽可达 16cm，中部厚可达 2.5cm；表面浅黄色至褐色，初期被细绒毛，后期光滑，具同心环带和放射状纵条纹，有时具疣突；边缘锐。孔口表面奶油色至浅黄褐色；近圆形、长方形、迷宫状或齿裂状，有时褶状，每毫米 1 个；边缘薄，锯齿状。不育边缘窄，奶油色，宽可达 0.05cm。菌肉浅黄褐色，厚可达 1.5cm。菌管与菌肉同色，长可达 1cm。孢子 6.1~7.8 × 1.2~1.9μm，圆柱形，略弯曲，无色，薄壁，光滑，非淀粉质，不嗜蓝。

夏秋季生于柳树的活立木和倒木上，造成木材白色腐朽。中国各区均有分布。

2023.12.12/ 丰田村 / 廖金朋

510 堆棱孔菌 *Favolus acervatus*(Lloyd)Sotome & T.Hatt.2012

多孔菌目 Polyporales　多孔菌科 Polyporaceae

菌体一年生，单生，近肉质至革质、木栓质。菌盖从基部到边缘可达 3~5cm，厚处可达 0.3cm，近贝壳形至扇形；表面新鲜时白色至奶油色或淡黄灰色，干后淡褐色；边缘锐，全缘，干后略内卷。孔口每毫米 2~4 个，表面白色至奶油色，多角形；边缘薄。菌肉厚可达 0.15cm，新鲜时白色。菌柄 2 × 0.15cm，圆柱形至扁平。孢子 8.2~9.8 × 2.6~3.2μm，圆柱形，略弯曲，无色，薄壁，光滑，非淀粉质，不嗜蓝。

夏秋季单生于阔叶树死树或倒木上，造成木材白色腐朽。国内分布于广东、福建等地。

2024.4.20/ 百丈纱瀑布 / 罗华兴

2024.4.6/ 百丈纱瀑布 / 廖金朋

511 亚热棱孔菌 *Favolus subtropicus* Jun L. Zhou & B.K. Cui 2017

多孔菌目 Polyporales　多孔菌科 Polyporaceae

　　菌盖扇形至半圆形，突出达 4.3cm，宽 5.2cm，厚 0.3cm。菌盖表面无毛，无环带，呈放射状条纹。干燥时孔表面与菌盖同为藏红花黄色至浅橙色；孔为角形，每毫米 0.5 个，经常伸长达 0.4×0.2cm，隔片薄，全缘至撕裂状。菌肉厚达 0.1cm。管与孔表面同色，长达 0.25cm。菌柄 1×0.65cm，侧生，短，圆柱形，比菌盖表面颜色浅，无毛。担子 22.5~33×5.5~8.5μm，棒状，具基部锁状联合和 4 个小梗。孢子 (7~)7.5~9(~9.5)×2.5~3.5(~4)μm，圆柱形，薄壁，无色，光滑。

　　单生或散生于亚热带地区被子植物的倒下树枝上。模式标本源于中国福建建瓯万木林自然保护区。

2023.9.17/ 龙头村 / 廖金朋

2023.9.17/ 龙头村 / 廖金朋

512 空洞孢芝（种 1）*Foraminispora* sp.1

多孔菌目 Polyporales　多孔菌科 Polyporaceae

（参考东南空洞孢芝 *Foraminispora austrosinensis* (J.D.Zhao & L.W.Hsu)Y.F.Sun & B.K.Cui 2020）

　　菌盖直径 2.5~8.5cm；表面黄色至黄褐色或橙褐色，中央具环带。子实层体白色至奶油色，伤不变色；菌管极密。菌柄 3.5~10×0.4~0.9cm，与菌盖表面同色或稍浅，侧生。担子 18~25×10~13μm，棒状，4 孢。孢子 7~8.5×6~8.5μm，球形至近球形，淡黄色，双层壁，外壁光滑，内壁具小刺。锁状联合常见。

　　夏秋季生于热带林中地上。国内分布于云南、福建等地。

2024.6.29/ 柯山村 / 廖金朋

513 树舌灵芝 （扁灵芝　老牛肝）*Ganoderma applanatum* (Pers.)Pat.1887

多孔菌目 Polyporales　多孔菌科 Polyporaceae

　　子实体多年生，无柄，单生或覆瓦状叠生，木栓质。菌盖半圆形，外伸可达 28cm，宽可达 55cm，基部厚可达 9cm；表面锈褐色至灰褐色，具明显的环沟和环带；边缘圆，钝，奶油色至浅灰褐色。孔口表面灰白色至淡褐色；圆形，每毫米 4~7 个；边缘厚，全缘。菌肉新鲜时浅褐色，厚可达 3cm。菌管褐色，长可达 6cm，有时具白色菌丝束。孢子 6~8.5×4.5~6μm，广卵圆形，顶端平截，淡褐色至褐色，双层壁，外壁无色、光滑，内壁具小刺，非淀粉质，嗜蓝。

　　春季至秋季生于多种阔叶树的活立木、倒木及腐木上，造成木材白色腐朽。可药用。可栽培。国内分布于北方、华中和东南地区。

2024.8.27/ 共裕村 / 刘庆才

514 南方灵芝 *Ganoderma australe*(Fr.)Pat.1889

多孔菌目 Polyporales　多孔菌科 Polyporaceae

　　子实体多年生，无柄，木栓质。菌盖半圆形，外伸可达 35cm，宽可达 55cm，基部厚可达 7cm；表面锈褐色至黑褐色，具明显的环沟和环带；边缘圆，钝，奶油色至浅灰褐色。孔口表面灰白色至淡褐色；圆形，每毫米 4~5 个；边缘较厚，全缘。菌肉新鲜时浅褐色，干后棕褐色，厚可达 3cm。菌管暗褐色，长可达 4cm。孢子 7~8.5×4.2~5.5μm，广卵圆形，顶端平截，淡褐色至褐色，双层壁，外壁无色、光滑，内壁具小刺，非淀粉质，嗜蓝。

　　春季至秋季生于多种阔叶树的活立木、倒木、树桩和腐木上，造成木材白色腐朽。可药用。可栽培。国内分布于华中和东南地区。

2023.4.18/ 天宝岩主峰 / 罗华兴

2024.2.19/ 勾墩坪 / 罗华兴

515 弯柄灵芝 *Ganoderma flexipes* Pat.1907

多孔菌目 Polyporales　多孔菌科 Polyporaceae

　　子实体一年生，具背生柄，软木栓质至木栓质。菌盖近匙形至近圆形，外伸可达 2cm，宽可达 3cm，厚可达 1cm；表面黄红褐色至红褐色，具漆样光泽，边缘钝或呈截形。孔口表面污白色至污灰色；近圆形，每毫米 4~5 个；边缘厚，全缘。菌肉木材色至淡褐色，厚可达 0.2cm。菌管暗褐色，长可达 0.9cm。菌柄与菌盖同色，长可达 10cm，直径可达 1cm。孢子 8~9.5 × 4.6~6μm，椭圆形，顶端平截，黄褐色，双层壁，外壁光滑，内壁具小刺，非淀粉质，弱嗜蓝。

　　夏季生于阔叶林中地下腐木上，造成木材白色腐朽。国内分布于东南地区。

2023.7.18/ 龙头村 / 罗华兴

2023.7.18/ 龙头村 / 廖金朋

516 有柄灵芝 *Ganoderma gibbosum*(Blume & T.Nees)Pat.1897

多孔菌目 Polyporales　多孔菌科 Polyporaceae

　　子实体多年生，具侧生柄，具甜香味，干后木栓质至木质。菌盖近圆形，直径可达 11cm，中部厚可达 3.5cm；表面被一皮壳，污褐色至锈褐色，具明显的同心环纹和环沟。孔口表面奶油色至浅黄绿色；圆形，每毫米 3~5 个；边缘薄，全缘。不育边缘明显，奶油色，宽可达 0.2cm。菌肉异质，上层浅黄褐色，下层褐色，具黑色骨质夹层，厚可达 0.6cm。菌管褐色，单层长可达 1.6cm。菌柄与菌盖同色，具瘤状突起，长可达 11.5cm，直径可达 2.6cm。孢子 7~9.1 × 6.5~8μm，卵圆形，顶端平截，外壁无色，内壁浅黄色至橙黄色，遍布小刺，非淀粉质，嗜蓝。

　　春季至秋季单生于阔叶树树桩上，造成木材白色腐朽。国内分布于东南地区。

2024.2.25/ 龙头村 / 廖金朋

2024.2.25/ 龙头村 / 廖金朋

517 灵芝 （赤芝）*Ganoderma lingzhi* Sheng H.Wu, Y.Cao & Y.C.Dai 2012

多孔菌目 Polyporales　多孔菌科 Polyporaceae

新鲜时软木栓质，干后木栓质。菌盖 12×16×2.6cm，幼时浅黄色至黄褐色，熟时黄褐色至红褐色；边缘钝或锐，或微卷。孔口幼时白色，熟时硫黄色，触摸后变为褐色或深褐色，干燥时淡黄色；近圆形或多角形，每毫米 5~6 个；边缘薄，全缘。不育边缘明显，宽可达 0.4cm。菌肉上层色浅下层色深。菌管褐色，长达 1.7cm。菌柄 22×3.5cm，侧生或偏生，扁平状或近圆柱形，幼时橙黄色至浅黄褐色，熟时红褐色至紫黑色。孢子 9~10.7×5.8~7μm，椭圆形，顶端平截，浅褐色，双层壁，内壁具小刺，非淀粉质，嗜蓝。

夏秋生于多种阔叶树的垂死木、倒木和腐木上，造成木材白色腐朽。可药用。广布于中国东部暖温带和亚热带。国内多数地方栽培的灵芝为 G.lingzhi。

2022.7.21/ 上坪村 / 田玉英　　　　　　　　　　　　　　2022.7.21/ 上坪村 / 田玉英

518 亮盖灵芝 （灵芝　赤芝　红芝）*Ganoderma lucidum* (Curtis) P.Karst. 1881

多孔菌目 Polyporales　多孔菌科 Polyporaceae

菌盖直径 7~15cm，肾形或半圆形；表面浅红褐色、红褐色至红色，具漆样光泽；菌肉白色至淡褐色，木栓质，无黑色壳质层。子实层体表面白色至污白色，受伤后变淡褐色至褐色；菌管淡灰褐色或灰褐色。菌柄 10~15×1~2cm，侧生，红褐色至紫褐色，有光泽。担子 15~20×7~10μm，短棒状。孢子 12~14×8.5~9.5μm，卵形，顶端平截，双层壁，内壁具小刺，嗜蓝。锁状联合常见。

夏秋季生于阔叶林中地上或腐木上。可入药，具增强免疫力、抗肿瘤等作用。可栽培。国内分布于云南、福建等地。

2024.6.29/ 柯山村 / 罗联周　　　　　　　　　　　　　　2024.7.2/ 南溪 / 廖金朋

519 紫芝（中华灵芝）*Ganoderma sinense* J.D.Zhao,L.W.Hsu & X.Q.Zhang 1979

多孔菌目 Polyporales　多孔菌科 Polyporaceae

2023.7.18/ 龙头村 / 罗华兴

2024.6.15/ 柯山村 / 廖金朋

菌盖半圆形、近圆形或匙形，外伸可达 8cm，宽可达 9.5cm，基部厚可达 2cm；表面新鲜时漆黑色，光滑，具明显的同心环纹和纵皱，干后紫褐色、紫黑色至近黑色，具漆样光泽。孔口表面干后污白色、淡褐色至深褐色；略圆形，每毫米 5~6 个；边缘薄，全缘。菌肉褐色至深褐色，中间具一黑色壳质层，软木栓质，厚可达 0.8cm。菌管褐色至深褐色，长可达 1.3cm。菌柄 5~12 × 0.8~2.0cm，侧生至偏生，紫褐色至黑色。孢子 11.2~12.5 × 7~8μm，椭圆形，双层壁，外壁无色、光滑，内壁淡褐色至褐色、具小脊，非淀粉质，弱嗜蓝。

春季至秋季单生于多种阔叶树的腐木上，造成木材白色腐朽。可药用。可栽培。国内分布于华中和东南地区。

520 翘鳞韧伞（翘鳞香菇）*Lentinus squarrosulus* Mont.1842

多孔菌目 Polyporales　多孔菌科 Polyporaceae

菌盖直径 4~13cm，薄且柔韧，凸镜形中凹至深漏斗形，灰白色、淡黄色或微褐色，干，被同心环状排列的上翘至平伏的灰色至褐色丛毛状小鳞片，后期鳞片脱落；边缘初内卷，薄，后浅裂或撕裂状。菌肉厚，革质，白色。菌褶延生，分叉，有时近柄处稍交织，白色至淡黄色，密，薄。菌柄 1~3.5 × 0.4~1cm，圆柱形，近中生至偏生或近侧生，常向下变细，实心，与菌盖同色，常基部稍暗，被丛毛状小鳞片。孢子 5.5~8 × 1.7~2.5μm，长椭圆形至近长方形，光滑，无色，非淀粉质。

群生、丛生或近叠生于针阔混交林或阔叶林中腐木上。幼时可食用。国内分布于东南地区。

2024.3.30/ 丰田村 / 廖金朋

521 桦革裥菌（桦褶孔菌）*Lenzites betulina*(L.)Fr.1838

多孔菌目 Polyporales　多孔菌科 Polyporaceae

　　子实体一年生，无柄，覆瓦状叠生，革质。菌盖扇形，外伸可达 5cm，宽可达 7cm，中部厚可达 1.5cm；表面新鲜时乳白色至浅灰褐色，被绒毛或粗毛，具不同颜色的同心环纹；边缘锐，完整或波状。子实层体初期奶油色，后期浅褐色，干后黄褐色至灰褐色，褶状，放射状排列，靠近边缘处孔状或二叉分枝；边缘薄，全缘或稍撕裂状。不育边缘不明显至几乎无。菌肉浅黄色，厚可达 0.3cm。菌褶黄褐色至灰褐色，宽可达 1.2cm；每毫米 0.5~2 个。孢子 4.5~5.3 × 1.5~2μm，圆柱形至腊肠形，无色，薄壁，光滑、非淀粉质，不嗜蓝。

　　春季至秋季生于阔叶树特别是桦树的活立木、死树、倒木和树桩上，造成木材白色腐朽。可药用。中国各区均有分布。

2024.2.16/ 双虹桥 / 廖金朋

2024.2.16/ 双虹桥 / 廖金朋

522 大褶孔菌 *Lenzites vespacea*(Pers.)Pat.1900

多孔菌目 Polyporales　多孔菌科 Polyporaceae

　　子实体一年生，无柄，覆瓦状叠生，革质。菌盖扇形，直径可达 8cm，基部厚可达 1cm；表面新鲜时白色、浅稻草色至赭石色，干后灰褐色，被灰色或褐色绒毛，具同心环纹和环沟；边缘锐，呈波状。干后略呈撕裂状。子实层体新鲜时白色至奶油色，干后灰褐色至浅黄褐色，褶状，放射状排列。菌肉新鲜时白色，干后奶油色，厚可达 0.15cm。菌褶厚可达 0.02cm，边缘呈齿状，每毫米 0.7~1 个，奶油色至浅黄褐色，宽可达 0.9cm。孢子为 5.1~6.1 × 2.4~3.1μm，宽椭圆形，无色，薄壁，光滑，非淀粉质，不嗜蓝。

　　夏秋季生于阔叶树倒木或栈道木上，造成木材白色腐朽。国内分布于华中和东南地区。

2023.10.4/ 丰田村 / 罗华兴

2023.10.4/ 丰田村 / 廖金朋

523 褐小孔菌 （近缘小孔菌）*Microporus affinis*(Blume & T.Nees) Kuntze 1898

多孔菌目 Polyporales　多孔菌科 Polyporaceae

2023.9.9/龙头村 / 罗华兴　　　　2023.7.18/龙头村 / 廖金朋　　　　2023.11.21/早安村 / 罗华兴

　　子实体一年生，具侧生柄或几乎无柄，木栓质。菌盖半圆形至扇形，外伸可达 5cm，宽可达 8cm，基部厚可达 0.5cm；表面淡黄色至黑色，具明显的环纹和环沟。孔口表面新鲜时白色至奶油色，干后淡黄色至赭石色；圆形，每毫米 7~9 个；边缘薄，全缘。菌肉干后淡黄色，厚可达 0.4cm。菌管与孔口表面同色，长可达 0.2cm。菌柄 2×0.6cm，暗褐色至褐色，光滑。孢子 3.5~4.5×1.8~2μm，短圆柱形至腊肠形，无色，薄壁，光滑，非淀粉质，不嗜蓝。

　　春季至秋季群生于阔叶树倒木或落枝上，造成木材白色腐朽。国内分布于华中和东南地区。

524 黄柄小孔菌 *Microporus xanthopus*(Fr.)Kuntze 1898

多孔菌目 Polyporales　多孔菌科 Polyporaceae

　　菌盖直径 4~8cm，漏斗形；表面黄褐色，有同心环纹；边缘波纹状，较薄，常撕裂，颜色较淡；菌肉厚达 0.5cm，革质或木栓质，污白色。子实层体延生，由菌管组成，表面白色至奶油色，受伤后不变色或变为淡褐色；孔口多角形，每毫米 8~10 个。菌柄 1~2×0.3~0.6cm,中生，有时稍侧生，黄褐色，光滑，基部呈吸盘状。担子未观察到。孢子 6~7.5×2~2.5μm，近圆柱形，稍弯曲，光滑，非淀粉质，无色。锁状联合阙如。

　　夏秋季生于热带和南亚热带阔叶林中腐木上。不可食用。国内分布于云南、福建等地。

2023.10.10/柯山村 / 廖金朋　　　　2023.8.19/九龙村 / 罗华兴

525 白蜡多年卧孔菌 *Perenniporia fraxinea*(Bull.)Ryvarden 1978

多孔菌目 Polyporales　多孔菌科 Polyporaceae

　　子实体一年生，覆瓦状叠生，木栓质。菌盖半圆形，外伸可达9cm，宽可达13cm，基部厚可达2cm；表面浅黄褐色至红褐色或污褐色，粗糙至光滑，同心环带不明显；边缘锐或钝。孔口表面新鲜时奶油色，无折光反应；圆形，每毫米7~8个；边缘厚，全缘。菌肉浅黄褐色，厚可达1.0cm。菌管与菌肉同色，长可达1.0cm。孢子5.2~6.1×4.6~5.2μm，宽椭圆形至近球形，无色，厚壁，光滑，拟糊精质，嗜蓝。

　　夏秋季生于多种阔叶树的活立木、死树、倒木和树桩上，造成木材白色腐朽。可药用。国内分布于华北和华中等地区。

2023.12.10/ 龙头村 / 廖金朋

2023.12.10/ 龙头村 / 廖金朋

526 漏斗多孔菌 *Polyporus arcularius*(Batsch)Fr.1821

多孔菌目 Polyporales　多孔菌科 Polyporaceae

　　子实体一年生，肉质至革质。菌盖圆形，直径可达2cm，厚可达0.3cm；表面新鲜时乳黄色，干后黄褐色，被暗褐色或红褐色鳞片；边缘锐，干后略内卷。孔口表面干后浅黄色或橘黄色；多角形，每毫米1~4个；边缘薄，撕裂状。菌肉淡黄色至黄褐色、厚可达0.1cm。菌管与孔口表面同色，长可达0.2cm。菌柄3×0.2cm，与菌盖同色，干后皱缩。孢子8.2~9.8×2.8~3.2μm，圆柱形，略弯曲，无色，薄壁，光滑，非淀粉质，不嗜蓝。

　　夏季单生或数个簇生于多种阔叶树死树或倒木上，造成木材白色腐朽。可药用。中国各区均有分布。

2024.4.2/ 丰田村 / 朱福生

2024.3.7/ 柯山村 / 廖金朋

527 华南多孔菌 *Polyporus austrosinensis* B.K.Cui,Xing Ji & J.L.Zhou 2022

多孔菌目 Polyporales　多孔菌科 Polyporaceae

　　新鲜时肉质至软革质，干燥时变脆。菌盖角状或平展且中央下凹，直径可达 6.3×0.2cm，新鲜时奶油色、米色、浅黄色至橙色，无毛，通常无环带；边缘锐利，新鲜时平直。孔面新鲜时为白色，受伤后变为黄色；孔为角形，每毫米 4~7 个；隔片薄，全缘。菌肉白色，新鲜时肉质至软革质，干燥时变为奶油色至象牙色，脆弱，厚达 0.2cm。管与孔面同色或稍浅，延生，非常薄，干燥时脆弱，小于 0.05cm。菌柄 1.5~3×0.25~1.0cm，中生，新鲜时上部为白色至象牙色，下部为棕色。孢子 (6.7~)7.5~10.6(~11.2)×(2.9~)3.3~4.4(~4.9)μm，圆柱形，无色，薄壁，光滑。

　　单生于倒下的被子植物树枝上。分布于中国热带和亚热带地区。

2023.10.10/ 柯山村 / 罗华兴

2023.10.10/ 柯山村 / 罗华兴

2024.1.17/ 上坪村 / 廖金朋

528 块茎形多孔菌（菌核多孔菌　宽鳞角孔菌）*Polyporus tuberaster*(Jacq.ex Pers.)Fr.1821

多孔菌目 Polyporales　多孔菌科 Polyporaceae

　　菌盖 15×1.5cm，圆形、半圆形或扇形，中部凹陷，从基部向边缘渐薄；表面黄褐色至赭色，被茶褐色或深褐色斑块；边缘锐，被纤毛或略呈撕裂状，干后略内卷。孔口表面淡黄褐色至茶褐色；多角形，长可达 0.3cm，宽可达 0.15cm；边缘薄或厚，全缘或略呈撕裂状。菌肉白色至奶油色，厚可达 1.2cm，肉质至革质。菌管与孔口表面同色，长可达 0.3cm，延生至菌柄上部。菌柄 6×1cm，侧生，基部黑色，被绒毛。孢子 12~14×5~6μm，圆柱形，无色，薄壁，光滑，非淀粉质，不嗜蓝。

　　夏季单生或数个群生于阔叶树倒木、埋木上，造成木材白色腐朽。国内分布于华北、华中、东南地区。

2024.2.16/ 双虹桥 / 廖金朋

2024.4.13/ 双虹桥 / 罗华兴

529 长柄血芝 *Sanguinoderma longistipitum* B.K.Cui & Y.F.Sun 2022

多孔菌目 Polyporales　多孔菌科 Polyporaceae

　　一年生，从菌物基质侧生或中央生出，成熟后坚硬如树皮。菌盖形状从圆形到扇形，厚度可达 0.5cm。菌盖表面在新鲜时呈灰褐色至几乎黑色，暗淡无光泽，光滑，有同心环带和放射状皱纹，边缘钝，完整，干燥时稍微波浪形并内卷。孔面在新鲜时为灰白色，受伤后变为血红色，并迅速变暗；孔洞圆形到多角形，每毫米 6~8 个；分隔壁中等厚，完整。管口颜色与菌盖表面相同，坚硬如木头，长度可达 0.3cm。菌柄 14.5 × 0.5cm，与菌盖表面同色，圆柱形且实心，在基部膨胀。

2023.9.24/ 听涛亭 / 廖金朋　　　　　　　　　　2023.9.24/ 听涛亭 / 廖金朋

530 乌血芝 (假芝　皱盖血乌芝　皱盖乌芝) *Sanguinoderma rugosum* (Blume & T.Nees) Y.F.Sun, D.H.Costa & B.K.Cui 2020

多孔菌目 Polyporales　多孔菌科 Polyporaceae

　　菌盖直径 3~10cm，近圆盘形至扇形：表面暗褐色至近黑色，具同心环纹和辐射状皱纹；菌肉肉桂色至暗褐色，木栓质。子实层体表面灰白色，受伤后变血红色，管口近圆形至多角形；菌管与子实层体表面同色。菌柄 3~12 × 0.3~1cm，中生至侧生，近圆柱形，与菌盖表面同色。担子 18~25 × 10~18μm，短棒状，4 孢。孢子 10~11 × 8~9μm，双层壁，内壁具短细的柱状刺。锁状联合常见。

　　夏秋季生于热带和南亚热带阔叶林中地上。可药用。文献记载该菌具消炎、利尿等作用。现已有人工栽培。国内分布于西南、华中、东南地区。

2023.7.16/ 勾墩坪 / 罗华兴　　　　　　　　　　2023.7.16/ 勾墩坪 / 罗华兴

531 雅致栓菌（雅致栓孔菌）*Trametes elegans*(Spreng.)Fr.1838

多孔菌目 Polyporales 多孔菌科 Polyporaceae

　　子实体一年生，硬革质。菌盖半圆形，外伸可达6cm，宽可达10cm，中部厚可达1.5cm；表面白色至浅灰白色，基部具瘤状突起；边缘锐，完整，与菌盖同色。孔口表面奶油色至浅黄色；多角形至迷宫状，放射状排列，每毫米2~3个；边缘薄或厚，全缘。不育边缘奶油色，宽可达0.2cm。菌肉乳白色，厚可达0.9cm。菌管奶油色，长可达0.6cm。孢子4.9~6.1×2~2.8μm，长椭圆形，无色，薄壁，光滑，非淀粉质，不嗜蓝。

　　春季至秋季单生于阔叶树倒木和腐木上，造成木材白色腐朽。可药用。国内分布于华中和东南地区。

2023.12.10/ 龙头村 / 廖金朋

2023.12.10/ 龙头村 / 廖金朋

532 偏肿栓菌（迷宫栓孔菌）*Trametes gibbosa*(Pers.)Fr.1838

多孔菌目 Polyporales 多孔菌科 Polyporaceae

　　子实体一年生，覆瓦状叠生，革质。具芳香味。菌盖半圆形或扇形，外伸可达10cm，宽可达15cm，中部厚可达2.5cm;表面乳白色至浅棕黄色，具明显的同心环纹；边缘锐，黄褐色。孔口表面乳白色至草黄色。子实层体基部和边缘孔口为长孔状，多角形，每毫米1~2个；中部为褶状，左右连成波浪状。孔口或菌褶边缘薄，略呈撕裂状。不育边缘不明显。菌肉乳白色，厚可达1cm。菌管奶油色或浅乳黄色，长可达1.5cm。孢子4~4.8×1.9~2.5μm，圆柱形，无色，薄壁，光滑，非淀粉质，不嗜蓝。

　　夏秋季生于多种阔叶树倒木上，造成木材白色腐朽。可药用。国内分布于东北、华北、西北和华中等地区。

2023.8.31/ 柯山村 / 罗华兴

2024.2.17/ 柯山村 / 罗华兴

533 硬毛栓菌 （毛栓孔菌）*Trametes hirsuta*(Wulfen)Lloyd 1924

多孔菌目 Polyporales　多孔菌科 Polyporaceae

2024.1.4/ 丰田村 / 廖金朋　　　　　　　　　　　　　　　　　　　　2024.3.16/ 丰田村 / 廖金朋

　　子实体一年生，覆瓦状叠生，革质。菌盖半圆形或扇形，外伸可达 4cm，宽可达 10cm，中部厚可达 1.3cm；表面乳色至浅棕黄色，老熟部分常带青苔的青褐色，被硬毛和细微绒毛，具明显的同心环纹和环沟；边缘锐，黄褐色。孔口表面乳白色至灰褐色；多角形，每毫米 3~4 个；边缘薄，全缘。不育边缘不明显，宽可达 0.1cm。菌肉乳白色，厚可达 0.5cm。菌管奶油色或浅乳黄色，长可达 0.8cm。孢子 4.2~5.7×1.8~2.2μm，圆柱形，无色，薄壁，光滑，非淀粉质，不嗜蓝。

　　春季至秋季生于多种阔叶树倒木、树桩和朽木上，造成木材白色腐朽。可药用。中国各区均有分布。

534 奶油栓孔菌 （大白栓菌）*Trametes lactinea*(Berk.)Sacc.1888

多孔菌目 Polyporales　多孔菌科 Polyporaceae

2024.8.11/ 双虹桥 / 廖金朋　　　　　　　　　　　　　　　　　　　　2024.8.11/ 双虹桥 / 廖金朋

　　担子果无柄。菌盖 6~15(~21)×5~9(~13)×1.5~2.0cm，扇形至贝形，乳白色，干后变黄而略带褐色，老标本，尤其是上年生部分因长苔藓而变成暗绿色，当年生担子果可在其上继续生长，被白色短绒毛，边缘波状。菌管表面白带微黄色，干时带黄褐色；菌孔角形至迷路状，有时破裂成齿耙状，甚至近褶状，每毫米 3 个；菌管白带微黄色，长 0.3~0.5cm。菌肉白色，厚 1.2~1.5cm。菌肉菌丝无色。担子 16~25×4~6μm，近棒形。孢子 (3.2~)4.2~5×(2.3~)3~3.5μm，椭圆形至近球形，光滑，无色，非淀粉质。

　　单生或叠生于阔叶树腐木上。国内分布于云南、陕西、海南等地。

535 淡黄褐栓菌（赭栓孔菌）*Trametes ochracea*(Pers.)Gilb.& Ryvarden 1987

多孔菌目 Polyporales　多孔菌科 Polyporaceae

　　子实体一年生，覆瓦状叠生，韧革质。菌盖半圆形或扇形，外伸可达 3cm，宽可达 4cm，中部厚可达 1.5cm；表面奶油色至红褐色，具同心环带；边缘钝，奶油色。孔口表面奶油色至灰褐色；圆形，每毫米 3~5 个；边缘厚，全缘。不育边缘明显，宽可达 0.2cm。菌肉乳白色，厚可达 1cm。菌管与孔口表面同色，长可达 0.5cm。孢子 5.5~6.5 × 2~2.5μm，圆柱形，无色，薄壁，光滑，非淀粉质，不嗜蓝。

　　夏秋季生于多种阔叶树上，造成木材白色腐朽。国内分布于北方、青藏、华中等地区。

2023.11.4/ 上坪村 / 罗华兴　　　　　　2023.11.4/ 上坪村 / 廖金朋

536 朱红栓菌 *Trametes sanguine*(Klotzsch) Pat.1897

多孔菌目 Polyporales　多孔菌科 Polyporaceae

2024.4.24/ 西溪岬 / 罗华兴　　　2024.3.24/ 西溪岬 / 罗华兴　　　2024.3.24/ 西溪岬 / 罗华兴

　　子实体一年生，无柄，韧革质至木栓质，半圆形至扇形、扁平，横径 3~10cm，厚约 0.5cm，表面平滑或稍有细毛，血红色，后退为苍白色，常有浓淡相间的环纹，组织红色；管孔短 0.1~0.2cm，孔口微小，圆形，每毫米 6~8 个；管口薄，暗红色。孢子 7~8 × 2.5~3μm，长椭圆形，稍弯曲，平滑，无色。

　　春秋季生于各种阔叶树及针叶树上。最常见的木腐菌之一。受害木材初染为红色，后期出现白色腐朽。子实体对动物实体瘤有抑制作用。国内分布于西藏、湖北、福建等地。

537 变色栓菌（杂色栓菌）*Trametes versicolor* (L.)Lloyd 1921

多孔菌目 Polyporales　多孔菌科 Polyporaceae

　　菌盖 2~8 × 1~4 × 0.1~0.2cm，近平展至平展，圆形、半圆形至扇形，有时多个菌盖融合在一起；表面密被柔毛，有白色、褐色、黄褐色或红褐色相间的同色环纹，边缘波状；菌肉木栓质，韧，白色，味柔和。子实层体表面白色至淡褐色，管口细密；菌管长 0.15cm。担子 18~20 × 3~4.5μm，细棒状，4 孢。孢子 4.5~5.5 × 1.5~2μm，圆柱形，光滑，非淀粉质，无色。锁状联合常见。

　　夏秋季生于亚热带至温带阔叶林中腐木上，较少生于针叶树腐木上。药用于治疗肝炎、镇痛、解毒等。国内分布于云南、福建等地。

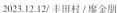

2023.12.12/ 丰田村 / 廖金朋　　　　　　　　　　　　　　　　　　　　2023.12.21/ 三畲村 / 罗华兴

538 环带小薄孔菌 *Antrodiella zonata*(Berk.)Ryvarden 1992

多孔菌目 Polyporales　齿耳科 Steccherinaceae

2024.2.5/ 丰田村 / 廖金朋　　　　　　　　　　　　　　　　　　　　2024.4.13/ 双虹桥 / 廖金朋

　　子实体一年生，平伏至具明显菌盖，覆瓦状叠生，新鲜时革质，干后硬革质。菌盖外伸可达 3cm，宽可达 5cm，厚可达 0.8cm；表面新鲜时橘黄色至黄褐色，具同心环带；边缘锐，干后内卷。孔口表面橘黄褐色至黄褐色；近圆形，每毫米 2~3 个；边缘薄，撕裂状。不育边缘窄至几乎无。菌肉革质，厚可达 0.4cm。菌管或菌齿单层，黄褐色，干后硬纤维质，长可达 0.4cm。孢子 4.3~6 × 3~4μm，宽椭圆形，无色，薄壁，光滑，非淀粉质，不嗜蓝。

　　春季至秋季生于阔叶树的活立木、死树和倒木上，造成木材白色腐朽。可药用。国内分布于华中和东南地区。

539 棕橙齿耳 *Steccherinum bourdotii* Saliba & A.David 1988

多孔菌目 Polyporales　齿耳科 Steccherinaceae

子实体平伏，或形成菌托，上表面白色至红棕色，有环带，下表面有凿形齿装饰，齿长可达0.25cm，奶油色至淡赭色，边缘毡状，白色。气味不明显。担子果平伏，贴生，连生，切片中厚度可达250μm；子实层表面齿状，刺长达0.15cm，新鲜时淡橙色至橙红色，干燥时呈棕橙色，边缘白色，渐薄，具纤毛至不定形，色浅至同色。担子18~20×4.4~5.6μm，棒状至近棒状，4小梗，小梗长达3.4μm，具基部锁状联合。孢子3.0~4.4×3~3.8μm，近球形，光滑，薄壁，具油滴，非嗜蓝性，无淀粉反应。

一年四季均可生长，长在落叶树、冬青和荆豆的死木上。分布于印度和中国等地。

2024.1.4/ 三畲村 / 廖金朋

540 赭黄齿耳 *Steccherinum ochraceum* (Pers.ExJ.F.Gmel.) Gray 1821

多孔菌目 Polyporales　齿耳科 Steccherinaceae

2024.1.10/ 丰田村 / 罗华兴

2024.1.10/ 丰田村 / 廖金朋

子实体一年生，覆瓦状叠生，平伏至反卷，革质。子实体形态多变，通常由许多密集的刺状物聚合而成，外伸可达5cm，宽可达4cm，厚可达0.3cm，表面淡灰黄色至橙黄色，边缘薄且锐，乳白色，干后内卷。菌肉薄，白色，革质，无明显气味。菌齿排列稠密，灰黄色至橙黄色。菌柄短0.8×0.2cm，或无柄，颜色与子实体上表面相同。孢子2.5~5×1.5~2.5μm，椭圆形，无色，光滑，壁薄，淀粉质。

夏秋季群生于阔叶林中倒木或腐木上。中国各地区均有分布。

541 稚生齿耳 *Steccherinum puerense* Y.X.Wu,J.H.Dong & C.L.Zhao 2021

多孔菌目 Polyporales　齿耳科 Steccherinaceae

担子果一年生，平伏，新鲜时柔软膜质，无气味和味道，干燥后变为膜质，长达 20cm，厚 200~500μm。子实层表面具齿，每毫米有 5~6 个小刺，长 0.01~0.03cm，新鲜时为白色至肉粉色，干燥后变为浅黄色至肉桂浅黄色。担子 7~10×3~4.5μm，棒状，有 4 个小梗和一个基部锁状联合；大量的小担子，形状与担子相似，但稍小。孢子 (2.8~)3~4.2(~4.5)×1.5~2.2(~2.5)μm，近圆柱形至腊肠形，无色，薄壁，光滑。

生于被子植物树干上，产生白色腐朽。模式产地在中国云南普洱。

2023.12.10/ 龙头村 / 廖金朋

542 绵羊状地花菌（绵地花菌）*Albatrellus ovinus* (Schaeff.)Kotl.& Pouzar 1957

红菇目 Russulales　地花菌科 Albatrellaceae

菌盖近圆形，直径可达 15cm 或更大，中部厚可达 2.4cm；表面新鲜时奶油色至浅黄色，光滑，干后褶皱，淡灰色至淡橄榄绿色；边缘锐，干后稍内卷。孔口表面新鲜时白色至奶油色，干后灰色至土黄色；多角形至近圆形，每毫米 3~5 个；边缘薄，撕裂状。菌肉新鲜时奶油色，肉质，靠近菌管处具一黑线，干后软木栓质，厚可达 2cm。菌管干后浅黄色，长可达 0.4cm。菌柄 7×3cm，中生或侧生，奶油色至淡褐色，具细微绒毛。孢子 3.8~4.3×3~3.5μm，卵圆形至近球形，无色，壁稍厚，光滑，淀粉质，不嗜蓝。

夏末和秋季单生或数个左右连生于针叶林中地上。食药兼用。国内分布于青藏、西北、东南地区。

2024.7.16/ 龙头村 / 廖先云

2024.7.17/ 龙头村 / 罗华兴

543 杯密瑚菌（杯冠瑚菌　杯珊瑚菌）*Artomyces pyxidatus* (Pers.) Jülich 1982

红菇目 Russulales　耳匙菌科 Auriscalpiaceae

　　子实体高 4~10cm，宽 2~10cm，珊瑚状，初期乳白色，渐变为黄色、米色至淡褐色，后期呈褐色，表面光滑。主枝 3~5 条，直径 0.2~0.3cm，肉质。分枝 3~5 回，每一分枝处的所有轮状分枝构成一环状结构，分枝顶端凹陷具 3~6 个突起，初期乳白色至黄白色，后期呈棕褐色。柄状基部长 1~3cm，直径达 1cm，近圆柱形，初期白色，渐变粉红色至褐色。菌肉污白色。孢子 4~5×2~3μm，椭圆形，表面具微小的凹痕，无色，淀粉质。

　　夏秋季散生于针阔混交林中腐木上。可食用。分布于中国大部分地区。

2024.3.7/ 柯山村 / 廖金朋

2023.12.12/ 丰田村 / 廖金朋

544 海狸色螺壳菌（海狸色小香菇）*Lentinellus castoreus* (Fr.) Kühner & Maire 1934

红菇目 Russulales　耳匙菌科 Auriscalpiaceae

　　菌盖宽 2~5cm，侧耳形，赭棕色、肉鲑棕色、或稍带粉红棕色，幼时内卷，向内渐生绒毛，近基部处绒毛密而厚，密布呈毯状，污白色或灰白色或带棕色。菌肉薄，污白色，厚实。菌褶深度延生，密，肉色至淡棕色；幼时边缘全缘，渐渐变成波浪状。菌柄无，基部宽，并带有淡红棕色至棕色的绒毛。子实体气味弱，稍麻辣。孢子 4~5×3~3.5μm，椭圆形至宽椭圆形，无色，薄壁，具疣突，淀粉质。

　　生于针阔混交林中腐木上。国内分布于青藏、东南地区。

2024.3.19/ 三畲村 / 罗华兴

2024.3.19/ 三畲村 / 罗华兴

545 珊瑚状猴头菌 *Hericium coralloides*(Scop.) Pers.1794

红菇目 Russulales　猴头菌科 Hericiaceae

　　子实体一年生，具一短粗柄，上部盖状，珊瑚状分枝，丛枝再生出小枝，小枝下生密集刺；新鲜时白色至淡黄色，肉质，外伸可达 8cm，宽可达 10cm，高可达 5cm。菌盖表面光滑或粗糙，具辐射状沟纹，淡黄色至黄褐色。珊瑚状分枝弯曲，直径 0.1~0.3cm，横切面呈多边形，干后通常皱缩。菌齿分布较密，暗黄色至棕黄色，老后变褐色，锥形，顶端锐，不分枝，长 0.15~0.4cm，每毫米 3~4 个。菌肉不分层，奶油色，软木栓质，易碎，厚可达 0.3cm。孢子 4~4.3 × 3.1~3.7μm，椭圆形至近球形，无色，厚壁，表面具短刺，淀粉质，嗜蓝。

　　夏秋季生于阔叶树或针叶树上，造成木材白色腐朽。食药兼用。国内分布于东北、青藏、东南等地区。

2024.8.30/ 桂溪村 / 周雄　　　　　　　2024.4.23/ 三畲村 / 周雄　　　　　　　2024.8.7/ 三畲村 / 周雄

546 卢西革垫菌 *Scytinostroma phaeosarcum* Boidin & Lanq.1977

红菇目 Russulales　隔孢伏革菌科 Peniophoraceae

　　菌盖厚度 0.1~0.6cm 或以上，边缘黏附，表面光滑，呈浅褐色至深褐色。菌褶模糊不清，略呈凸起状，颜色较浅。担子 8~10 × 4~5.25μm，短粗的圆柱形，略扁平，双核，外壁轻薄，非淀粉质。孢子 25~45 × 5~8μm，不规则圆柱状，基部 4 孢；分生孢子 28 × 5μm，近圆柱状，有点凹陷。菌丝体稀少，缺乏分生孢子。

　　生长在热带的草本植物或亚热带落枝上。模式标本源于非洲科特迪瓦。

2023.11.4/ 上坪村 / 罗华兴

547 格拉氏乳菇（宽褶黑乳菇）（近缘种）*Lactarius* aff.*gerardii* Peck 1873

红菇目 Russulales　红菇科 Russulaceae

（参考格拉氏乳菇 *Lactarius gerardii* Peck 1873）

菌盖直径 3~10cm，扁半球形至近平展，中部下凹往往呈浅漏斗状，中央初期稍凸起，湿时黏，污褐黄色至黑褐色，似绒状，边缘伸展或呈波状。菌肉白色不变，近表下褐黑色，乳汁白色，辛麻味。菌褶白色至污白色，边缘深褐色，宽而稀，不等长，直生又延生，褶有横脉，靠近菌柄处褶延伸成黑色线条。菌柄 3~7×0.6~1.5cm，近圆柱形，同盖色，空心。孢子 7.5~10×6.6~7.5μm，近球形，表面有明显网纹。

夏秋季单生、散生或群生于林中地上。外生菌根菌。在北美洲有食用。国内分布于贵州、山东、福建等地。

2023.8.31/ 柯山村 / 廖金朋

2023.8.31/ 柯山村 / 廖金朋

548 橙红乳菇 *Lactarius akahatsu* Nobuj.Tanaka 1890

红菇目 Russulales　红菇科 Russulaceae

菌盖直径 4~10cm，初期扁半球形中间稍下凹，后期渐平展，中部下凹至漏斗形，边缘无条纹，淡橙色、淡黄色、淡黄褐色，湿时稍黏，具弱环纹。菌肉淡黄色，具橙色小点，气味温和。菌褶直生至短延生，不等长，近密，橙色，伤后变浅绿色。乳汁橙色。菌柄 3~4×1~1.5cm，肉质，浅橙红色，表面无窝斑，上下等粗。孢子 8~9×6~7μm，宽椭圆形至近椭圆形，表面具脊连成的近网纹状纹，淀粉质，无色。

夏季散生或群生于松林地上。可食用。国内分布于东北、华中、东南地区。

2023.9.2/ 共裕村 / 廖金朋

2023.10.21/ 上坪村 / 廖金朋

549 白肉色乳菇 *Lactarius albocarneus* Britzelm.1895

红菇目 Russulales　红菇科 Russulaceae

菌盖直径 3~7cm，凸起、扁平、凹陷，浅灰色至灰紫色，受压时为黑灰色，表面黏滑或稍有黏性、光滑。菌褶离生，白色至奶油色，之后变浅。菌柄 3~7 × 1~1.5cm，实心，白色，光滑，老后中空。菌肉柔韧，白色，受伤后渗出液体，慢慢变黄。无菌环。孢子印淡黄色至赭色。有轻微的土腥味。

丛生于森林土壤中，与橡树、松树等树种的菌根共生。

2024.4.15/ 听涛亭 / 罗华兴

550 橙黄乳菇 *Lactarius aurantiosordidus* Nuytinck & S.L.Mill.2006

红菇目 Russulales　红菇科 Russulaceae

菌盖直径 2~5.5cm，初宽凸形，后平至上翘，浅漏斗形，中凹，潮湿时稍黏且有光泽，干燥迅速，常有微弱的环带；幼时淡橙色，很快带有橄榄色至灰绿色，中央深绿。菌褶贴生至稍下延，密集。菌柄 2.5~5.5 × 0.6~1.2cm，等粗，被触碰后毡状外观易消失，初实心后空心；基部绒毛白色至浅黄色，伤后菌褶附近和菌柄中变为橙色。乳汁稀少，新鲜时为深橙色，慢慢变为绿色。担子 40~55 × 8~11μm，近棒状至圆柱形。孢子印为浅黄橙色。孢子 8.7~9.3~9.9 × (6.5)6.6~7.0~7.5μm，宽椭圆形至椭圆形，脐点大多非淀粉质。味道温和至弱辛辣味。

生长环境可能与北美云杉相关。模式产地在美国加利福尼亚。

2024.6.18/ 上坪村 / 罗华兴

2024.6.18/ 上坪村 / 罗华兴

2024.6.25/ 西溪岬 / 廖金朋

551 南方喙囊乳菇 *Lactarius austrorostratus* Wisitr.& Verbeken 2015

红菇目 Russulales　红菇科 Russulaceae

2023.10.25/ 听涛亭 / 罗华兴

菌盖直径 1.0~3.0cm，中凸至平展，成熟后中部微凹呈浅漏斗状，具微弱棘状凸起，表面光滑，中部深褐色至暗褐色，边缘近平展，浅橙褐色。菌褶近直生，宽 0.1~0.3cm，密，奶油色。菌柄 3.0~4.3×0.4cm，中生至稍侧生，脆，具有纵向条纹，浅红棕色至深褐色。菌肉脆，浅红棕色。受伤后有白色乳汁流出，乳汁不变色。孢子 6.4~7.8×5.7~6.8μm，宽椭圆形，具网纹状纹饰。

单生或群生于阔叶林地上。外生菌根菌。可能有毒。国内分布于浙江、福建等地。

552 浓香乳菇 (香乳菇) *Lactarius camphoratus* (Bull.)Fr.1838

红菇目 Russulales　红菇科 Russulaceae

菌盖直径 1~4cm，凸镜形，渐变为宽凸镜形或中部凹陷，常具乳突，表面湿或干，光滑或具粉末状物，暗红褐色，常褪色至锈褐色或橙褐色，边缘后期渐呈圆齿状。菌肉浅肉桂色至近白色，硬且脆。菌褶直生或稍下延，密或稠密，近白色至浅粉色，成熟后常具浅红色至肉桂色。乳汁呈乳白色，乳清状。菌柄 1~5.5×0.8~1cm，等粗，光滑或基部具丝状物，颜色与菌盖相近或更浅。孢子 7~8×6~7.5μm，近球形至宽椭圆形，表面具疣突或散乱的脊状物，不连接成网，无色至近无色。

春至秋季单生、散生或群生于针叶林或阔叶林中地上。可药用。国内分布于东北、西北、华中、东南等地区。

2023.10.25/ 听涛亭 / 廖金朋

2023.10.25/ 听涛亭 / 廖金朋

553 蒙氏乳菇 （参照种）*Lactarius* cf. *Montoyae* K. Das & J.R. Sharma 2004

红菇目 Russulales 红菇科 Russulaceae

（参考蒙氏乳菇 *Lactarius montoyae* K. Das & J.R. Sharma 2004）

菌盖直径 3~6cm，凸形，平凸至近平展或成熟时稍平凹，中心有时下凹且常有脐突，菌盖皮层被粉霜至天鹅绒状，干燥，灰黄色至棕褐色。菌褶离生，边缘平滑，浅赭色至橙黄色，伤不变色，有短褶。菌柄 2.5~5.8×0.7~1.2cm，中生或稍偏生，圆柱形或稍向下渐细，有时纵向稍具凹槽，干燥，基部常为黄白色。菌肉实心至中空，黄白色。乳汁稀少，白色，不变色。担子 44~60×9~12.5μm，近棒状至棒状，4 孢，小梗长达 7.5μm。孢子 7.5~10.0(10.3)×(7.0)7.3~9.3μm，球形至宽椭圆形。孢子印浅黄赭色至橙黄色。

蒙氏乳菇喜生在温带混交林中，与橡树和杜鹃属的物种在潮湿的落叶层或苔藓中形成外生菌根共生关系。

2023.8.24/ 三畲村 / 罗华兴　　2023.8.24/ 三畲村 / 廖金朋

554 暗褐乳菇 *Lactarius fuliginosus*(Fr.)Fr.1838

红菇目 Russulales 红菇科 Russulaceae

菌盖直径 5~10(15)cm，初期扁平，中部下凹，边缘内卷且后期伸长，表面平滑不黏，无环带，有微细绒毛变至光滑，暗青褐色至暗褐色。菌肉白色，受伤处渐变粉红色，乳汁白色，不变。菌褶直生至稍延生，稍密，近白色至蛋壳色。菌柄 2~8×0.4~1.5cm，近似盖色，近圆柱形，内部松软至空心。孢子 7.5~10μm，球形，淡黄色，有小刺。褶侧囊体 40~50×8~10μm，梭形，无色，薄壁。

群生、散生于阔叶树和针叶树林地上。可与松、栎等树木形成外生菌根菌。可食用。分布于欧洲、亚洲北部。国内分布于福建、西藏、黑龙江等地。

2024.3.8/ 天宝岩主峰 / 廖金朋　　2024.3.8/ 天宝岩主峰 / 廖金朋

555 细鳞乳菇 *Lactarius furfuraceus* X.H. Wang 2018

红菇目 Russulales　红菇科 Russulaceae

2023.10.25/ 听涛亭 / 廖金朋

菌盖 2~3(5)cm，初期凸起为圆锥形，后来凹陷至漏斗状，成熟时有清晰的沟；表面干燥，乳晕状，强湿性，微红棕色，边缘为棕橙色，中心为浅棕色至棕色，干燥时较浅。菌褶宽 0.1~0.3(0.4)cm，中等间隔，幼时呈粉棕色带淡褐色，成熟时变为呈浅橙色至灰棕色。菌柄 2.0~5.0×0.1~0.5cm，等粗，圆柱形，空心；表面干燥，光滑，红棕色、浅棕色。乳胶稀少，水样或白色。担子 (35)40~60×9~14μm，4 孢，棒状。孢子 (7.0)8.0~8.5~9.5(10.5)×(6.5)7.0~7.5~8.0(9.0)μm，近球形至宽椭圆形。孢子印奶油色。

群生于中国亚热带至热带地区的肥沃森林中。

556 红汁乳菇（谷熟菌　铜绿菌）*Lactarius hatsudake* Nobuj.Tanaka 1890

红菇目 Russulales　红菇科 Russulaceae

菌盖直径 3~6cm，扁半球形至平展，中央下凹；表面湿时稍黏，灰红色至淡红色，有淡色同心环纹或无环纹，边缘内卷；菌肉淡红色。菌褶直生至延生，中密，酒红色。菌柄 2~6×0.5~1cm，圆柱形或向下渐细，与菌盖同色，无窝斑。乳汁少，酒红色，不变色。担子 50~60×9~12μm，棒状，4 孢。锁状联合阙如。孢子 7.5~9×6.5~7.5μm，宽椭圆形，完整至不完整的网纹，具淀粉质。菌肉菌褶伤后缓慢变蓝绿色。

夏秋季生于针叶林中地上。外生菌根菌。著名食用菌。分布于中国大部分地区。

2023.9.2/ 双虹桥 / 廖金朋

2023.10.21/ 丰田村 / 罗华兴

557 黑色乳菇 *Lactarius nigricans* G.S.Wang & L.H.Qiu 2018

红菇目 Russulales   红菇科 Russulaceae

担子果中等大小，菌盖直径 4.0~4.5cm，初凸起，后变平，中心稍凹陷，干燥且具天鹅绒质感，边缘稍隆起，有时具放射状微皱，浅灰棕色、灰白色。菌柄 4.0~6.2×1.0~1.2cm，圆柱形且等粗，基部稍膨大。菌褶宽延生，较稀疏，有 3~4 列小菌褶，米色、橙色调。乳汁白色。担子 40.9~71.7×14.3~17.4μm，近棒状至棒状，4 孢，透明，薄壁。孢子 (6.29~)6.40~7.03~7.64(~7.98)×(5.49~)5.79~6.72~7.29(~7.67)μm，球形至近球形，纹饰淀粉质，孤立的疣密集。

单独生长在季风带常绿阔叶林的地面上。在一些地区被食用。

2023.8.24/ 丰田村 / 罗华兴   2023.8.24/ 丰田村 / 廖金朋

558 紫红乳菇 *Lactarius purpureus* R.Heim 1962

红菇目 Russulales   红菇科 Russulaceae

菌盖 4~8cm，浅漏斗形至近扁平状，浅褐色至橙褐色，后为深橙褐色；边缘内卷，或呈波浪状、扇状；幼时被细绒毛；密布橙褐色细小鳞片，具橙褐色同心环状轮纹。菌褶直生或短向下延，宽 0.2~0.6cm，白色至砖红色，密，近等长。菌柄 2.5~6.0×0.7~1.3cm，圆柱形或向上渐粗，光滑，肉质，中实或中空。菌肉灰白沾桃红色，伤后变灰白至红褐色。乳汁白色，辣苦，果酸味，伤不变色。担子 (38)40~48(53)×8.0~8.5μm，棒状至圆柱状，具 2~4 个小梗。孢子 (5.0)6.0~7.0(8.0)×(4.5)5.0~6.5(7.0)μm，球形或宽椭球形，非淀粉质。锁状联合阙如。

群生于原始林内湿润的土表，常与松、杉、樟等树种形成菌根关系。模式产地在泰国。

2023.8.31/ 柯山村 / 罗华兴   2023.8.31/ 柯山村 / 罗华兴

559 纤细乳菇（细弱乳菇）*Lactarius gracilis* Hongo 1957

红菇目 Russulales　红菇科 Russulaceae

　　菌盖直径 1~3cm，扁半球形至平展，中央有一棘凸；表面褐色、红褐色至肉桂色，边缘具明显流苏状毛；菌肉淡褐色，不辣。菌褶直生至延生。菌柄 4~5×0.2~0.4cm，圆柱形或向下渐粗，与菌盖表面同色或稍浅，基部有硬毛。乳汁少，白色，不变色，不辣。担子 35~45×8~12μm，棒状，4 孢。孢子 7.5~8.5×6.5~7.5μm，宽椭圆形，具淀粉质的完整至不完整的网纹。
　　夏秋季生于阔叶林或针阔混交林中地上。外生菌根菌。不可食用。分布于中国大部分地区。

2024.4.9/ 西溪岬 / 廖金朋 　　　　　　　　　　　　　　　　2024.4.9/ 西溪岬 / 廖金朋

560 奥默乳菇 *Lactarius umerensis* McNabb 1971

红菇目 Russulales　红菇科 Russulaceae

　　菌盖直径 1~3.5cm，幼时凸起，成熟时平凸、扁平或中央凹陷；干燥，潮湿时稍有黏性；具粉霜至细绒毛状，无环带，平滑或有微弱的皱纹；污鲑鱼色、暗灰橙色或淡橙褐色。菌褶贴生、近下延或偶尔下延，密集，中等厚度，深达 0.3cm，幼时淡橙米色，成熟时色浅，有小菌褶。乳汁黏稠，白色，暴露在空气中不变色，干燥后为淡奶油色。菌柄 1~3×0.4~0.7cm，近等粗，直，最初实心，成熟时具腔或中空，干燥；菌肉淡灰橙色，不变色。担子 45~58×8~11μm，透明，棒状，4 孢。孢子 8~10.5×6.5~9μm，宽椭圆形，斜尖。孢子印淡奶油色略带粉红色调。
　　丛生或偶尔簇生在南洋杉树林下。模式产地在新西兰。

2024.6.18/ 南溪 / 罗华兴 　　　　　　　　　　　　　　　2024.6.29/ 柯山村 / 廖金朋

561 凋萎状乳菇 *Lactarius vitellinus* Van de Putte & Verbeken 2010

红菇目 Russulales 红菇科 Russulaceae

菌盖宽 3~8cm，扁半球形，后平展，中部稍下凹，有时具乳突，灰褐色稍带丁香紫色，粉紫褐色，通常无环带，湿时黏，边缘无条纹或有不明显条纹；菌肉白色，近表皮处变淡褐灰色，稍辛辣，气味宜人；乳汁白色，干后变灰绿色，极辛辣。菌褶直生至延生，密，多小褶片，少量分叉，苍白色，受伤后有灰绿色斑。菌柄 3~7×0.6~1.8cm，圆柱形或向两端渐细，近白色，后灰褐色，中实，不久中空。担子 32~42×8~11μm。孢子 7.2~9×6~7.2μm，椭圆形，无色，有疣，疣分散或相联成脊及个别网眼。孢子印白色至乳黄色。

秋季散生于阔叶林或混交林中地上，与桦树形成外生菌根。可食用。国内分布于吉林、黑龙江、广东等地。

2024.9.2/ 柯山村 / 罗华兴

562 靓丽乳菇 *Lactarius vividus* X.H.Wang,Nuytinck & Verbeken 2015

红菇目 Russulales 红菇科 Russulaceae

菌盖直径 3.0~9.0cm，中凸至平展，成熟后中部凹，表面具明显的同心环纹，浅黄色至橙色，边缘具齿状。菌肉厚 0.2~0.6cm，浅橙色，受伤后不变色。菌褶直生至延生，浅橙色至橙色。菌柄 3.0~4.5×0.8~2.0cm，等粗，浅橙色，菌柄基部往往绿色。乳汁较少，橘黄色至金黄色。担子近拟棒状，具 4 个小梗。孢子 6.4~9.2×4.4~6.4μm，无色，具有脊和疣突组成的不完整网纹，淀粉质。

单生于阔叶林地。可食用。国内分布于浙江、福建等地。

2023.9.2/ 双虹桥 / 廖金朋

2023.9.2/ 双虹桥 / 廖金朋

563 橘盖多汁乳菇 *Lactifluus crocatus*(Van de Putte & Verbeken)Van de Putte 2012

红菇目 Russulales　红菇科 Russulaceae

　　菌盖直径 4.5~10.0cm，中凸至平展，成熟后中部凹呈漏斗状，表面干燥，多褶皱，淡橙色或亮橙色，边缘轻微波浪状。菌褶直生，奶油色，密，边缘光滑，受伤后呈棕色至暗棕色。菌柄 4.5~9.0×0.8~2.0cm，中生，圆柱形，表面干燥，被微绒毛，与菌盖同色。乳汁白色，多，具黏性。孢子 6~7.6×5.6~6μm，椭圆形，有不完整的网纹和离散短脊。囊状体 61.6~104×7.6~11.2μm，厚壁。

　　单生于阔叶林地。外生菌根菌。可食用。国内分布于浙江、福建等地。

2023.9.9/铁丁石/罗华兴

564 杰氏多汁乳菇 （稀褶绒多汁乳菇）*Lactifluus gerardii*(Peck)Kuntze 1891

红菇目 Russulales　红菇科 Russulaceae

　　菌盖直径 2~10cm，平展至反卷，中心常稍凹陷且具棘突，常放射状皱缩，近绒质感，表面干，灰黄色、黄褐色、褐色。菌肉厚 0.2~0.4cm，白色。菌褶延生，宽 0.7~1.2cm，厚，极稀，白色。乳汁白色，不变色，或变为水液样。菌柄 3~8×0.5~1.7cm，常向下渐细，表面与菌盖同色或稍深。孢子 8~11.5×7.5~10μm，近球形，有时宽椭圆形，表面具由较为规则的脊形成的完整的网状纹，偶具有孤立的疣突和游离的脊的末端。

　　夏秋季散生于阔叶林中地上。可食用。国内分布于华中、东南等地区。

2023.8.28/上坪村/廖金朋

2023.8.31/柯山村/廖金朋

565 韩国多汁乳菇 *Lactifluus koreanus* H. Lee & Y.W. Lim 2021

红菇目 Russulales　红菇科 Russulaceae

菌盖直径 3.5~8.5cm，幼时凸起，成熟时变平且中心稍凹陷至漏斗状，幼时具皱纹；边缘全缘，有时呈波浪状；表面干燥，稍有天鹅绒感，幼时具粉霜，浅橙色至灰红色，向边缘颜色变浅，有时带有橙褐色色调。菌褶近下延至下延，密集，宽达 0.6cm，有时在靠近菌柄处分叉，有许多不同长度的小菌褶，奶油色，受伤时变为灰褐色至暗褐色。菌柄 4.5~7.5×0.5~1.5cm，中生，圆柱形至稍向上渐细。乳汁丰富，黏稠，白色，缓慢变为褐色。担子 46.5~61×10~13μm，近棒状至棒状，4 孢。孢子 7.1~7.8~8.0~8.6×6.6~7.3~7.4~8.2(~8.3)μm，球形至近球形，脐点完全淀粉质。

散生于栎树林或以栎树为主的混交林中的土壤上。

2023.8.27/ 龙头村 / 罗华兴　　　　　　　2023.8.27/ 龙头村 / 廖金朋

566 宽囊多汁乳菇 (奶浆菌) *Lactifluus pinguis*(Van de Putte&Verbeken)Van de Putte 2012

红菇目 Russulales　红菇科 Russulaceae

菌盖直径 3~10cm，平展中凹；表面干，具绒质感和皱纹，奶油色、浅黄褐色或橙褐色；菌肉厚 0.2~0.4cm，近奶油色至淡黄色，受伤后变褐色，具鱼腥味。菌褶宽 0.2~0.4cm，短延生，密，奶油黄色，伤处被乳汁染为褐色。菌柄 3~10×0.7~1.5cm，表面干，近绒质，奶油色至浅橙黄色或浅橙褐色。乳汁丰富，白色，染菌褶为褐色。担子 40~65×11~14μm，棒状，4 孢。孢子 8~10×7.5~9.5μm，球形，具完整网纹，纹饰高达 2μm。锁状联合阙如。

夏秋季生于亚热带和热带阔叶林或针阔混交林中地上。外生菌根菌。可食用。国内分布于云南、福建等地。

2023.9.9/ 龙头村 / 罗华兴　　　　　　　2023.9.9/ 龙头村 / 罗华兴

567 辣多汁乳菇（白乳菇　辣乳菇　白多汁乳菇）*Lactifluus piperatus*(L.)Roussel.1806

红菇目 Russulales　红菇科 Russulaceae

　　菌盖直径 5~13cm，初期扁半球形，中央呈脐状，最后下凹呈漏斗形，白色或稍带浅污黄白色或黄色，表面光滑或平滑，不黏或稍黏，脆，无环带，边缘初期内卷，后平展，盖缘渐薄微上翘，有时呈波状。菌肉厚，白色，坚脆，伤后不变色或微变浅土黄色，有辣味。菌褶近延生，白色或蛋壳色，狭窄，极密，不等长，分叉，后变为浅土黄色。乳汁白色，不变色。菌柄 3~6 × 1.5~3cm，短粗，白色，圆柱形，等粗或向下渐细，无毛。孢子 6.5~8.7 × 5.5~7μm，近球形或宽椭圆形，有小疣或稍粗糙，无色，淀粉质。

　　夏秋季散生或群生于针叶林和针阔混交林中地上。有毒。国内分布于华中、东南等地区

2023.8.27/龙头村 / 廖金朋　　　　　　　　　　　　　　　2023.8.27/龙头村 / 廖金朋

568 粉霜多汁乳菇 *Lactifluus subpruinosus* X.H. Wang 2015

红菇目 Russulales　红菇科 Russulaceae

2023.8.19/九龙村 / 罗华兴　　　　　　　　　　　　　　　2023.8.19/九龙村 / 罗华兴

　　菌盖直径 5~8cm，扁平，中心凹陷；表面近具粉霜至具粉霜，近天鹅绒状，干燥，有裂纹或无裂纹，橙褐色至红棕色，边缘呈放射状皱缩；菌肉厚 0.3~0.5cm，白色至淡黄色，被乳汁染成褐色。菌褶短下延，宽 0.3~0.4cm，奶油色至黄白色，密集，被乳汁染成褐色。菌柄 2~4 × 1.2~2cm，等粗或向下渐细，粗壮，实心，近天鹅绒状。乳汁白色，丰富，变为水样，使菌褶染成褐色，黏稠。担子 45~65 × 7~9μm，棒状，4 孢。孢子 5.5~7.5(~8.0) × 4.5~6.0(~6.5)μm，椭圆形，脐点非淀粉质。孢子印白色。有鱼腥味。

　　生长在壳斗科植物树林下。模式产地在中国广东始兴。

569 天蓝红菇 *Russula azurea* Bres.1882

红菇目 Russulales　红菇科 Russulaceae

　　菌盖直径 2.5~6cm,扁半球形，后展平，中部稍下凹，有粉或微细颗粒，边缘没有条纹，丁香紫色，或浅葡萄紫色或紫褐色。菌肉白色，味道柔和或略不适口，无气味或生淀粉气味。菌褶直生或稍延生，白色，分叉，等长。菌柄 2.5~6×0.5~1.2cm，白色，中部略膨大或向下渐细，内部松软。孢子 7.3~9.1×6.3~7.3μm，无色，近梭形，有小疣。孢子印近白色。

　　夏秋季生于针叶林或针阔混交林中地上。与树木形成外生菌根。可食用。国内分布于福建、重庆、辽宁等地。

2023.10.14/ 龙头村 / 廖金朋

2023.10.14/ 龙头村 / 廖金朋

570 褐黄红菇（褐橙红菇）*Russula brunneoaurantiaca* A.K.Dutta,N.Roy& Beypih 2023

红菇目 Russulales　红菇科 Russulaceae

2024.8.31/ 铁丁石 / 廖金朋

2024.8.31/ 铁丁石 / 廖金朋

　　菌盖呈棕橙色，表面具黏性。菌褶近延生，白色至淡橙色。菌柄白色，受伤后变为黄棕色至棕色。孢子 5.0~9.0×5.0~7.8μm，球形至近球形，具有非淀粉质的脐点和由孤立的小圆锥形疣组成的纹饰。菌褶侧面有梭形的囊状体 62.5~82×7.5~12.5μm，菌褶边缘附近有瓶状至近瓶状、顶端丝状的囊状体 80~113×7.5~10μm。菌盖囊状体梭形至纺锤形。有强烈的难闻气味。

　　与锥栗属植物共生。模式产地在印度。

571 栲裂皮红菇 *Russula castanopsidis* Hongo 1973

红菇目 Russulales 红菇科 Russulaceae

2023.8.27/ 龙头村 / 廖金朋　　　　　　　　　2023.8.27/ 龙头村 / 廖金朋

　　菌盖直径 4.5~7cm，初期扁半球形，中心下陷，成熟后平展凹镜形；表面干，具绒质感，灰褐色至灰色，中心色深，常龟裂，表皮剥离至半径 2/3 处，老时边缘具近颗粒状条纹；菌肉厚 0.1~0.2cm，白色，无味。菌褶直生，宽 0.5~0.8cm，近密，等长，近白色。菌柄 5~8 × 0.5~0.8cm，中生，圆柱形，实心，灰白色或灰褐色，常具微细开裂形成的小鳞片，内部菌肉粉红色。担子 30~40 × 11~14μm，棒状，4 孢。孢子 7.5~9.5 × 5.5~8μm，宽椭圆形，具近于孤立 0.7~1.2μm 的小刺疣，部分疣间具细连线。锁状联合阙如。

　　夏秋季生于阔叶林中地上。外生菌根菌。不可食用。国内分布于云南、福建等地。

572 迟生红菇 （晚生红菇）*Russula cessans* A.Pearson 1950

红菇目 Russulales 红菇科 Russulaceae

　　菌盖直径 3~8cm，凸起，逐渐变为宽凸至扁平，干燥，光滑，深红色至紫红色，通常中心颜色更深，边缘平整或成熟时稍具条纹，表皮较易剥离。菌褶与菌柄相连，紧密，浅黄色。菌柄 3~5 × 2cm，通常基部稍膨大，光滑，白色。菌肉白色，伤不变色。担子 30~48.5 × 9.8~13.5(16.5)μm，棒状。孢子 8~9 × 7~8μm，宽椭圆形或近圆形，疣突高约 1μm，有连接线，常形成部分网状。孢子印黄色。

　　10 月至 11 月群生于松树林中地上，与松属植物可能形成外生菌根。北美东部有分布。国内分布于四川、福建等地。

2023.10.31/ 上坪村 . 罗华兴　　　　　　　　　2023.10.31/ 上坪村 / 廖金朋

573 致密红菇 *Russula compacta* Frost 1879

红菇目 Russulales　红菇科 Russulaceae

菌盖直径 4~10cm，平展，中央稍凹陷；表面湿时黏，粗糙，黄褐色至褐色，有平伏小鳞片或表皮细密开裂呈皮屑状，表皮不易剥离；菌肉厚 0.2~0.4cm，污白色，味苦涩，具鱼腥味。菌褶宽 0.2~0.3cm，白色或奶油色，极密，不等长，常分叉，伤后变浅褐色。菌柄 3~5×1~1.5cm，污白色，伤后变褐色。担子 30~48×8~12μm，棒状，4 孢。孢子 7~9×6.5~8μm，表面具部分相连的条脊，纹饰高约 1μm。

本种为一个物种复合群。夏秋季生于亚热带阔叶林或针阔混交林中地上。外生菌根菌。可食用。国内分布于云南各地。

2023.8.28/ 上坪村 / 廖金朋

574 冠状孢红菇 *Russula coronaspora* Y.Song 2021

红菇目 Russulales　红菇科 Russulaceae

菌盖直径 2.5~4cm，初半球形至凸起，成熟时变为扁平且中心下凹，干燥，潮湿时具黏性，呈粉红色或褐色，边缘有时为白色；全缘，有时开裂，幼嫩时具条纹。菌褶白色，交错，有少数分散的较短菌褶。菌柄 2~3.5×0.5~1cm，中生，圆柱形，有时向上渐细，起初实心，后变为海绵质至中空，肉质，脆弱，白色。菌肉白色，伤不变色。担子 (19.5~)21.5~25~30(~35)×7~9~10.5(~11)μm，棒状，2 或 4 孢，薄壁，具小梗。孢子 (4.5~)4.7~5.1~5.6(~6.2)×(3.6~)3.8~4.2~4.6(~4.8)μm，近球形至椭圆形。孢子印浅米色。

生长在常绿阔叶林地面。模式产地是中国肇庆市鼎湖山生物圈保护区。

2024.4.6/ 龙头村 / 罗华兴

2024.4.6/ 龙头村 / 廖金朋

575 壳状红菇 *Russula crustosa* Peck 1887

红菇目 Russulales　红菇科 Russulaceae

　　子实体散生，菌盖宽 6~10cm，扁半球形，伸展后中央下凹，黏、乳黄色、浅草绿色，表面常龟裂成花斑状，边缘有棱纹。菌褶白色，相隔约 0.1cm，凹生，少数分叉。菌肉白色。菌柄 5.3~6×1.2~2.3cm，近圆柱形，白色，粗壮，内部松软。孢子 8×7μm，无色，成堆时白色，近球形，有小疣。

　　夏秋多雨季节单生或散生于阔叶林或混交林中地上。

2023.9.9/ 龙头村 / 廖金朋　　　　　　　　　　　　　　2023.9.9/ 龙头村 / 廖金朋

576 蓝黄红菇（花盖红菇　栎树青　麻栎菌）*Russula cyanoxantha* (Schaeff.) Fr.1863

红菇目 Russulales　红菇科 Russulaceae

2023.8.28/ 上坪村 / 廖金朋　　　　　　　　　　　　　2023.8.28/ 上坪村 / 廖金朋

　　菌盖直径 3~8cm，平展中凹；表面干，有霜质感，浅紫色、浅蓝色、灰绿色夹杂葡紫或黄褐色，表皮不易剥离；菌肉厚 0.2~0.4cm，白色。菌褶宽 0.2~0.5cm，白色或奶油色，密，常分叉，手反复摩擦褶缘后有油脂感，伤后不变色或变浅黄褐色。菌柄 3~7×1~2cm，白色，有时带紫灰色。担子 25~40×7~11μm，棒状，4 孢。孢子 7~10×6~9μm，表面具孤立的疣凸，疣凸间偶相连。

　　夏秋季生于阔叶林或针阔混交林中地上。外生菌根菌。可食用。国内分布于云南、福建等地。

577 圆柱红菇 *Russula cylindrica* Yu Song 2023

红菇目 Russulales 红菇科 Russulaceae

2023.8.24/ 三畲村 / 罗华兴   2023.8.24/ 三畲村 / 廖金朋

　　菌盖 4~7cm，幼时半球形至凸起，熟时扁平，胶化或蜡质，湿时具黏性；白色至米色，带有红棕色，老时中心为暗铁锈棕色；幼时全缘，熟时不规则波状且稍向上，熟时具条纹至沟纹，或开裂。菌褶贴生，厚，不等长，近柄处稍窄，少分叉，交错，初为白色，熟时米色至铁锈棕色，常带白色粉末，有短褶。菌柄 2.5~4×1.5~2cm，中生，圆柱形，从实心变海绵质，常带有红棕色污渍，纵向具皱纹。担子 (17~)22~32~40×4.5~6~8μm，近圆柱形至圆柱形，2 或 4 孢，具小梗。孢子 (4.4~)4.9~5.4~5.9(~6.5)×(4.1~)4.6~4.8~5.2(~6.1)μm，近球形至椭圆形。孢子印白色。

　　生长在以壳斗科树木为主的常绿阔叶林中地面上。

578 褪色红菇 *Russula decolorans* (Fr.)Fr.1838

红菇目 Russulales 红菇科 Russulaceae

　　菌盖直径 4.5~12cm，初半球形，后平展中部下凹，浅红色、橙红色或橙褐色，可部分褪至深蛋壳色或蛋壳色，有时色淡为土黄色或肉桂色，黏，边缘薄，平滑，老后有短条纹。菌肉白色，老后或伤后变灰色、灰黑色，特别是菌柄的菌肉老后杂有黑色点。味道柔和。菌褶弯生至离生，初白色，后乳黄色至浅黄赭色，变灰黑色或褶缘黑色，柄处有分叉，具横脉。菌柄 4.5~10×1~2.5cm，白色，后浅灰色，常呈圆柱形，或向上细而基部近棒状，内实，后松软。孢子 9.1~11.8(13.8)×7.4~9.6(10.9)μm，近无色，椭圆形或倒卵圆形，有小刺。孢子印乳黄色至浅赭石色。

　　夏秋季单生或散生在松林内地上。外生菌根菌。可食用。国内分布于西藏、湖北、河南等多地。

2024.9.2/ 柯山村 / 罗华兴   2024.9.2/ 柯山村 / 廖金朋

579 密褶红菇（火炭菌）*Russula densifolia* Gillet 1876

红菇目 Russulales　红菇科 Russulaceae

　　菌盖 4~8cm，初期半球形，后期平展中凹至浅漏斗形；表面湿时稍黏，粗糙，灰褐色至暗灰褐色，有平伏小鳞片或表皮细密开裂呈皮屑状；菌肉白色，受伤后先变砖红色后变黑色。菌褶宽 0.1~0.2cm，极密，不等长，常分叉，污白色或淡灰色，伤变黑色。菌柄 1~3×1~1.5cm，白色。全体受伤后初期变红褐色后迅速变煤黑色。担子 30~55×7~12μm，棒状，4 孢。孢子 6.5~8.5×5.5~7μm，表面具不甚清晰的网纹。锁状联合阙如。

　　夏秋季生于亚热带针阔混交林中地上。外生菌根菌。可食用，但有人食后引起胃肠炎型中毒。国内分布于云南、福建等地。

2023.8.31/ 柯山村 / 廖金朋

2023.8.31/ 柯山村 / 廖金朋

580 达库里红菇（达库里亚红菇）*Russula dhakuriana* K.Das,J.R.Sharma & S.L.Mill.2006

红菇目 Russulales　红菇科 Russulaceae

2023.8.31/ 柯山村 / 廖金朋

2023.8.31/ 柯山村 / 廖金朋

　　菌盖直径 8.0~12.0cm，中凸至平凸，成熟后中部下凹，表面干燥，柔软，亮橙黄色，边缘内卷，具放射状条纹。菌褶直生至近离生，密，亮橙色至亮橙黄色。菌柄 5.0~12.5×2.0~2.8cm，中生，近圆柱形，浅黄色至亮橙黄色。孢子 5.2~6.8×3.2~4.8μm，近球形至近椭圆形，表面具分散小疣，无色。

　　单生、散生或群生于阔叶林地或针阔混交林地。外生菌根菌。可食用。国内分布于浙江、福建等地。

581 鼎湖红菇 *Russula dinghuensis* J.B.Zhang and L.H.Qiu 2017

红菇目 Russulales　红菇科 Russulaceae

　　菌盖 4~8cm，幼时半球形，平凸形，成熟时扩展为扁平形，中心后变凹陷；边缘平整或内弯，有轻微条纹，有时开裂；湿润时表面有黏性，裂成小斑块，成熟时中心有时变得光滑；幼时淡赭色，然后变为橄榄绿至深绿色。菌褶贴生至近延生，密集，很少分叉，有散生的小菌褶，白色，干燥时呈奶油黄色，受伤时不变色，触摸时不易折断。菌柄 3~6.5×0.8~1.2cm，圆柱形，近无毛，光滑，干燥，白色。担子 29~50×8~12μm，4孢或2孢、3孢，狭棒状至棒状，顶部膨大。孢子 (5.5)6~6.9~8.0(8.5)×5.0~6.3~7.0μm，球形至近球形或宽椭圆形至椭圆形。孢子印白色。

　　群生于季风带常绿阔叶林和松与阔叶混交林中。

2024.9.2/ 柯山村 / 罗华兴　　　　　2024.9.5/ 九龙村 / 廖金朋　　　　　2024.9.5/ 九龙村 / 廖金朋

582 福建红菇 *Russula fujianensis* N.K.Zeng,Y.X.Han & Zhi Q.Liang 2023

红菇目 Russulales　红菇科 Russulaceae

　　菌盖 5~7cm，初球形，后近半球形，扁平，中心稍凹陷；表面稍黏，淡黄褐色，淡棕色至深棕色，边缘有明显的放射状条纹；菌盖中心的菌肉厚 0.4~0.5cm，白色。菌褶贴生，高约0.5cm，密集，偶尔分叉，白色，边缘平整；小菌褶稀少。菌柄 6.5~12×1~1.8cm，中生，近圆柱形至圆柱形，中空，无环带；表面白色，有时带有淡棕色至淡黄褐色。担子 (35~)39.5~45~51.5(~54)×(10~)14.5~15.5~16(~17)μm，薄壁，棒状，4孢。孢子 7~8.1~8.5(~9)×6.5~7.6~8(~8.5)μm，球形至近球形。味道辛辣。气味恶臭。伤不变色。

　　群生或簇生于吊皮锥为主的森林地面上。模式产地在中国福建。

2024.9.2/ 柯山村 / 罗华兴　　　　　　　2024.9.2/ 柯山村 / 廖金朋

583 灰肉红菇 （大红菌）*Russula griseocarnosa* X.H.Wang,Zhu L.Yang & Knudsen 2009

红菇目 Russulales　红菇科 Russulaceae

　　菌盖 9~16cm，半球形至平展；表面深红色、紫红色至紫红褐色；菌肉初期淡灰色，后期灰色至深灰色。菌褶白色至奶油色，成熟后带灰色，边缘常红色。菌柄 6~10×1.5~3cm，白色至灰白色，常带淡红色至粉红色；菌肉灰色至暗灰色。担子 40~50×10~13μm，棒状，4孢。孢子 8~10×6.5~8μm，近球形至椭圆形，被淀粉质锥状小刺，上脐部淀粉质。锁状联合阙如。
　　夏秋季生于南亚热带常绿阔叶林中地上。外生菌根菌。著名食用菌，被认为具补血作用。国内分布于云南、福建等地。

2023.7.18/ 龙头村 / 廖金朋　　　　2023.7.20/ 柯山村 / 廖金朋　　　　2023.7.20/ 柯山村 / 廖金朋

584 钩状红菇 *Russula hookeri* Paloi,A.K.Dutta & K.Acharya 2015

红菇目 Russulales　红菇科 Russulaceae

2023.9.2/ 双虹桥 / 罗华兴　　　　　2023.9.2/ 双虹桥 / 廖金朋

　　菌盖直径 2.0~3.5cm，幼嫩时凸起，成熟时变为漏斗状，中心通常有脐状突起，后下凹；潮湿时稍有黏性，边缘具条纹，幼嫩时为灰红色，成熟时中心为红棕色，边缘为灰红色至灰玫瑰色。菌褶贴生，宽 0.4~0.5cm，白色，有一条短褶，边缘平整。菌柄 1.0~2.5×0.3~0.5cm，等粗或基部渐细，稍向中心弯曲，灰红色至灰红宝石色，半湿润，中空，白色。担子 (20~)23~25.7~27(~33)×7~8.0~8.9(~10.5)μm，近棒状，薄壁，4孢。孢子 (5.4~)6~6.1~6.3(~7.2)×4.5~5.37~5.7(~6.4)μm，近球形至宽椭圆形。孢子印白色。
　　单生或群生在栲属树下面的水龙骨科苔藓中。分布于印度、中国等地。

585 绿黄红菇 *Russula icterina* Y.L.Chen & J.F.Liang 2024

红菇目 Russulales　红菇科 Russulaceae

菌盖 4.5~6cm，初半球形，后扁凸镜形，成熟后浅漏斗形；边缘无条纹或条纹不明显，向内卷曲；表面灰绿色或黄绿色，有时中央褐色，边缘黄白色，常有橄榄绿色斑块，干。菌褶直生，白色，伤后变浅褐色；小菌褶少有；多具分叉。菌柄 3.5~6×1~1.5cm，圆柱形，白色，有时基部具有鳞片，实心。菌肉白色，伤不变色，较致密。孢子 6.2~7.2~8.4×5.5~6.2~7.2μm，近球形至宽椭圆形；纹饰小至中型，淀粉质，高不超过 0.7μm，孤立；脐上区明显，非淀粉质。

生长于热带和亚热带苦槠和麻栎等阔叶树林地面。模式标本源于福建、贵州、江西、浙江，其中有采自福建天宝岩国家级自然保护区的标本。本新种发表于 2024 年 8 月。

2023.8.31/ 柯山村 / 廖金朋

2023.8.31/ 柯山村 / 廖金朋

586 克姆霍孜红菇 *Russula krombholzii* Shaffer 1970

红菇目 Russulales　红菇科 Russulaceae

菌盖直径 4.0~8.0~(10.0)cm，幼时球形至半球形，后呈粉状至扁平状，紫色、黑色、红色，表面光滑至略有凹凸不平，干燥时如丝般有光泽，雨天黏稠有光泽，紫红色至葡萄红色，中心紫黑色，有时边缘完全沾染黄色、硫磺色，光滑，无条纹。菌褶窄贴生，白色、奶油色，有一些分叉。菌柄 3.5~6.0×1.0~2.0cm，实心，表面光滑，初为白色，局部浅棕色斑点。无菌环。菌肉乳白色，坚硬。气味甜果味。孢子 8~9.5×6.5~7.5μm，椭圆形。孢子印白色。

生长在落叶乔木下。

2024.3.10/ 西溪岬 / 罗华兴

2024.4.15/ 双虹桥 / 罗华兴

2024.4.15/ 双虹桥 / 廖金朋

587 鳞盖红菇 *Russula lepida* Fr.1836

红菇目 Russulales　红菇科 Russulaceae

2023.8.24/ 三畲村 / 廖金朋　　　　　　　　　　　　　　　　2023.8.27/ 龙头村 / 张淑丽

　　菌盖宽 3.5~11cm，初时扁半球形，后平展下凹，紫红色或红褐色，有时带灰色，被绒毛，表皮有时龟裂成鳞片状。菌肉白色至黄白色，近柄处厚 0.2~0.9cm，有苦味，有时无味。菌褶延生至略延生，白色至浅黄色，盖缘处每厘米 18~28 片，有时较疏，等长，分叉，有横脉。菌柄 2.5~9 × 0.8~2.0cm，中生，圆柱形，白色或与菌盖同色，被微细绒毛或表皮龟裂成鳞片。担子 21~30 × 5~7.5μm，棒形，无色，2~4 孢。孢子 6~9.5 × 6~7(~8)μm，卵形至近球形，有小刺和尖突，微黄色至淡色，淀粉质。

　　夏秋季单生、散生或群生于阔叶林或混交林中地上。国内分布于福建、西藏、黑龙江等地。

588 马关红菇 *Russula maguanensis* J.Wang,X.H.Wang,Buyck & T.Bau 2019

红菇目 Russulales　红菇科 Russulaceae

2024.6.18/ 共裕村 / 罗华兴　　　　　　　　　　　　　　　　2024.6.18/ 共裕村 / 廖金朋

　　菌盖直径 2.7~4.5cm，平展，中心稍凹；表面淡紫色至紫红色，边缘颜色较浅，被龟裂的鳞片，湿时稍黏，表皮几乎不可剥离，边缘有放射状长条纹，条纹瘤状；菌肉厚 0.1cm，白色，辛辣，无特殊气味。菌褶宽 0.3~0.4cm，直生，奶油白色，近等长，偶有短菌褶，略苦。菌柄 3~4.5 × 0.7~0.8cm，白色，内海绵状。担子 30~60 × 9~15μm，棒状，4 孢。孢子 7~9.5 × 6.5~8.5μm，近球形至宽椭圆形，表面具孤立的刺疣，疣凸尖锥形或钝，高 0.5~1.5μm。锁状联合阙如。

　　秋季散生于针阔混交林中地上。外生菌根菌。本种因模式标本产自马关县而得名。国内分布于云南、福建等地。

589 厚皮红菇（赭菇　板栗菌）*Russula mustelina* Fr.1838

红菇目 Russulales　红菇科 Russulaceae

　　菌盖直径 5~12cm，谷黄色，深肉桂色至深棠梨色，初扁半球形，后平展而中部下凹，黏，无毛，边缘平滑或老后有不明显的短条纹。菌肉白色，后趋于变黄，最终变褐色。菌褶直生至弯生，颇密至稍稀，初白色，后米黄色，分叉，褶间具横脉。菌柄 3~8 × 1.2~2.2cm，圆柱形，内部松软，白色，略带黄色，后变淡褐色或与菌盖色相近。孢子 8.2~9.1 × 7.3~8.7μm，无色，近球形，有小刺，部分相联或近网状。孢子印乳黄色。

　　夏秋季散生、群生于林中地上。与云杉、松等树木形成外生菌根。可食用。国内分布于海南、甘肃、福建等地。

2023.10.10/ 共裕村 / 廖金朋

2023.10.10/ 共裕村 / 廖金朋

590 峨嵋红菇（近江红菇　紫绒红菇　赤紫红菇）*Russula omiensis* Hongo 1967

红菇目 Russulales　红菇科 Russulaceae

　　菌盖直径 3~5 厘米，扁平至平展，中部下凹，暗红紫色至深玫瑰红色，中央色暗，呈黑紫红色，边缘色浅，湿时黏，似粉状，无条棱。菌褶白色，直生近离生，稍密，几等长。菌柄 5~6.5 × 0.6~1cm，白色，平滑或有微细条纹，内部松软，向下渐粗，稍曲。孢子 9.5~12 × 7.5~10μm，刺间有网脉连接，宽椭圆形，有褶缘和褶侧囊体，有尖顶，棒状、纺锤状。菌肉白色，受伤后不变色，有辛辣味道。孢子印白色。

2024.3.17/ 丰田村 / 廖金朋

591 假致密红菇 *Russula pseudocompacta* A.Ghosh,K.Das,R.P.Bhatt &Buyck 2017

红菇目 Russulales   红菇科 Russulaceae

　　子实体高 10.0cm。菌盖直径 0.3~1.1cm，幼时凸起，逐渐变为宽凸，平凸至扁平且中心下凹，成熟时边缘下弯至平展，全缘，表面干燥，潮湿时具黏性，光滑，成熟时尤其在中心处开裂；幼嫩时为橙色至橙褐色，随后变为浅橙色至橙褐色。菌褶中等紧密，分叉，粉笔白色，无短褶。菌柄 2.7~5.8×0.8~2.1cm，圆柱形至近棒状，光滑，粉笔白色，伤后变为橙褐色至浅橙色。担子 41~56×8~11μm，圆柱形至近棒状，2~4 孢，小梗长 8μm。孢子 (6~)6.04~7.20~7.4~8.94(9.5)×(5~)5.34~6.38~6.80~8.1μm，近球形至球形或宽椭圆形。孢子印白色。成熟和干燥时气味非常强烈且难闻。

　　生长在温带阔叶林的栎树下。模式产地在印度。

2023.8.19/ 龙头村) / 罗华兴

2023.8.31/ 柯山村 / 廖金朋

592 紫疣红菇 *Russula purpureoverrucosa* Fang Li 2018

红菇目 Russulales   红菇科 Russulaceae

　　菌盖直径 3~7cm，初扁半球形，后凸镜形至近平展，边缘常上翘，紫红色至淡紫色，中央颜色稍深呈深紫色，干，粗糙，具不规则的细小疣斑。菌肉白色，伤不变色。菌褶贴生，白色，近菌盖边缘处呈淡紫色，偶有分叉，伤后不变色。菌柄 3~6×0.8~1.3cm，圆柱形，表面干，与菌盖同色或上部颜色稍淡，具细疣，内部菌肉松软，质地脆。孢子 6~9×4.5~6.5μm，近球形至卵圆形，具明显刺棱，淀粉质。

　　夏秋季单生或散生于阔叶林中地上。国内分布于广东、江西、福建等地。

2023.8.28/ 龙头村 / 廖金朋

2023.10.10/ 柯山村 / 廖金朋

593 罗梅尔红菇 （罗梅红菇）*Russula romellii* Maire 1910

红菇目 Russulales　红菇科 Russulaceae

　　子实体高 4~12cm，菌盖直径 1~4cm，从拱形到扁平，红紫色、棕色、茶紫色、粉色，平滑，有条纹。菌褶直生，稍宽间隔，从微黄色到深黄色。菌柄 4~8×1.5~3cm，圆柱形，白色，中空或髓状。菌肉海绵状，白色。无菌环。孢子 6.5~9.5×5.5~7.5μm，呈椭圆形。孢子印赭黄色。菌肉受伤会流出液体，但不变色。气味带有淡淡的果味。

　　7 月至 9 月生长在山毛榉、橡树、鹅耳枥、云杉和冷杉下，更喜欢石灰质土壤，很少生长在潮湿的落叶林中。菌根菌。可食用。国内分布于四川、福建等地。

2023.8.28/ 上坪村 / 罗华兴

2023.8.28/ 上坪村 / 廖金朋

594 玫瑰红菇 *Russula roseopileata* McNabb 1973

红菇目 Russulales　红菇科 Russulaceae

2024.1.11/ 柯山村 / 廖金朋

2024.1.11/ 柯山村 / 廖金朋

　　菌盖直径 1.5~4.5cm，幼时半球形，成熟时中央下凹，起初干燥，随着生长和在潮湿条件下变得黏滑，光滑或偶尔在边缘处有细微的网纹状裂纹，中心红色至暗红色；边缘全缘，薄，非栉状或在某些地方有微弱的栉状。菌褶贴生，适度密集，薄，偶在近菌柄处有分叉，至 0.4cm 深，白色，成熟时不褪色，菌褶小齿稀少或缺失。菌柄 2~4×0.5~1.2cm，干燥，坚实，在显微镜下有细微的粉状，白色；暴露在空气中不变色。

　　群生在南洋杉下。模式产地在新西兰。

595 黄带红菇 *Russula rufobasalis* Y.Song & L.H.Qiu 2018

红菇目 Russulales 红菇科 Russulaceae

2023.8.24/ 丰田村 / 廖金朋

菌盖直径 3~6cm，幼时半球形，后平展至中部下凹，老后近漏斗状，边缘尖锐，波浪形，幼时光滑，老后具条纹和开裂；幼时红棕色，成熟后中央具赭色，表面无毛，干燥；菌肉近柄处 0.2~0.4cm，白色，伤不变色。菌褶直生至近延生，宽 0.2~0.4cm，白色或锈色，伤不变色，不等长，近柄处少分叉。菌柄 2~3.5×0.6~1.5cm，中生，圆柱形，最初实心，成熟后海绵质，表面干燥，具纵向皱纹，白色，具红棕色色调，基部略带红色。孢子 5.7~7.7×4.3~6.2μm，近球形至宽椭圆形，具刺。

夏秋季单生或群生于针阔混交林中地上。国内主要分布于华中和东南地区。

596 点柄黄红菇（点柄臭黄菇）*Russula senecis* S.Imai 1938

红菇目 Russulales 红菇科 Russulaceae

菌盖直径 4~10cm，初期近扁半球形至凸镜形，后期渐平展，平展后中部凹陷，边缘反卷，表面粗糙，具由小疣组成的明显粗条棱；赭黄褐色、污黄色至暗黄褐色；稍黏。菌肉浅黄色至暗黄色，具腥臭气味，口感味道辛辣。菌褶直生至稍延生，密，污白色至淡黄褐色，边缘具褐色斑点，等长或不等长。菌柄 5~9×0.4~1cm，上下等粗或向下渐细，有时呈近梭形，污黄色、暗褐色或肉桂褐色，具暗褐色小疣点，内部松软至空心，质地脆。孢子 8~10×8~9μm，近球形至卵圆形，具明显刺棱，浅黄色，淀粉质。

夏秋季单生或群生于针阔混交林中地上。文献记载有毒。国内分布于华中、东南等地区。

2024.5.24/ 龙头村 / 罗华兴

2024.6.4/ 南溪 / 廖金朋

2024.6.4/ 南溪 / 廖金朋

597 亚黑紫红菇（近黑紫红菇）*Russula subatropurpurea* J.W.Li and L.H.Qiu 2019

红菇目 Russulales　红菇科 Russulaceae

　　菌盖直径 4.5~6.8cm，幼时呈半球形，成熟时近平展且中心凹陷，整个菌盖呈紫褐色，表面干燥，不易剥落，边缘稍内卷，会开裂。菌肉白色，厚 0.3~0.5cm。菌褶宽 0.3~0.6cm，密集，白色，常在边缘附近分叉，无小菌褶。菌柄 3.7~5.5 × 1.2~1.6cm，白色至淡白色，圆柱形，向基部稍变窄。担子 30.4~37.4~41.3 × 7.2~10.6~12.9μm，棒状至近圆柱形，多为 4 孢，少为 2 孢或 3 孢，透明，小梗长 4~7μm。孢子 5.1~6.2~7.0 × 4.5~5.4~6.2μm，球形至椭圆形，脐区无淀粉质。孢子印白色。伤不变色。

　　群生或单独生长于季风带以壳斗科树木为主的常绿阔叶林和松阔混交林中。国内分布于广东、海南、福建等地。

2023.8.24/ 三畲村 / 廖金朋　　　　　　　　　　　　　　　　　　　　　2023.8.24/ 三畲村 / 廖金朋

598 近桂黄红菇 *Russula subbubalina* B.Chen & J.F.Liang 2021

红菇目 Russulales　红菇科 Russulaceae

　　菌盖直径 5~10cm，幼为半球形，熟平展至凸形，中稍凹；边内卷，开裂，纹短不显；面干燥，无毛；幼为深鲑鱼色带有锈斑，熟为杏仁色。菌褶贴生至稍延生，白色至奶油色，或有小菌褶。菌柄 3.0~5.5 × 0.5~1.5cm，圆柱形，基部稍膨大，白色，基部带有锈色，实心后变中空。担子 (30.5~)31.7~34.8~37.8 (~43.0) × (6.3~)7.5~8.1~8.8(~9.4)μm，多为 4 孢，少为 2 孢和 3 孢，棒状。孢子 (5.2~)5.6~6.2 ~6.8(~7.2) × (4.5~)4.9~5.3~5.7(~6.2)μm，近球形至宽椭圆形，淀粉质。孢子印白色至奶油色。伤不变色。

　　生长在青冈和锥栗组成的壳斗科混交林中。模式产地是中国广东博罗县罗浮山自然保护区。

2023.8.28/ 上坪村 / 罗华兴

599 近血红色红菇 *Russula subsanguinaria* B.Chen,J.F.Liang & X.M.Jiang 2022

红菇目 Russulales   红菇科 Russulaceae

　　菌盖 0.2~1cm，幼时呈凸形，变宽凸至扁平，有时有浅凹陷；新鲜或潮湿时可能黏稠，质地光滑；深红色至鲜红色，可能会因生长而褪色。菌褶附着在柄上或略微向下延生。幼时紧密，白色，随后变成奶油色、淡黄色或黄色。菌柄 0.3~1 × 0.15~0.25cm，实心，颜色与菌盖相似或较浅；干燥，光滑。菌肉白色，伤不变色，味道辛辣。孢子 7~9 × 6~7μm，有孤立的疣，高 5~1μm。孢子印奶油色至淡黄色或橙黄色。

　　夏季和秋季单生、散生或群生，与两针松以及其他针叶树具有共生关系。广泛分布在整个北美。

2024.6.18/ 龙头村 / 罗华兴　　　　　　　　　　　　　　　　　　2023.9.2/ 听涛亭 / 廖金朋

600 菱红菇 *Russula vesca* Fr.1836

红菇目 Russulales   红菇科 Russulaceae

2023.11.22/ 天斗山 / 廖金朋　　　　　　　　　　　　　　　　　　2023.11.22/ 天斗山 / 廖金朋

　　菌盖 5~13cm，初扁半球形，后平展中凹；浅褐色、浅红褐色、绿色、橙黄色等各色混杂，边缘具短条纹，表皮可从边缘向中央剥离至半径 1/2 处；菌肉厚 0.3~0.6cm，初期白色，后期变灰白色，较坚实。菌褶宽 0.6~1.2cm，等长，白色至奶油色，褶缘常带锈褐色斑点。菌柄 3~7 × 1~3cm，白色，老后变暗褐色，表面有纵向脉纹，初期实心，后期絮状松软。担子 30~50 × 8~12μm，棒状，4 孢。孢子 5~7 × 4~6μm，宽椭圆形至椭圆形，具半球形至近圆锥形小刺疣，不形成网纹。锁状联合阙如。

　　夏秋季生于阔叶林和针阔混交林中地上。外生菌根菌。可食用。国内分布于云南、福建等地。

601 变绿红菇（绿红菇　绿菇　青头菌）（复合群）*Russula virescens*(Schaeff.)Fr.1836

红菇目 Russulales　红菇科 Russulaceae

　　菌盖直径 5~12cm，初近球形至凸镜形，后渐伸展，中部常稍下凹；不黏，或湿时稍黏；浅绿色、铜绿色或灰橄榄黄绿色至灰绿色；具锈褐色斑点，表面具有细毛状物或疣突，表皮常斑状龟裂，老熟时边缘具条纹，表皮不易剥离。菌肉厚，质地坚实，初期脆，后期变软，白色，伤不变色或伤变黄锈色。菌褶离生至直生，从白色、奶油色到边缘呈褐色，密，等长，具横脉。菌柄 4~10×1~4cm，等粗，白色，实心或内部松软。孢子 7~9×6~7.5μm，近球形至卵圆形或近卵圆形，表面具小疣，具不完整的网纹，无色，淀粉质。

　　夏秋季群生于阔叶林或针阔混交林中地上。著名野生食用菌。分布于中国大部分地区。目前，国内变绿红菇本种分布的真实性有待考证，暂时看作变绿红菇复合群。

2024.8.20/ 大洋路口 / 廖金朋　　　2024.9.5/ 上坪村 / 廖金朋　　　2024.8.18/ 桂溪村 / 马燕桢

602 绿桂红菇 *Russula viridicinnamomea* F.Yuan & Y.Song 2019

红菇目 Russulales　红菇科 Russulaceae

2023.8.27/ 龙头村 / 罗华兴　　　2023.8.27/ 龙头村 / 廖金朋

　　菌盖直径 4~8cm，初扁半球形，后平展，中央凹陷，灰绿色至淡黄绿色，中部常褪色呈淡黄色，表面光滑，干或湿时稍黏，边缘全，常开裂。菌褶直生，等长，初期白色，后污白色至黄色。菌柄 3~6×0.6~1.5cm，圆柱形，幼时内实，老后中空，白色。孢子 5~7×4~6μm，近球形至卵圆形，表面具小疣，淀粉质。

　　夏秋季单生或散生于阔叶林或针阔混交林中地上。可食用。国内分布于湖南、福建等地。

603 近玫瑰盘革菌 *Aleurodiscus subroseus* S.H. He & Y.C.Dai 2018

红菇目 Russulales　韧革菌科 Stereaceae

　　担子果一年生，平伏，蔓延，紧密贴生，与基质不可分离，革质，起初为小的不规则斑块，后来汇合成长 35cm、宽 3cm、厚 300μm 的大斑块。子实层表面光滑，新鲜时呈粉白色、粉色、淡橙色至浅橙色，干燥时变为淡橙色、浅橙色、灰橙色至棕橙色，不开裂；边缘突出，新鲜时为白色且明显，干燥时与子实层同色或比子实层颜色深且不明显，成熟时略微隆起。孢子 16~20 × 11~14μm。

　　生长在活着的被子植物树上，或已枯死但仍然附着树上的树枝，或掉落的枯死树枝上。

2024.4.2/ 柯山村 / 罗华兴　　　　　　　　　　　　　　2024.4.2/ 柯山村 / 廖金朋

604 褶韧革菌 *Stereum complicatum* (Fr.)Fr.1838

红菇目 Russulales　韧革菌科 Stereaceae

　　子实体直径可达约 2cm，但通常融合在一起，扇形、半圆形、不规则或常常叠生在一起；密被天鹅绒状绒毛；具有颜色和纹理的同心区域；颜色从棕褐色到橙棕色、粉红色或肉桂色；侧生，无柄。底面光滑，橙色。孢子 5~7.5 × 2~3μm，光滑，圆筒状，淀粉样蛋白。孢子印白色。

2023.9.2/ 听涛亭 / 廖金朋　　　　　　　　　　　　　　2024.1.27/ 天斗山 / 廖金朋

605 粗毛韧革菌（毛韧革菌）*Stereum hirsutum*（Willd.）Pers.1800

红菇目 Russulales　韧革菌科 Stereaceae

　　子实体平伏而反卷，反卷部分 0.7~2×1~2cm，革质，表面有粗毛及不显著的同心环（沟），初期米黄色或浅土黄色，后渐变灰色，边缘完整；子实层平滑，蛋壳色，剖面厚 480~750μm，包括子实层中间层及紧密、金黄色的狭窄边缘带；孢子 6~7×2.5μm。

　　春末冬初生于栋、栲及其他阔叶树的腐木上，造成木材白色腐朽。可药用。国内分布于东北、福建、海南等地。

2024.1.4/ 三畲村 / 廖金朋　　　　　　　　　　　　　2024.1.4/ 三畲村 / 廖金朋

606 血革菌（血红韧革菌）*Stereum sanguinolentum*（Alb.& Schwein.）Fr.1838

红菇目 Russulales　韧革菌科 Stereaceae

　　子实体一年生，平伏至平伏反卷，覆瓦状叠生，革质。菌盖半圆形或扇形，外伸可达 3cm，宽可达 5cm，基部厚可达 0.1cm；表面初期乳黄色至污黄色，后期部分暗灰褐色至黑褐色，干后污黄色、浅黄褐色至黑褐色，被粗绒毛，具明显环区；边缘锐、波状，干后内卷。子实层体新鲜时乳白色至粉褐色，触摸后迅速变为血红色，干后变为污黄色至浅黄褐色，光滑，有时具不规则疣突或具放射状纹。菌肉新鲜时奶油色，厚可达 0.1cm。孢子 5.2~6.2×2.7~3μm，长椭圆形至圆柱形，无色，薄壁，光滑，淀粉质，不嗜蓝。

　　夏秋季生于针叶树上，造成木材白色腐朽。国内分布于东北、西北和青藏地区。

2024.6.25/西溪岬 / 廖金朋

607 锡金革菌 （近缘种）*Thelephora aff. Sikkimensis* K.Das,Hembrom &Kuhar 2018

革菌目 Thelephorales　革菌科 Thelephoraceae

（参考锡金革菌 *Thelephora sikkimensis* K.Das,Hembrom &Kuhar2018）

担子果高 0.45~0.67×5.0~7.0cm，鲜时软湿革质，干时木栓质至坚硬易碎，分支从共同的菌柄或中心长出成覆瓦状至莲座状。子实层下表面具沟纹，略具环带，放射状具皱纹或起皱，中心灰黑色，余紫灰色至灰绿色，边缘粉笔白至橙白。子实层表面具皱纹、疣状，边缘平滑，幼时浅橙色，熟时紫灰色至灰绿色，边缘橙白至白色。菌肉厚 0.1~0.2cm，边缘较薄，白色，干燥时有酵母粉味。菌柄 1.2~1.4×0.2~0.9cm，不规则圆柱形，表面具皱纹和疣状，浅橙色或紫灰色。担子 72~100×7.5~10μm，近棒状至近圆柱形，无色透明，薄壁，基部具锁状联合，有 4 个小梗。孢子 4.5~6(~6.5)×4~5.5μm，侧面观近球形至近椭圆形，厚壁。

群生或簇生在以壳斗科和松科植物为主的亚热带混交林中。分布于中国和印度等地。

| 2023.8.2/ 龙头村 / 罗华兴 | 2023.8.2/ 龙头村 / 廖金朋 | 2023.8.2/ 龙头村 / 廖金朋 |

608 橙黄革菌 （橙黄糙孢革菌）*Thelephora aurantiotincta* Corner 1968

革菌目 Thelephorales　革菌科 Thelephoraceae

担子果簇生，总体高达 10cm，直径 5~15cm,革质。分枝扁平，扇形至花瓣状，有时联合或叠生成莲座状或漏斗形；表面粗糙，有辐射状皱纹和不规则同心环纹，橙黄色、淡黄色或橙褐色，边缘较厚，近白色；菌肉污白色至淡黄色，伤不变色。子实层体表面黄褐色至褐色，有疣凸。菌柄较短或近无。担子 40~50×6.5~7.5μm，棒状，4 孢。孢子 6.5~7.5×6~6.5μm，宽椭圆形至近球形，褐色至浅褐色，表面有小瘤。锁状联合常见。

夏秋季生于热带和亚热带林中地上。外生菌根菌。可食用。国内分布于云南、福建等地。

| 2023.7.20/ 柯山村 / 廖金朋 | 2023.9.4/ 丰田村 / 廖金朋 | 2023.9.9/ 龙头村 / 廖金朋 |

609 华南革菌（华南千巴菌）*Thelephora austrosinensis* T.H.Li & T.Li 2019

革菌目 Thelephorales　革菌科 Thelephoraceae

　　子实体高 5~14cm，宽 4~14cm，丛生，珊瑚状多次分枝，由基部较厚的干片向上依次裂成扇形以至帚状小分枝，灰白色或灰黑色。基部的干片高 2~2.5cm，宽 2.5~4cm，无毛绒，具环纹，下端具根状菌丝。中部的枝片高 2~5cm，宽 2.5~4.5cm，肉厚 0.2~0.4cm。枝片间互相于基部结联。顶端的小枝片高 3~9cm，宽 0.5~2cm。多回分枝或双叉分枝。子实层干燥，灰白色或灰褐色。抱子 6~8×6~7μm，透明、略带淡褐色，多角形，有刺突，非淀粉质。

　　夏秋季见于针叶林中地上。可食用。国内分布于广东、江西、福建等地。

2023.8.31/ 柯山村 / 罗华兴　　　　2023.8.31/ 柯山村 / 罗华兴　　　　2023.8.31/ 柯山村 / 廖金朋

610 无量山革菌 *Thelephora wuliangshanensis* C.L.Zhao & X.F.Liu 2021

革菌目 Thelephorales　革菌科 Thelephoraceae

2023.8.6/ 柯山村 / 罗华兴　　　　2023.8.6/ 柯山村 / 罗华兴　　　　2023.8.31/ 柯山村 / 廖金朋

　　子实体 5.5×4.5×0.1cm，革质，漏斗状；新鲜时为浅黄色至橙红色，干燥时为粉黄色至肉桂黄色；从一个中央共同基部增生，通常有几个至许多侧向汇合的匙形至扇形、杯形；表面具放射状黑色条纹；边缘薄，具细锯齿。子实层表面光滑，新鲜时为棕黑色至咖啡色，干燥时为咖啡色。菌柄 0.5~2cm，侧生，圆柱形。菌肉在新鲜状态下肉质坚韧，干燥状态下革质，粉黄色。新鲜时气味温和，有点像牛肉干的味道。担子 30~60×5~9.5μm。抱子 (5~)5.2~8.7(~9.3)×(3.7~)4.5~7.2(~7.6)μm，近球形至球形，具瘤状至疣状突起，棕紫色，厚壁。

　　群生在松阔混交林的地面上。模式产地是中国云南普洱无量山国家级自然保护区。

611 胶角耳 （角状胶角菌） *Calocera cornea* (Batsch) Fr.1827

花耳目 Dacrymycetales　花耳科 Dacrymycetaceae

　　担子果群生至丛生，有时 2~3 个基部合生在一起，韧胶质，近圆柱状至锥形，单一或至不规则分叉，直立或稍弯曲，高 0.5~1.5cm，粗 0.3cm，新鲜时黄橙色，干后红褐色。子实层周生，平滑。担子 25~30~5μm，顶端分叉，淡黄色。孢子 8~11×3~4.5μm，弯圆柱形，有 1 隔，以芽管或分生孢子萌发。

　　群生或丛生于枯立木或倒腐木上。国内分布于黑龙江、福建、西藏等地。

2024.1.25/ 丰田村 / 廖金朋　　　　　　　　　　2024.4.2/ 柯山村 / 罗华兴

612 脑形花耳 *Dacrymyces cerebriformis* Bref.1888

花耳目 Dacrymycetales　花耳科 Dacrymycetaceae

　　担子果无柄，单生或簇生，新鲜时胶质，奶油色至浅黄色，幼小时为脓疱状至垫状，成熟时明显脑状，高达 0.3cm，直径 0.5~1.0cm。子实层仅限于担子果的上表面，由担子和简单的圆柱形刚毛组成。担子 35.0~50.0×4.5~7.0μm，无色，薄壁，圆柱形至棒状，成熟时二叉，原担子在形状上与担子相似，但较小。孢子 (18.1~)18.4~23.1(~23.8)×(5.4~)5.5~7.7(~8.0)μm，无色，薄壁，腊肠形，基部有一尖突，0~7 隔。

　　生于掉落的被子植物树枝上。模式产地在中国云南。

2024.3.7/ 柯山村 / 廖金朋　　　　　　　　　　2024.3.10/ 西溪岬 / 廖金朋

613 匙盖假花耳 （桂花耳） *Dacryopinax spathularia*(Schwein.)G.W.Martin 1948

花耳目 Dacrymycetales　花耳科 Dacrymycetaceae

　　子实体高 0.8~2.5cm，柄下部直径 0.4~0.6cm，具细绒毛，橙红色至橙黄色；基部栗褐色至黑褐色，延伸入腐木裂缝中。担子 2 分叉，2 孢。孢子 8~15×3.5~5μm，椭圆形至肾形，无色，光滑，初期无横隔，后期形成 1~2 横隔。

　　春至晚秋群生或丛生于杉木等针叶树倒腐木或木桩上。可食用。中国各区均有分布。

2024.6.3/ 龙头村 / 周雄2024.6.15/ 龙头村 / 周雄

614 优生暗银耳 *Phaeotremella eugeniae* Malysheva 2018

银耳目 Tremellales　暗银耳科 Phaeotremellaceae

　　子实体呈凝胶状，黑褐色，带有锈色色调，干燥后变黑，直径可达 5cm，呈海藻状（有分枝、起伏的叶状体）。菌丝具锁状联合，存在于密集的凝胶状基质中。担子 10~19×7~10μm，银耳状（近球形至椭圆形，具斜向至垂直隔膜）。孢子 6.5~8.5×5~6.5μm，近球形至椭圆形，光滑。

　　生长在蒙古栎上。模式产地在俄罗斯远东地区。

2024.4.6/ 南溪 / 罗华兴2024.4.6/ 南溪 / 罗华兴

615 叶暗银耳 *Phaeotremella frondosa* (Fr.) Spirin & Malysheva 2018

银耳目 Tremellales 暗银耳科 Phaeotremellaceae

担子果叶状，高 1~5cm，直径 1~7cm，常融合在一起，赭褐色至深褐色，呈海藻状（有分枝、起伏的叶状体）。在显微镜下，菌丝有锁状联合，并存在于致密的胶状基质中。担子 13~18×12~16μm，呈银耳状（球形至椭圆形，有斜向至垂直的隔膜），通常无柄。孢子 6.5~10.5×5~9μm，近球形至宽椭圆形，光滑，通过菌丝管或酵母细胞萌发。

生长在阔叶树的死枝、附着枝或最近掉落的树枝上。据说可食用。

2024.3.10/ 西溪岬 / 罗华兴	2024.3.10/ 西溪岬 / 廖金朋

616 杏黄银耳（黄白银耳）*Tremella flava* Chee J.Chen 1998

银耳目 Tremellales 银耳科 Tremellaceae

担子果直径 4~10cm，由多数扁平分枝组成；分枝叶状、花瓣状或珊瑚状，黄色或淡黄色，有时局部近白色，胶质，干后变硬。担子 12~18×8~13μm，卵形至近球形，成熟后为十字纵隔。孢子 6.5~9×5.5~6.5μm，卵形至宽椭圆形，光滑，产生次生担孢子，无色。锁状联合常见。

夏秋季生于亚热带阔叶林中腐木上。寄生菌，宿主为炭团菌科真菌。可食用。国内分布于云南、福建等地。

2024.1.31/ 桂溪村 / 罗华兴	2024.3.7/ 柯山村 / 廖金朋	2024.3.24/ 西溪岬 / 廖金朋

617 银耳 （雪耳） *Tremella fuciformis* Berk.1856

银耳目 Tremellales　银耳科 Tremellaceae

菌体宽 4~8cm，白色，透明或半透明，干时带黄色，遇水浸常能恢复原状，黏滑，胶质，由薄而卷曲的瓣片组成。孢子直径 5~7.2μm，近球形，光滑，无色。菌丝直径约 3.5μm，无色，有锁状联合。担子 8~10.6 × 5~6.8μm，宽卵形，有 2~4 个斜隔膜，无色，小梗长 2~4.8μm，生于顶部，常常弯曲，无色。

群生于阔叶树的腐木上。著名食药兼用菌。可规模化栽培。在中国分布较广，主要在中南部地区。

2024.1.25/ 丰田村 / 廖金朋

618 金耳 （金黄银耳） *Tremella mesenterica* Retz.1769

银耳目 Tremellales　银耳科 Tremellaceae

子实体脑形，不规则地皱卷，基部狭小，从树皮裂缝中长出，宽 12cm，高约 3~4cm，鲜橙黄色，胶质，干后收缩，但基本保留原有的形态及颜色。担子 15~19 × 12~16μm，梨形。子实体成熟时表面有霜状的孢子，孢子 8~9 × 6~7μm，近球形至卵形，微黄色。出芽管或繁殖成酵母状分生孢子。

春或秋群生或单生于福建青冈栎（钟氏栎）的枯木、腐木上。可食用。可以人工栽培。国内分布于广西、福建、山西等地。

2024.3.7/ 柯山村 / 廖金朋

2024.3.16/ 丰田村 / 廖金朋

619 橙红银耳 （浅橙银耳） *Tremella salmonea* Xin Zhan Liu & F.Y.Bai 2019

银耳目 Tremellales　银耳科 Tremellaceae

　　担子果小，回旋状至脑状，直径 0.6~1.0cm，坚实胶状且厚实，新鲜时为淡橙色，干燥时为黄橙色，平贴于基质上。菌丝光滑，薄壁，直径 2.0~3.5μm，常具锁状联合。担子 31.0~38.0 × 29.0~37.0μm，近球形至球形，4 胞或 2 胞，薄壁，具纵向十字形隔膜，无柄状基部。孢子 16.0~22.0 × 15~20.0μm，球形至近球形，具小尖。分生孢子成簇排列。

　　生长在以蔷薇科、桑科、樟科和山茶科为主的落叶林木材上。模式产地是中国广西九万山国家级自然保护区。

2024.5.28/ 共裕村 / 罗华兴　　　　　　2024.3.19/ 三畲村 / 罗华兴　　　　　　2024.3.21/ 天斗山 / 廖金朋

620 鹅绒菌 *Ceratiomyxa fruticulosa* (O.F.Müll.) T.Macbr.1899

目：Protosporangiida　鹅绒菌科 Ceratiomyxaceae

　　子实体高 0.1~1cm，白色，为丛生直立柱形，树枝状分叉，或疏或密，或互相联结，较少为平展而无直立枝。基质层常扩展，有时也产生孢子。孢子 8~13 × 6~8μm，生在纤细的小梗顶上，形状大小差异较大，多数卵圆形或椭圆形，有时球形或近球形，成堆时白色，光学显微镜下无色透明。原生质团水状，带黄色、粉色、杏黄色或绿色。

　　一般生于腐木上，有时也生于落叶和其他植物残体上。中国各区均有分布。

　　根据子实体形态分为两个变种：①鹅绒菌树枝状变种 *C . fruticulosa* var.*arbuscula*，子实体呈树枝状。②鹅绒菌蜂窝状变种 *C.fruticulosa* var.*porioides*，子实体呈蜂窝状。

2024.8.20/ 桂溪村 / 马燕桢　　　　　　　　　　　　　　2023.9.9/ 龙头村 / 廖金朋

第二部分

621 琼斯新小球腔菌
Neoleptosphaeria jonesii
Wanas.,Camporesi & K.D. Hyde 2016

格孢腔菌目 Pleosporales　暗球壳科 Leptosphaeriaceae

2023.12.10/ 龙头村 / 廖金朋

622 粘地舌菌（种1）
Glutinoglossum sp.1

地舌菌目 Geoglossales　地舌菌科 Geoglossaceae

2024.5.4/ 共裕村 / 罗华兴

623 泰国猫耳衣
Leptogium thailandicum
Ekanayaka & K.D.Hyde 2018

地卷目 Peltigerales　胶衣科 Collemataceae

2024.3.17/ 丰田村 / 廖金朋

624 耳盘菌科（种1）
Cordieritidaceae sp.1

柔膜菌目 Helotiales　耳盘菌科 Cordieritidaceae

2023.9.9/ 铁丁石 / 罗华兴

2024.5.28/ 铁丁石 / 罗华兴

625 盖柄菌（种1）

Pyxidiophora sp.1

盖柄菌目 Pyxidiophorales　盖柄菌科 Pyxidiophoraceae

2024.6.29/ 柯山村 / 廖金朋　　　　2024.7.31/ 共裕村 / 廖金朋

2024.7.31/ 共裕村 / 罗华兴

626 哈谱勒厚盘菌

Pachyella habrospora

Pfister 1995

盘菌目 Pezizales　盘菌科 Pezizaceae

2024.3.26/ 南溪 / 廖金朋

627 粗糙赤壳菌

Trichonectria setadpressa

Etayo 2002

肉座菌目 Hypocreales　生赤壳菌科 Bionectriaceae

2024.1.17/ 上坪村 / 廖金朋

628 牯牛降绿僵菌

Metarhizium guniujiangense

（C.R. Li, B.Huang, M.Z. Fan & Z.Z.Li) Kepler,S.A.Rehner & Humber 2014

肉座菌目 Hypocreales　麦角菌科 Clavicipitaceae

2024.7.2/ 南溪 / 罗华兴

629 绿僵菌（种1）
Metarhizium sp.1

肉座菌目 Hypocreales　麦角菌科 Clavicipitaceae

2023.9.17/ 龙头村 / 廖金朋

2023.9.17/ 龙头村 / 廖金朋

630 菌生轮枝孢
Lecanicillium fungicola
（Preuss）Zare & W. Gams 2008

肉座菌目 Hypocreales　虫草科 Cordycipitaceae

2023.9.20/ 共裕村 / 罗华兴

2023.9.20/ 共裕村 / 罗华兴

631 菌褶单梗菌
Simplicillium lamellicola
（F.E.V. Sm.）Zare & W. Gams 2001

肉座菌目 Hypocreales　虫草科 Cordycipitaceae

2023.8.15/ 龙头村 / 罗华兴　　　2023.12.10/ 龙头村 / 廖金朋

632 绒毛木霉
Trichoderma tomentosum
Bissett 1992

肉座菌目 Hypocreales　肉座菌科 Hypocreaceae

2023.12.12/ 丰田村 / 廖金朋

2023.12.12/ 丰田村 / 樊跃旭

633 饰孢壳（种1）
Cosmospora sp.1

肉座菌目 Hypocreales　丛赤壳科 Nectriaceae

2024.1.27/ 天斗山 / 廖金朋

634 共生周刺座霉
Volutella consors
(Ellis & Everh.)Seifert,Gräfenhan & Schroers 2011

肉座菌目 Hypocreales　丛赤壳科 Nectriaceae

2024.7.28/ 龙吴村 / 张启航

635 纤弱尼氏壳菌
Niesslia exilis
(Alb.& Schwein.) G.Winter 1885

肉座菌目 Hypocreales　尼氏壳菌科 Niessliaceae

2024.3.12/ 南溪 / 廖金朋

2024.3.12/ 南溪 / 廖金朋

636 弯颈霉（种1）
Tolypocladium sp.1

肉座菌目 Hypocreales　线虫草科 Ophiocordycipitaceae

2024.3.26/ 龙头村 / 罗华兴

2024.3.26/ 南溪 / 廖金朋

637 罗格斯炭角菌（近缘种）
Xylaria aff.*rogersionigripes*
Y.M.Ju,H.M.Hsieh & X.S.He 2022

炭角菌目 Xylariales　炭团菌科 Hypoxylaceae

2023.7.18/ 龙头村 / 罗华兴

2023.7.18/ 龙头村 / 廖金朋

638 竹生炭角菌
Xylaria bambusicola
Y.M.Ju & J.D.Rogers 1999

炭角菌目 Xylariales　炭团菌科 Hypoxylaceae

2023.9.17/ 龙头村 / 廖金朋

639 罗格斯炭角菌
Xylaria rogersionigripes
Y.M.Ju,H.M.Hsieh & X.S. He 2022

炭角菌目 Xylariales　炭团菌科 Hypoxylaceae

2023.9.9/ 铁丁石 / 罗华兴　　2023.9.9/ 铁丁石 / 廖金朋

640 多鳞蘑菇
Agaricus bonussquamulosus
M.Q.He & R.L.Zhao 2017

蘑菇目 Agaricales　蘑菇科 Agaricaceae

2023.10.21/ 丰田村 / 罗华兴

2023.10.21/ 丰田村 / 罗华兴　　2023.10.21/ 丰田村 / 罗华兴

641 拟锦合蘑菇
Agaricus lanipedisimilis
Callac & R.L.Zhao 2016

蘑菇目 Agaricales　蘑菇科 Agaricaceae

2023.8.19/ 九龙村 / 廖金朋

642 内蒙古蘑菇
Agaricus neimengguensis
M.Q.He & R.L.Zhao 2017

蘑菇目 Agaricales　蘑菇科 Agaricaceae

2023.10.21/ 龙吴村 / 罗华兴

2023.10.21/ 龙吴村 / 罗华兴

643 糙盖鹅膏
Amanita aspericeps
Y.Y.Cui,Q.Cai & Zhu L.Yang 2018

蘑菇目 Agaricales　鹅膏科 Amanitaceae

2023.8.31/ 柯山村 / 罗华兴

2023.8.31/ 柯山村 / 罗华兴

644 近卵孢鹅膏
Amanita subovalispora
Thongbai, Raspé & K.D. Hyde 2018

蘑菇目 Agaricales　鹅膏科 Amanitaceae

2024.7.2/ 南溪 / 刘永生

2024.6.18/ 南溪 / 廖金朋

645 玛格丽卡锥盖伞

Conocybe magnicapitata

P.D.Orton 1960

蘑菇目 Agaricales 粪伞科 Bolbitiaceae

2023.12.14/ 龙头村 / 廖金朋　　　2024.3.17/ 丰田村 / 廖金朋

646 伴藓锥盖伞

Conocybe muscicola

T.Bau & H.B.Song 2023

蘑菇目 Agaricales 粪伞科 Bolbitiaceae

2024.3.10/ 马鞭草园 / 罗华兴

647 安第拉拟锁瑚菌

Clavulinopsis antillarum

（Pat.）Courtec.2004

蘑菇目 Agaricales 珊瑚菌科 Clavariaceae

2024.3.10/ 上坪村 / 廖金朋

648 梭形拟枝瑚菌

Ramariopsis fusiformis

(Sowerby)R.H.Petersen 1978

蘑菇目 Agaricales 珊瑚菌科 Clavariaceae

2024.3.2/ 本畲 / 廖金朋

2024.3.2/ 本畲 / 廖金朋

649 多色杯伞（参照种）
Clitocybe cf. *subditopoda*
Peck 1889

蘑菇目 Agaricales　杯伞科 Clitocybaceae

2024.3.8/ 天宝岩主峰 / 廖金朋

650 多褶金钱菌
Collybia polyphylla
（Peck）Singer ex Halling 1983

蘑菇目 Agaricales　杯伞科 Clitocybaceae

2024.3.17/ 丰田村 / 廖金朋

651 深蓝丝膜菌
Cortinarius atrolazulinus
M.M.Moser 1987

蘑菇目 Agaricales　丝膜菌科 Cortinariaceae

2024.3.10/ 西溪岬 / 廖金朋

2024.3.10/ 西溪岬 / 廖金朋

652 红褐宽盖丝膜菌
Cortinarius badiolatus
（M.M.Moser）M.M.Moser 1967

蘑菇目 Agaricales　丝膜菌科 Cortinariaceae

2024.3.10/ 西溪岬 / 张淑丽

653 桦丝膜菌
Cortinarius betuletorum
M.M.Moser 1957

蘑菇目 Agaricales　丝膜菌科 Cortinariaceae

2024.3.12/ 南溪 / 廖金朋

654 蓝褶丝膜菌
Cortinarius caesiifolius
A.H. Sm.1939

蘑菇目 Agaricales　丝膜菌科 Cortinariaceae

2023.9.20/ 西溪岬 / 廖金朋

2023.9.20/ 西溪岬 / 廖金朋

655 弯柄丝膜菌（参照种）
Cortinarius cf. *flexipes*
(Pers.)Fr.1838

蘑菇目 Agaricales　丝膜菌科 Cortinariaceae

2024.4.9/ 西溪岬 / 廖金朋

656 迪怀麦特丝膜菌
Cortinarius diffamatus
Carteret 2012

蘑菇目 Agaricales　丝膜菌科 Cortinariaceae

2024.4.15/ 双虹桥 / 廖金朋

2024.4.15/ 双虹桥 / 廖金朋

657 隔褶丝膜菌
Cortinarius disjungendus
P.Karst. 1893

蘑菇目 Agaricales 丝膜菌科 Cortinariaceae

2024.3.8/ 天宝岩主峰 / 廖金朋

658 李玉丝膜菌
Cortinarius liyui
M.L.Xie,R.Q.Ji & T.Z.Wei 2023

蘑菇目 Agaricales 丝膜菌科 Cortinariaceae

2024.5.4/ 柯山村 / 廖金朋

2024.5.4/ 柯山村 / 廖金朋

659 碳色黏盖丝膜菌
Phlegmacium carbonellum
(Soop) Niskanen & Liimat. 2022

蘑菇目 Agaricales 丝膜菌科 Cortinariaceae

2023.9.9/ 龙头村 / 罗华兴

660 比柯德丝膜菌
Thaxterogaster picoides
(Soop) Niskanen & Liimat. 2022

蘑菇目 Agaricales 丝膜菌科 Cortinariaceae

2023.12.10/ 龙头村 / 廖金朋

2023.12.10/ 龙头村 / 廖金朋

661 粘湿靴耳
Crepidotus viscidiphyllus
Hesler 1975

蘑菇目 Agaricales　靴耳科 Crepidotaceae

2023.12.30/ 龙头村 / 廖金朋

2024.4.6/ 百丈纱瀑布 / 廖金朋

662 细齿绒盖伞（参照种）
Simocybe cf. *serrulata*
（Murrill）Singer 1962

蘑菇目 Agaricales　靴耳科 Crepidotaceae

2024.3.7/ 柯山村 / 廖金朋

2024.3.7/ 柯山村 / 廖金朋

663 光滑绒盖伞
Simocybe laevigata
（J. Favre）P.D. Orton 1969

蘑菇目 Agaricales　靴耳科 Crepidotaceae

2024.4.2/ 柯山村 / 罗华兴

2024.4.2/ 柯山村 / 廖金朋

664 斯特拉粉褶蕈
Entoloma cetratum
（Fr.）M.M.Moser 1978

蘑菇目 Agaricales　粉褶蕈科 Entolomataceae

2023.12.10/ 龙头村 / 廖金朋

2023.12.10/ 龙头村 / 廖金朋

665 粉质粉褶蕈
Entoloma farinolens
(P.D.Orton) M.M.Moser 1967

蘑菇目 Agaricales　粉褶蕈科 Entolomataceae

2024.3.21/ 天斗山 / 廖金朋

2024.3.21/ 天斗山 / 廖金朋

666 条纹粉褶蕈
Entoloma fibrosopileatum
G.M.Gates & Noordel.2007

蘑菇目 Agaricales　粉褶蕈科 Entolomataceae

2024.4.15/ 听涛亭 / 罗华兴

667 茵凯勒斯粉褶蕈
Entoloma incanosquamulosum
(Largent) Noordel. & Co-David 2009

蘑菇目 Agaricales　粉褶蕈科 Entolomataceae

2024.4.2/ 上坪村 / 罗华兴

668 靛蓝粉褶蕈
Entoloma indigoferum
(Ellis) Sacc.1887

蘑菇目 Agaricales　粉褶蕈科 Entolomataceae

2024.8.11/ 双虹桥 / 罗华兴

2024.8.11/ 双虹桥 / 罗华兴

669 毒隐粉褶蕈
Entoloma insidiosum
Noordel.1987

蘑菇目 Agaricales　粉褶蕈科 Entolomataceae

2023.9.20/ 西溪岬 / 廖金朋

670 莱比奥特粉褶蕈
Entoloma lepiotoides
G.M.Gates & Noordel.2007

蘑菇目 Agaricales　粉褶蕈科 Entolomataceae

2024.6.18/ 共裕村 / 罗华兴

671 丽蒙娜粉褶蕈
Entoloma llimonae
Vila F.Caball.,Català & J.Carbó 2013

蘑菇目 Agaricales　粉褶蕈科 Entolomataceae

2024.3.30/ 三畲村 / 廖金朋

672 日本粉褶蕈
Entoloma nipponicum
T.Kasuya,Nabe,Noordel.& Dima 2019

蘑菇目 Agaricales　粉褶蕈科 Entolomataceae

2024.6.25/ 听涛亭 / 罗华兴

2024.6.25/ 听涛亭 / 廖金朋

673 拟乌黑粉褶蕈
Entoloma pseudosubcorvinum
Kumla,Suwannar.& S. Lumyong 2022

蘑菇目 Agaricales　粉褶蕈科 Entolomataceae

2023.8.31/ 柯山村 / 罗华兴

2023.9.24/ 听涛亭 / 罗华兴

674 粉褶蕈菌丝寄生 (种 1)
Entoloma sp.1

蘑菇目 Agaricales　粉褶蕈科 Entolomataceae

2024.6.4/ 南溪 / 罗华兴

2024.6.29/ 柯山村 / 罗华兴

675 竖琴粉褶蕈
Nolanea cetrata
(Fr.)P.Kumm.1871

蘑菇目 Agaricales　粉褶蕈科 Entolomataceae

2024.4.2/ 柯山村 / 罗华兴　　2024.4.2/ 柯山村 / 罗华兴

676 糙孢红盖菇
Rhodocybe trachyospora
(Largent)T.J.Baroni & Largent 1989

蘑菇目 Agaricales　粉褶蕈科 Entolomataceae

2024.1.17/ 上坪村 / 廖金朋

2024.1.17/ 上坪村 / 廖金朋

677 锈色裸伞
Gymnopilus ferruginosus
B.J.Rees 2001

蘑菇目 Agaricales　层腹菌科 Hymenogastraceae

2024.3.8/ 天宝岩主峰 / 廖金朋

2024.3.8/ 天宝岩主峰 / 廖金朋

678 斯哥恩裸盖菇
Psilocybe schoeneti
Bresinsky 1976

蘑菇目 Agaricales　层腹菌科 Hymenogastraceae

2023.11.4/ 龙头村 / 廖金朋

679 奶油卷香蘑
Lepista cremeoinvoluta
Y.D.Xu,Zhu L.Yang & Z.M.He 2024

蘑菇目 Agaricales　地位未定 Incertae sedis

2024.5.4/ 共裕村 / 廖金朋

680 香蘑（种 1）
Lepista sp.1

蘑菇目 Agaricales　地位未定 Incertae sedis

2023.9.20/ 共裕村 / 罗华兴

2023.9.20/ 共裕村 / 廖金朋

681 南极亚脐菇
Omphalina antarctica
Singer 1957

蘑菇目 Agaricales 地位未定 Incertae sedis

2024.3.10/ 西溪岬 / 罗华兴

682 橙红拟口蘑
Tricholomopsis rubroaurantiaca
Hosen & T.H.Li 2020

蘑菇目 Agaricales 地位未定 Incertae sedis

2024.6.18/ 共裕村 / 罗华兴

2024.6.18/ 共裕村 / 罗华兴

683 拟口蘑（种 1）
Tricholomopsis sp.1

蘑菇目 Agaricales 地位未定 Incertae sedis

2024.7.2/ 上坪村 / 罗华兴

2024.7.2/ 上坪村 / 罗华兴

684 粗鳞丝盖伞（近缘种）
Inosperma aff. *Calamistratum*
(Fr.)Matheny & Esteve-Rav. 2019

蘑菇目 Agaricales 丝盖伞科 Inocybaceae

2024.6.29/ 柯山村 / 廖金朋

685 亮盖蚁巢伞（鸡枞）
Termitomyces fuliginosus
R.Heim 1942

蘑菇目 Agaricales　离褶伞科 Lyophyllaceae

2024.7.2/ 南溪 / 刘永生

686 波状小皮伞（近缘种）
Marasmius aff.*Setosus*
（Sowerby）Noordel.1987

蘑菇目 Agaricales　小皮伞科 Marasmiaceae

2023.10.21/ 丰田村 / 廖金朋

687 金佛山小皮伞
Marasmius jinfoshanensis
Chun Y.Deng & Gafforov 2021

蘑菇目 Agaricales　小皮伞科 Marasmiaceae

2024.3.16/ 丰田村 / 廖金朋

688 小皮伞（种1）
Marasmius sp.1

蘑菇目 Agaricales　小皮伞科 Marasmiaceae

2023.7.27/ 龙头村 / 廖金朋

2023.7.27/ 龙头村 / 廖金朋

689 小皮伞（种 2）
Marasmius sp.2

蘑菇目 Agaricales　小皮伞科 Marasmiaceae

2024.8.7/ 南溪 / 罗华兴

690 小皮伞（种 3）
Marasmius sp.3

蘑菇目 Agaricales　小皮伞科 Marasmiaceae

2023.9.2/ 双虹桥 / 廖金朋

2023.9.2/ 双虹桥 / 廖金朋

691 小皮伞（种 4）
Marasmius sp.4

蘑菇目 Agaricales　小皮伞科 Marasmiaceae

2023.9.10/ 三畲村 / 廖金朋

692 类小皮伞（种 1）
Paramarasmius sp.1

蘑菇目 Agaricales　小皮伞科 Marasmiaceae

2024.4.24/ 西溪岬 / 廖金朋

2024.4.24/ 西溪岬 / 廖金朋

693 光囊拟小皮伞（近缘种）
Pseudomarasmius aff. *glabrocystidiatus*
（Antonín, Ryoo & Ka）R.H. Petersen 2020

蘑菇目 Agaricales 小皮伞科 Marasmiaceae

2023.10.14/ 龙头村 / 廖金朋

2023.10.14/ 龙头村 / 廖金朋

694 橡叶状拟小皮伞
Pseudomarasmius quercophylloides
R.H.Petersen 2020

蘑菇目 Agaricales 小皮伞科 Marasmiaceae

2024.5.4/ 柯山村 / 罗华兴

695 角孢伞（种1）
Tetrapyrgos sp.1

蘑菇目 Agaricales 小皮伞科 Marasmiaceae

2024.4.9/ 西溪岬 / 廖金朋　　2024.4.9/ 西溪岬 / 罗华兴

696 白盖小菇
Mycena albiceps
（Peck）Gilliam 1976

蘑菇目 Agaricales 小菇科 Mycenaceae

2024.6.25/ 上坪村 / 罗华兴

697 簇生小菇
Mycena confinationis
Ibarretxe,Fern.−Vic. & Arnedo 2020

蘑菇目 Agaricales　小菇科 Mycenaceae

2023.10.25/ 听涛亭 / 廖金朋

698 白云拟金钱菌
Collybiopsis baiyunensis
X.C. Liu & L.H. Qiu 2024

蘑菇目 Agaricales　类脐菇科 Omphalotaceae

2024.6.18/ 南溪 / 罗华兴

699 双色裸脚伞
Gymnopus bicolor
A.W.Wilson,Desjardin & E.Horak 2004

蘑菇目 Agaricales　类脐菇科 Omphalotaceae

2024.4.13/ 双虹桥 / 罗华兴

2024.4.13/ 双虹桥 / 廖金朋

700 棕黑裸脚伞
Gymnopus brunneiniger
César, Bandala & Montoya 2020

蘑菇目 Agaricales　类脐菇科 Omphalotaceae

2024.2.16/ 双虹桥 / 廖金朋

2024.2.16/ 双虹桥 / 廖金朋

701 稀少裸脚伞
Gymnopus nonnullus
(Corner) A.W. Wilson,Desjardin & E.Horak 2004

蘑菇目 Agaricales　类脐菇科 Omphalotaceae

2024.6.18/ 南溪 / 廖金朋

702 根索状微皮伞
Marasmiellus rhizomorphogenus
Antonín, Ryoo & H.D. Shin 2010

蘑菇目 Agaricales　类脐菇科 Omphalotaceae

2024.5.3/ 三畲村 / 廖金朋

2024.5.3/ 三畲村 / 廖金朋

703 微皮伞（种 2）
Marasmiellus sp.2

蘑菇目 Agaricales　类脐菇科 Omphalotaceae

2023.7.27/ 南溪 / 廖金朋

2023.7.27/ 南溪 / 廖金朋

704 充脉微皮伞
Marasmiellus venosus
Har.Takah.,Taneyama & Hadano 2016

蘑菇目 Agaricales　类脐菇科 Omphalotaceae

2024.4.9/ 西溪岬 / 廖金朋

2024.4.9/ 西溪岬 / 罗华兴

705 短柄小脐菇
Micromphale brevipes
(Berk. & Ravenel) Singer 1953

蘑菇目 Agaricales　类脐菇科 Omphalotaceae

2024.4.11/ 天斗山 / 罗华兴

706 白色亚小菇 (近缘种)
Mycetinis aff. *opacus*
(Berk. & M.A.Curtis) A.W.Wilson & Desjardin 2005

蘑菇目 Agaricales　类脐菇科 Omphalotaceae

2024.1.27/ 双虹桥 / 廖金朋

2024.1.27/ 双虹桥 / 廖金朋

707 微菇 (种 1)
Mycetinis sp.1

蘑菇目 Agaricales　类脐菇科 Omphalotaceae

2024.1.25/ 桂溪村 / 罗华兴

708 多色红金钱菌
Rhodocollybia variabilicolor
Antonín,Ryoo & Ka 2024

蘑菇目 Agaricales　类脐菇科 Omphalotaceae

2024.3.17/ 丰田村 / 廖金朋

2024.3.17/ 丰田村 / 廖金朋

709 长根菇
Oudemansiella radicata
（Relhan）Singer 1936

蘑菇目 Agaricales 泡头菌科 Physalacriaceae

2024.3.8/ 天宝岩主峰 / 廖金朋

710 网褶小奥德蘑
Oudemansiella venosolamellata
（Imazeki & Toki）Imazeki & Hongo 1957

蘑菇目 Agaricales 泡头菌科 Physalacriaceae

2023.10.10/ 柯山村 / 廖金朋

2023.10.10/ 柯山村 / 廖金朋

711 肯森特光柄菇
Pluteus concentricus
E.Horak 2008

蘑菇目 Agaricales 光柄菇科 Pluteaceae

2024.2.19/ 三岬山 / 廖金朋

2024.3.2/ 三岬山 / 廖金朋

712 桑德利光柄菇
Pluteus sandalioticus
Contu & Arras 2001

蘑菇目 Agaricales 光柄菇科 Pluteaceae

2024.3.2/ 本畲 / 陈鹏飞

2024.3.2/ 本畲 / 廖金朋

713 丽孢拟鬼伞
Coprinopsis calospora
(Bas & Uljé)Redhead, Vilgalys & Moncalvo 2001

蘑菇目 Agaricales　小脆柄菇科 Psathyrellaceae

2023.10.14/ 上坪村 / 廖金朋

2023.10.14/ 上坪村 / 廖金朋

714 斯雷诺拟鬼伞
Coprinopsis sclerotiger
(Watling) Redhead, Vilgalys & Moncalvo 2001

蘑菇目 Agaricales　小脆柄菇科 Psathyrellaceae

2023.11.21/ 早安村 / 廖金朋　　2023.11.21/ 早安村 / 罗华兴

715 马可勒特小脆柄菇
Psathyrella maculata
(C.S.Parker)A.H.Sm.1972

蘑菇目 Agaricales　小脆柄菇科 Psathyrellaceae

2024.1.27/ 天斗山 / 廖金朋

716 史氏茶树菇（皇簇菌）
Agrocybe smithii
Watling & H.E.Bigelow 1983

蘑菇目 Agaricales　球盖菇科 Strophariaceae

2023.10.21/ 丰田村 / 廖金朋

717 凸盖黄囊菇
Deconica velifera
（J.Favre）Noordel.2009

蘑菇目 Agaricales　球盖菇科 Strophariaceae

2023.11.21/ 龙头村 / 廖金朋

718 费罗沃迪垂幕菇（参照种）
Hypholoma cf. *frowardii*
（Speg.）Garrido 1985

蘑菇目 Agaricales　球盖菇科 Strophariaceae

2023.8.27/ 龙头村 / 罗华兴

2023.8.27/ 龙头村 / 罗华兴

719 木生鳞伞
Pholiota lignicola
（Peck）Jacobsson 1989

蘑菇目 Agaricales　球盖菇科 Strophariaceae

2024.2.5/ 丰田村 / 廖金朋

720 地鳞伞
Pholiota terrestris
Overh.1924

蘑菇目 Agaricales　球盖菇科 Strophariaceae

2023.10.21/ 丰田村 / 廖金朋

2023.10.21/ 丰田村 / 廖金朋

721 白假根杯伞
Rhizocybe alba
Y.X.Ding & E.J.Tian 2017

蘑菇目 Agaricales　口蘑科 Tricholomataceae

2024.5.1/ 柯山村 / 廖金朋

722 红褐假脐菇
Tubaria rufofulva
（Cleland）D.A.Reid & E.Horak 1983

蘑菇目 Agaricales　假脐菇科 Tubariaceae

2024.4.11/ 天斗山 / 罗华兴

2024.4.11/ 天斗山 / 廖金朋

723 悬垂针齿菌
Irpicodon pendulus
（Alb. & Schwein.）Pouzar 1966

淀粉伏革菌目 Amylocorticiales　淀粉伏革菌科 Amylocorticiaceae

2024.3.7/ 柯山村 / 廖金朋

724 白柄金牛肝菌
Aureoboletus albipes
N.K.Zeng,Xu Zhang & Zhi Q. Liang 2023

牛肝菌目 Boletales　牛肝菌科 Boletaceae

2023.8.12/ 龙头村 / 罗华兴

2023.8.12/ 龙头村 / 罗华兴

725 南陵金牛肝菌
Aureoboletus nanlingensis
Ming Zhang, C.Q. Wang & T.H. Li 2024

牛肝菌目 Boletales　牛肝菌科 Boletaceae

2024.6.25/ 西溪岬 / 廖金朋

2024.6.25/ 西溪岬 / 廖金朋

726 白绿南方牛肝菌
Austroboletus albovirescens
Yan C. Li & Zhu L.Yang 2021

牛肝菌目 Boletales　牛肝菌科 Boletaceae

2024.5.28/ 天斗山 / 廖金朋

2024.5.28 天斗山 / 廖金朋

727 牛肝菌科（种 1）
Boletaceae sp.1

牛肝菌目 Boletales　牛肝菌科 Boletaceae

2023.7.8/ 丰田村 / 罗华兴

2023.7.8/ 丰田村 / 罗华兴

2023.7.8/ 丰田村 / 罗华兴

728 裂皮条孢牛肝菌
Boletellus areolatus
Hirot. Sato 2015

牛肝菌目 Boletales　牛肝菌科 Boletaceae

2023.9.9/ 铁丁石 / 廖金朋

2023.9.9/ 铁丁石 / 廖金朋

2023.9.9/ 铁丁石 / 廖金朋

729 牛肝菌（种 1）
Boletus sp.1

牛肝菌目 Boletales　牛肝菌科 Boletaceae

2022.8.20/ 九龙村 / 廖金朋

2022.8.20/ 九龙村 / 廖金朋

730 新牛肝菌（种 1）
Neoboletus sp.1

牛肝菌目 Boletales　牛肝菌科 Boletaceae

2024.8.11/ 双虹桥 / 罗华兴

731 绒柄新牛肝菌
Neoboletus tomentulosus
（M.Zang, W.P.Liu & M.R. Hu) N.K. Zeng,H.Chai & Zhi Q.Liang 2019

牛肝菌目 Boletales　牛肝菌科 Boletaceae

2023.8.24/ 丰田村 / 罗华兴

2023.8.24/ 丰田村 / 罗华兴

732 云南褶孔牛肝菌
Phylloporus yunnanensis
N.K.Zeng, Zhu L.Yang & L.P. Tang 2012

牛肝菌目 Boletales　牛肝菌科 Boletaceae

2023.10.10/ 柯山村 / 罗华兴

733 褐网柄牛肝菌
Retiboletus brunneolus
Yan C.Li & Zhu L.Yang 2016

牛肝菌目 Boletales　牛肝菌科 Boletaceae

2023.8.28/ 上坪村 / 罗华兴

2023.8.28/ 上坪村 / 廖金朋

734 松塔牛肝菌（种 1）
Strobilomyces sp.1

牛肝菌目 Boletales　牛肝菌科 Boletaceae

2023.8.24/ 丰田村东山 / 廖金朋

735 黄褶绒盖牛肝菌
Xerocomus galbanus
L.Fan,N.Mao & T.Y.Zhao 2023

牛肝菌目 Boletales　牛肝菌科 Boletaceae

2024.5.8/ 龙头村 / 罗华兴

2024.5.8/ 龙头村 / 罗华兴

736 亚小绒盖牛肝菌
Xerocomus subparvus
Xue T.Zhu & Zhu L.Yang 2016

牛肝菌目 Boletales　牛肝菌科 Boletaceae

2023.9.9/ 龙头村 / 廖金朋　　　　2023.9.9/ 龙头村 / 廖金朋

737 柱状硬皮马勃
Scleroderma columnare
Berk. & Broome 1873

牛肝菌目 Boletales　硬皮马勃科 Sclerodermataceae

2024.6.20/ 丰田村 / 刘永生

2024.6.20/ 丰田村 / 廖金朋

2024.6.20/ 丰田村 / 罗华兴

738 微喇叭菌
Craterellus minimus
Saut.1876

鸡油菌目 Cantharellales　齿菌科 Hydnaceae

2024.4.6/ 南溪 / 罗华兴

739 小果齿菌
Hydnum microcarpum
Ming Zhang 2024

鸡油菌目 Cantharellales　齿菌科 Hydnaceae

2024.4.2/ 柯山村 / 罗华兴

2024.4.2/ 柯山村 / 廖金朋

2024.4.2/ 柯山村 / 廖金朋

740 胶膜菌（种 1）
Tulasnella sp.1

鸡油菌目 Cantharellales　胶膜菌科 Tulasnellaceae

2023.11.4/ 龙头村 / 廖金朋

2023.11.4/ 龙头村 / 廖金朋

741 小果集毛孔菌
Coltricia minor
Y.C. Dai 2010

刺革菌目 Hymenochaetales　刺革菌科 Hymenochaetaceae

2024.6.29/ 柯山村 / 廖金朋

2024.6.29/ 柯山村 / 廖金朋

742 山楂叶状层菌
Phylloporia crataegi
L.W.Zhou & Y.C.Dai 2012

刺革菌目 Hymenochaetales　刺革菌科 Hymenochaetaceae

2023.11.29/ 双虹桥 / 廖金朋

2023.11.29/ 双虹桥 / 廖金朋

743 白网球菌
Ileodictyon gracile
Berk.1845

鬼笔目 Phallales　鬼笔科 Phallaceae

2024.5.5/ 共裕村 / 廖金朋

2024.6.4/ 柯山村 / 廖金朋

744 小笠原岛蛇头菌
Mutinus boninensis
E.Fisch.1893

鬼笔目 Phallales　鬼笔科 Phallaceae

2024.3.8/ 桂溪村 / 陈鹏飞

2024.3.8/ 桂溪村 / 廖金朋

745 相邻蛇头菌

Mutinus proximus

Berk.ex Massee 1891

鬼笔目 Phallales　鬼笔科 Phallaceae

2024.3.21/ 桂溪村 / 陈鹏飞

746 瘦弱上皮孔菌

Epithele macarangae

Boidin & Lanq. 1983

多孔菌目 Polyporales　上皮孔菌科 Epitheliaceae

2024.4.2/ 柯山村 / 罗华兴

2024.4.2/ 柯山村 / 罗华兴

747 银杏拟层孔菌

Fomitopsis ginkgonis

B.K. Cui & Shun Liu 2019

多孔菌目 Polyporales　拟层孔菌科 Fomitopsidaceae

2023.10.4/ 上坪村 / 廖金朋

2023.10.4/ 上坪村 / 廖金朋

748 硫磺菌原变种

Laetiporus sulphureus var. *sulphureus*

（Bull.）Murrill 1920

多孔菌目 Polyporales　炝孔菌科 Laetiporaceae

2023.10.17/ 九龙村 / 廖金朋

2023.10.17/ 九龙村 / 廖金朋

749 荫生硬孔菌
Rigidoporus obducens
（Pers.）Pouzar 1966

多孔菌目 Polyporales　肉孔菌科 Meripilaceae

2023.11.22/ 天斗山 / 廖金朋

750 拟蜡孔菌（种 1）
Ceriporiopsis sp.1

多孔菌目 Polyporales　干朽菌科 Meruliaceae

2024.4.15/ 听涛亭 / 罗华兴

2024.4.15/ 听涛亭 / 廖金朋

751 肉壳齿菌（种 1）
Crustodontia sp.1

多孔菌目 Polyporales　干朽菌科 Meruliaceae

2023.12.10/ 龙头村 / 廖金朋

752 短孢射脉菌
Phlebia brevispora
Nakasone 1981

多孔菌目 Polyporales　干朽菌科 Meruliaceae

2023.7.18/ 龙头村 / 廖金朋

2023.7.18/ 龙头村 / 廖金朋

753 共生毛平革菌
Phanerochaete concrescens
Spirin & Volobuev 2015

多孔菌目 Polyporales 原毛平革菌科 Phanerochaetaceae

2023.12.12/ 丰田村 / 廖金朋

754 小滴孔菌（种 1）
Piptoporellus sp.1

多孔菌目 Polyporales 小滴孔菌科 Piptoporellaceae

2024.2.25/ 南溪 / 廖金朋

2024.2.25/ 南溪 / 廖金朋

755 鲍尔娜柄杯菌
Podoscypha bolleana
（Mont.）Boidin 1960

多孔菌目 Polyporales 柄杯菌科 Podoscyphaceae

2023.8.4/ 龙头村 / 罗华兴

2023.7.25/ 龙头村 / 罗华兴

756 帽形蜂窝菌
Hexagonia cucullata
（Mont.）Murrill 1904

多孔菌目 Polyporales 多孔菌科 Polyporaceae

2024.5.3/ 三畲村 / 廖金朋

2024.5.3/ 三畲村 / 廖金朋

757 孔拟亚大孢孔菌
Megasporoporia cavernulosa
(Berk.)Ryvarden 1982

多孔菌目 Polyporales 多孔菌科 Polyporaceae

2023.11.29/ 听涛亭 / 廖金朋

2023.11.29/ 听涛亭 / 廖金朋

758 中非多年卧孔菌
Perenniporia centraliafricana
Decock & Mossebo 2001

多孔菌目 Polyporales 多孔菌科 Polyporaceae

2024.1.25/ 三畲村 / 廖金朋

759 短柄根孔菌
Picipes pumilus
(Y.C. Dai & Niemelä) J.L. Zhou & B.K. Cui 2019

多孔菌目 Polyporales 多孔菌科 Polyporaceae

2023.9.17/ 龙头村 / 廖金朋

2023.9.17/ 龙头村 / 廖金朋

760 刺孢多孔菌 (种1)
Bondarzewia sp.1

红菇目 Russulales 刺孢多孔菌科 Bondarzewiaceae

2024.4.15/ 双虹桥 / 廖金朋

2024.4.15/ 双虹桥 / 罗华兴

761 豪格乳菇（近缘种）
Lactarius aff. *haugiae*
Bandala, Montoya & A.Ramos 2016

红菇目 Russulales　红菇科 Russulaceae

2023.8.31/ 柯山村 / 罗华兴

2023.8.31/ 柯山村 / 廖金朋

762 亚祖乳菇
Lactarius yazooensis
Hesler & A.H.Sm.1979

红菇目 Russulales　红菇科 Russulaceae

2024.6.18/ 共裕村 / 廖金朋

2024.6.18/ 共裕村 / 廖金朋

763 丽尔多汁乳菇
Lactifluus leae
(D. Stubbe & Verbeken) Verbeken 2012

红菇目 Russulales　红菇科 Russulaceae

2023.9.2/ 双虹桥 / 罗华兴

2023.9.2/ 双虹桥 / 廖金朋

764 白灰红菇
Russula albidogrisea
Jing W.Li & L.H.Qiu 2017

红菇目 Russulales　红菇科 Russulaceae

2024.8.18/ 三畲村 / 廖金朋

2024.8.18/ 三畲村 / 廖金朋

永 / 安 / 天 / 宝 / 岩 / 菌 / 物 / 图 / 鉴

765 白盖红菇
Russula albocarpa
G.J. Li & C.Y.Deng 2024

红菇目 Russulales　红菇科 Russulaceae

2024.9.5/ 上坪村 / 廖金朋

766 金绿红菇（葡紫红菇）
Russula aureoviridis
Jing W.Li & L.H.Qiu 2017

红菇目 Russulales　红菇科 Russulaceae

2023.8.19/ 九龙村 / 廖金朋

2023.8.19/ 九龙村 / 廖金朋

767 假桂黄红菇（参照种）
Russula cf. *pseudobubalina*
J.W. Li & L.H. Qiu 2018

红菇目 Russulales　红菇科 Russulaceae

2023.8.31/ 柯山村 / 廖金朋

2023.9.2/ 双虹桥 / 罗华兴

768 林地红菇（参照种）
Russula cf. *silvestris*
(Singer)Reumaux 1996

红菇目 Russulales　红菇科 Russulaceae

2024.3.2/ 三岬山 / 陈鹏飞

2024.3.2/ 三岬山 / 廖金朋

769 灰柄红菇
Russula griseostipitata
McNabb 1973

红菇目 Russulales 红菇科 Russulaceae

2024.9.5/ 九龙村 / 廖金朋

770 火炭菌
Russula huotanjun
S.H. Li & X.H.Wang 2023

红菇目 Russulales 红菇科 Russulaceae

2024.9.5/ 上坪村 / 廖金朋

2024.9.8/ 丰田村 / 廖金朋

771 拉坎帕尔红菇
Russula lakhanpalii
A. Ghosh, K.Das & R.P.Bhatt 2019

红菇目 Russulales 红菇科 Russulaceae

2024.9.5/ 上坪村 / 廖金朋

2024.9.5/ 上坪村 / 廖金朋

772 白褐红菇
Russula leucobrunnea
Yu Song 2023

红菇目 Russulales 红菇科 Russulaceae

2023.9.2/ 双虹桥 / 廖金朋

773 嫩白红菇
Russula pallidula
Bin Chen & J.F.Liang 2020

红菇目 Russulales 红菇科 Russulaceae

2024.6.4/ 南溪 / 廖金朋

2024.6.4/ 龙头村 / 罗华兴

775 假粉红红菇
Russula pseudochamaeleontina
Trendel 2021

红菇目 Russulales 红菇科 Russulaceae

2023.10.31/ 上坪村 / 罗华兴

2023.10.31/ 上坪村 / 廖金朋

774 假桂黄红菇
Russula pseudobubalina
J.W.Li & L.H.Qiu 2018

红菇目 Russulales 红菇科 Russulaceae

2023.8.28/ 上坪村 / 罗华兴

2023.8.28/ 上坪村 / 廖金朋

776 红柄红菇
Russula rubellipes
Fatto 1998

红菇目 Russulales 红菇科 Russulaceae

2023.8.22/ 天斗山 / 廖金朋

2023.8.22/ 天斗山 / 廖金朋

2023.8.28/ 上坪村 / 廖金朋

777 红菇（种 1）
Russula sp.1

红菇目 Russulales　红菇科 Russulaceae

2023.9.4/ 三畲村 / 廖金朋

2023.9.4/ 三畲村 / 罗华兴

778 奇球韧革菌
Gloeosoma mirabile

（Berk. & M.A. Curtis）Rajchenb., Pildain & C. Riquelme 2021

红菇目 Russulales　韧革菌科 Stereaceae

2024.3.10/ 西溪岬 / 罗华兴

779 革菌（种 1）
Thelephora sp.1

革菌目 Thelephorales　革菌科 Thelephoraceae

2024.7.2/ 南溪 / 罗华兴　　　　2024.7.2/ 南溪 / 罗华兴

780 胶角耳（种 1）
Calocera sp.1

花耳目 Dacrymycetales　花耳科 Dacrymycetaceae

2023.9.2/ 听涛亭 / 廖金朋　　　　2023.9.2/ 听涛亭 / 廖金朋

781 黄白花耳
Cerinosterus luteoalbus
(de Hoog) R.T.Moore 1987

花耳目 Dacrymycetales　花耳科 Dacrymycetaceae

2024.1.27/ 天斗山 / 廖金朋

2024.1.27/ 天斗山 / 廖金朋　　　2024.1.27/ 天斗山 / 廖金朋

782 皮状胶脑菌
Dacrymyces corticioides
Ellis & Everh.1885

花耳目 Dacrymycetales　花耳科 Dacrymycetaceae

2023.12.12/ 丰田村 / 廖金朋

783 蔷薇色暗银耳
Phaeotremella roseotincta
(Lloyd)Malysheva 2018

银耳目 Tremellales　暗银耳科 Phaeotremellaceae

2024.3.17/ 丰田村 / 廖金朋

2024.3.17/ 丰田村 / 廖金朋

784 东亚银耳
Tremella australis
F. Wu,L.F.Fan & Y.C.Dai 2021

银耳目 Tremellales　银耳科 Tremellaceae

2024.1.31/ 桂溪村 / 罗华兴

2024.1.31/ 本畲 / 廖金朋

785 银耳（种 1）

Tremella sp.1

银耳目 Tremellales 银耳科 Tremellaceae

2024.4.9/ 天斗山 / 罗华兴

2024.4.9/ 西溪岬 / 廖金朋

786 台湾银耳

Tremella taiwanensis

Chee J.Chen 1998

银耳目 Tremellales 银耳科 Tremellaceae

2024.3.10/ 西溪岬 / 廖金朋

2024.3.16/ 三畲村 / 廖金朋

787 奥德蘑酵母状真菌（无性型）

Hyalodendron oudemansiellicola

R.F. Castañeda, W.B. Kendr. & Guarro 1997

毛孢子菌目 Trichosporonales 毛孢子菌科 Trichosporonaceae

2024.7.2/ 南溪 / 罗华兴　　　　2024.7.2/ 南溪 / 廖金朋

　　本菌检测出奥德蘑酵母状真菌（无性型），照片中无法用肉眼观测出。

附录

中文名索引

学名索引

参考文献

[1] 中国科学院动物研究所生物多样性信息学研究组 . 中国生物物种名录：2024 年度版 2024 真菌界 [DB/OL]. 物种 2000 中国节点网站 . http://www.sp2000.org.cn/

[2] 李玉，李泰辉，杨祝良，图尔古力，戴玉成 . 中国大型菌物资源图鉴 [M]. 河南：中原农民出版社，2015.

[3] 杨祝良，王向华，吴刚 . 云南野生菌 [M]. 北京：科学出版社，2022.

[4] 中国科学院动物研究所 . 中国生物物种名录生物百科网络数据库（2018-2024）[DB/OL]（可以查到物种描述，分布，照片等）. http://www.especies.cn/baike

[5] 中国科学院微生物研究所 . 中国科学院微生物研究所菌物标本馆网络数据库 [DB/OL]. https://nmdc.cn/fungarium/fungi/chinadirectories

[6] 张明，邓旺秋，李泰辉，陈春泉，廖文波 . 罗霄山脉大型真菌编目与图鉴 [M]. 北京：科学出版社，2023.

[7] 赵宽，曹锐 . 江西九岭山大型真菌图鉴 [M]. 江西：江西人民出版社，2022.

[8] 彼得 . 罗伯茨，谢利 . 埃文斯 . 蘑菇博物馆 [M].（译：李玉等，审校：姚一建）北京：北京大学出版社，2022.

[9] 图尔古力，娜琴，刘丽娜 . 中国小菇科真菌图志 [M]. 北京：科学出版社，2021.

[10] 赵瑞琳，季必浩 . 浙江景宁大型真菌图鉴 [M]. 北京：科学出版社，2021.

[11] 吴兴亮，谭伟福，宋斌，彭定人，吴望辉 . 中国广西大型真菌 [M]. 北京：中国林业出版社，2021.

[12] 李泰辉，宋相金，宋斌，张朝明 . 车八岭大型真菌图志 [M]. 广东：广东科技出版社，2021.

[13] 徐彪，宋佳歌，邱君志 . 新疆托尔峰国家级自然保护区大型真菌图鉴 [M]. 吉林：吉林大学出版社，2022.

[14] 邓春英，康超，王晶 . 中国斗篷山大型真菌 [M]. 贵州：贵州科技出版社，2022.

[15] 刘波 . 山西大型食用真菌 [M]. 山西：山西高校联合出版社，1991.

[16] 霍光华 . 江西大型真菌图鉴 [M]. 江西：江西科学技术出版社，2020.

[17] 福建省三明地区真菌试验站 . 福建菌类图鉴第一集 [Z].1973.

[18] 海鹦，赶尾人 . 草木金陵南京菌物观察手册 [Z]. 江苏：草木里自然博物工作室，2024.

[19] 桂明英，马绍宾，郭相 . 西南大型真菌 [M]. 上海：上海科学技术文献出版社，2016.

[20] 邓春英，向准，蒋影 . 贵州食用菌资源 [M]. 贵州：贵州科技出版社，2021.

[21] 万蓉，刘志涛，李海蛟 . 云南野生毒菌图鉴 [M]. 云南：云南科技出版社，2023.

[22] 李海蛟，周亚娟 . 农村常见毒蘑菇识别知识手册 [M]. 贵州：贵州科技出版社，2023.

[23]National Library of Medicine.National Center for Biotechnology Information.https://www.ncbi.nlm.nih.gov/

[24]Index Fungorum——a freely searchable on-line database.https://indexfungorum.org/Names/Names.asp

[25]Yan-Chun Li · Zhu L. Yang.The Boletes of China:Tylopilus s.l[M].Science Press Beijing,2021.

[26]Yan-Liu Chen，et al.Notes on two new species of Russula subsect. Cyanoxanthinae (Russulaceae, Russulales) from southern China[J]. Mycological Progress (2024) 23:52.

[27]Li JP，et al.Notes on all Genera of Omphalotaceae Expanding the Taxonomic Spectrum in China and Revisiting Historical Type Specimens[J]. MYCOSPHERE 15(1): 1522 – 1594 (2024).

[28]Di Zhang，et al.Morphological characteristics and phylogenetic analyses revealed two new species from China and a new record from Jilin Province of Agaricales[J]. MycoKeys 109: 73 – 90 (2024).

[29]Xie ML, Yu Y, Long P, Chen ZH, Wang ZR, Ma HX, Wei TZ, Liao JP, Li CT, Yang ZQ, Li Y. 2025. New insights into Cortinarius: Novel taxa from subtropical China. Mycology. 1 – 19. doi: 10.1080/21501203.2024.2434584.

后 记

在编印出版《永安天宝岩鸟类图鉴》《永安天宝岩蝴蝶图鉴》之后，福建省永安天宝岩国家级自然保护区管理局（下文简称"管理局"）就考虑继续编印出版其他图鉴，以进一步展示丰富的生物多样性"家底"，为开展生态科普和自然教育再添工具。2023 年 5 月，管理局商议后，决定把菌物作为编辑出版的对象，开启了天宝岩菌物的调查和拍摄工作。为了获取更多宝贵的菌物资源数据，调查人员不论春夏秋冬，跋山涉水，行进在山间小路上，探寻于山谷溪涧中，越是难走的路和荆棘满坡的山头，越是他们留下脚步和镜头记录的地方。

本次调查的线路达 30 条以上，开展调查 220 条次，参与调查人员 20 人、累计 456 人次。调查人员经过长期的坚持和巨大的努力，获得了天宝岩多姿多彩甚至是神奇的菌物标本。标本的鉴定结果近 2000 份，这使每份标本都有了名份，但对于它们的认知，依然缺乏信息，许多鉴定结果只提供菌物标本的学名，需要一一核对，查对出中文名，而当前菌物资料的缺乏，给内页工作增加了重重困难。管理局于 2024 年 3 月 20 日至 2024 年 8 月 30 日开展征集天宝岩菌物生态摄影作品的活动，发动自然摄影师、菌物爱好者共同参与这项有意义的工作。本次征集活动共收到投稿的菌物照片 5789 张，我们组织专班人员从中精心挑选出 1422 张，作为编印图鉴的照片。

此后，编印图鉴专班人员分工合作，大量阅读菌物书籍，广泛搜查网络资料，大家精心收集整理资讯，细心理清名录，认真汇总编撰，特别是专班中的杨彬同志查找提供了大量的真菌种类简介资料。在此基础上，我们按照名录顺序，配上照片和相关文字简介，认真编排版面，反复进行校核，整个过程充满了艰辛。功夫不负有心人，在大家同心协力下，图鉴文稿编写和出版顺利完成，终于开出艳丽之花，结出累累硕果，其间的酸甜苦辣只有经历了才能体验。

本图鉴分为两个部分，皆图文并茂。前一部分详细介绍了 620 种菌物；后一部分收录了167 种菌物，记载了其名称、命名人，以及其归属的目、科。本图鉴菌物照片全部是在天宝岩保护区社区村拍摄的珍贵资料，每张照片标明了拍摄的时间、地点和作者。图鉴的物种排序，主要参照中国科学院动物研究所生物多样性信息学研究组负责运行的物种 2000 中国节点网站发布的中国生物物种名录——2024 年度版 2024 真菌界的排序，也参考了《中国大型菌物资源图鉴》《云南野生菌》等的排序方法。对于查找不到中文名的目、科、属，我们按照学名罗列；对于查找不到中文名的真菌物种，我们按照意译（地名译）——音译的先后原则处理，给予了图鉴中每个物种都有中文名，方便读者阅读和记忆。本图鉴对于科地位未定（Incertae sedis）的种类，按首字母"I"在科学名中的顺序进行排序。

本图鉴能够得以顺利出版，也得到了各方面专业人士的大力支持和帮助。感谢菇小二（潘家喜）组织的蘑菇爱好者交流分享会微信群平台。我们从这里出发，与全国蘑菇爱好者，甚至有远在欧洲等地的菇友共同成长；在这里，我们可以聆听专家学者对于真菌研究最新成果的分享，可以视频线上听到国内顶级真菌学大师的点评。感谢菇小二（潘家喜）建立的菇小二蘑菇鉴定小程序平台，通过这个平台，我们才得以解锁成百上千的"魔"菇标本，才能洞见它们的真面目。编入本图鉴的菌物种类，绝大多数是由这一平台提供免费鉴定。特别感谢王庚申、陈言柳、吴刚、李骥鹏帮助鉴定了大量的菌物标本。帮助鉴定菌物标本的还有于凤明和小包、谢孟乐、王向华、刘宇、徐济责、何雨钊、何刚、吴芳、葛再伟、刘丽娜、王元兵、袁海生、曹槟、王超群、邓春英、周凡、范宇光、马海霞、朱力扬、李挺、崔宝凯、杨新等，在此也一一予以感谢。还要感谢王庚申、周凡、于凤明、何刚等专家学者在本图鉴编印过程中提供的无私帮助。

《永安天宝岩菌物图鉴》是本次菌物调查成果的汇总，其名录的排列，就如同主办一场盛大的宴会，需要对参会的宾客逐一安排好桌号和座位号，繁琐复杂；此外，完善物种的命名人和年份，确认每个物种的归属，对于目、科、属中文名的查对，对无中文名物种进行中文命名，查找真菌物种的简介，照片的甄别筛选，也需格外耐心和细心。由于编者水平有限，错误在所难免，请读者们包涵并批评指正。希望本图鉴的出版，能为广大读者、蘑菇爱好者、科研院校的师生提供帮助和参考。**本图鉴仅仅供菌物研究之用，菌物很难仅凭照片、眼睛识别定种，因此图鉴中对于某种菌的食毒性说明，仅作为研究参考，特别不能作为采食的依据。**

编者
2025 年 1 月